U0948986

21世纪高等教育土木工程系列规划教材

建筑结构试验基础

主　编　傅　军
参　编　石敦敦　蔡其茅
　　　　崔　旸　黄　晋
主　审　金伟良

机械工业出版社

本书根据高等院校土木工程专业教学大纲的要求编写，主要包括绪论、建筑结构试验与检测设备、建筑结构试验设计基础、建筑结构静力试验、建筑结构动力试验、建筑结构试验现场检测技术、建筑结构试验数据处理基础、建筑结构模型试验8章内容。本书以建筑结构试验的基本理论和基础知识为重点，同时介绍了试验的方法与技能，注重理论与实践相结合，内容精炼，重点突出，适用性强。

本书可供普通高等院校土木工程专业本科生使用，也可供土木工程专业技术人员的参考。

图书在版编目(CIP)数据

建筑结构试验基础/傅军主编. —北京：机械工业出版社，2011.12
21世纪高等教育土木工程系列规划教材
ISBN 978-7-111-36510-5

Ⅰ.①建… Ⅱ.①傅… Ⅲ.①建筑结构—结构试验—高等学校—教材
Ⅳ.①TU317

中国版本图书馆CIP数据核字（2011）第238465号

机械工业出版社(北京市百万庄大街22号　邮政编码100037)
策划编辑：马军平　责任编辑：马军平　李　帅
版式设计：霍永明　责任校对：闫玥红
封面设计：张　静　责任印制：杨　曦
北京圣大亚美印刷有限公司印刷
2012年1月第1版第1次印刷
184mm×260mm ·13.25印张·323千字
标准书号:ISBN 978-7-111-36510-5
定价:29.00元

凡购本书，如有缺页、倒页、脱页，由本社发行部调换

电话服务	网络服务
社服务中心　:(010)88361066	门户网:http://www.cmpbook.com
销 售 一 部　:(010)68326294	教材网:http://www.cmpedu.com
销 售 二 部　:(010)88379649	**封面无防伪标均为盗版**
读者购书热线:(010)88379203	

序

随着21世纪国家建设对专业人才的需求，我国工程专门人才培养模式正在向宽口径方向转变，现行的土木工程专业包括建筑工程、交通土建工程、矿井建设、城镇建设等8个专业的内容。经过几年的教学改革和教学实践，组织编写一套能真正体现专业大融合、大土木的教材的时机已日臻成熟。

迄今为止，我国高等教育已为经济战线培养了数百万专门人才，为经济的发展作出了巨大贡献。但据IMD1998年的调查，我国“人才市场上是否有充足的合格工程师”指标世界排名在第36位，与我国科技人员总数排名第一的现状形成了极大的反差。这说明符合企业需要的工程技术人员，特别是工程应用型技术人才供给不足。

科学在于探索客观世界中存在的客观规律，它强调分析，强调结论的惟一性。工程是人们综合应用科学理论和技术手段去改造客观世界的客观活动，所以它强调综合，强调实用性，强调方案的优选。这就要求我们对工程应用型人才和科学研究型人才的培养实施不同的方案，采用不同的教学模式，使用不同的教材。

机械工业出版社为适应高素质、强能力的工程应用型人才培养的需要而组织编写了本套系列教材，目的在于改革传统的高等工程教育教材，结合大土木的专业建设需要，富有特色、有利于应用型人才的培养。本套系列教材的编写原则是：

1）加强基础，确保后劲。在内容安排上，保证学生有较厚实的基础，满足本科教学的基本要求，使学生日后发展具有较强的后劲。

2）突出特色，强化应用。本套系列教材的内容、结构遵循“知识新、结构新、重应用”的方针。教材内容的要求概括为“精”、“新”、“广”、“用”。“精”指在融会贯通“大土木”教学内容的基础上，挑选出最基本的内容、方法及典型应用实例；“新”指在将本学科前沿的新技术、新成果、新应用、新标准、新规范纳入教学内容；“广”指在保证本学科教学基本要求前提下，引入与相邻及交叉学科的有关基础知识；“用”指注重基础理论与工程实践的融会贯通，特别是注重对工程实例的分析能力的培养。

3）抓住重点，合理配套。以土木工程教育的专业基础课、专业课为重点，做好实践教材的同步建设，做好与之配套的电子课件的建设。

我们相信，本套系列教材的出版，对我国土木工程专业教学质量的提高和应用型人才的培养，必将起到积极作用，为我国经济建设和社会发展作出一定的贡献。

王昆钢

前　言

建筑结构试验是一门以试验为手段的科学，研究和发展结构新材料、新工艺、新体系，为结构的安全使用和设计计算理论的建立提供重要依据。建筑结构试验基础的学习，其目的是使学生掌握结构试验的基本方法和技能，熟悉先进的试验仪器设备，具备一定的试验方法和分析技术，能针对不同的工程结构类型提出合理的试验设计方案，最终的目标是培养学生的工程能力。

本书编写的主导思想是：按照"宽口径土木工程专业培养方案，注重提高学生综合素质和创新能力，注重加强学生专业基础知识和基本理论知识结构，向培养土木工程师从事设计、施工与管理的应用方向拓展"的原则来组织内容，力求覆盖较全面；根据目前高校试验教学现状，采用"少学时"的编写方式，尽可能融入新近试验和测试成果，并对学生参加大学生结构设计竞赛等活动进行指导。本书主要内容包括绪论、建筑结构试验与检测设备、建筑结构试验设计基础、建筑结构静力试验、建筑结构动力试验、建筑结构试验检测技术、建筑结构试验数据处理、建筑结构模型试验。本书内容还包括两个附录，一个是大学生结构设计竞赛的简要介绍，另一个是某结构试验的完整案例，供教学参考。

本书由傅军担任主编，具体编写分工如下：傅军（第1，3，4章和附录2），石敦敦（第5，8章和附录1），蔡其茅（第2章），崔旸（第6章），黄晋（第7章）。全书由傅军统稿。本书由浙江大学金伟良教授审阅并提出了宝贵意见，在此深表感谢。教材编写参考了参考文献所列书目中的部分内容，在此向文献的作者致谢。

由于编者水平有限，书中难免有不足之处，恳请读者批评指正。有关意见发至：fujun@zstu.edu.cn。

编　者

目　　录

第1章 绪论

1

本章介绍了建筑结构试验的主要内容，通过对建筑结构试验的重要性、任务、分类、发展过程、相关标准等的学习，使学生初步认识建筑结构试验。

1.1 建筑结构试验的重要性

建筑结构试验（building structure test）是一项科学性和实践性很强的活动，是研究和发展工程结构新材料、新体系、新工艺，探索结构设计新理论的重要手段，在工程结构科学研究和技术革新等方面起着重要的作用。

科学研究理论往往需要在实践中检验。对工程结构而言，要确定材料的力学性能，建立复杂结构计算理论，验证梁、板、柱等一些单构件的计算方法等，都离不开具体的试验研究。当今建筑结构的设计方法和设计理论发生了一些变化，广泛应用了计算机，但试验在结构科研、设计和施工中的地位并没有因此而改变；另外，由于测试技术的发展，迅速提供精确可靠的试验数据日益受到重视。因此，试验仍是解决建筑结构工程领域科研和设计出现新问题时必不可少的手段，其原因主要有以下几个方面。

（1）建筑结构试验是人们认识自然的重要手段　认识的局限性使人们对诸如结构的材料性能等还缺乏真正透彻的了解。例如，在进行结构动力反应分析时要用到的阻尼比至今不能用理论分析的方法求得。正是试验手段的应用，拓宽了人们的认识。

（2）建筑结构试验是发现结构设计问题的重要环节　1940 年 11 月 7 日美国塔可马（Tacoma）悬索桥发生垮塌事故，跨度 853m 的大桥在大约 19m/s 的风速（相当于 8 级风）下发生剧烈的振动而垮塌。由于经过设计及计算没有发现问题，为了搞清塔可马大桥垮塌的原因，美国华盛顿大学专门建了一座 12m×30.5m 吹风口的大型风洞，以 1∶50 的全桥模型试验来观测塔可马大桥的风振情况，发现是由于“扭转颤振”造成了桥梁的垮塌。

（3）建筑结构试验是验证结构理论的有效方法　从比较简单的，如结构受弯杆件截面应力分布的平截面假定理论、弹性力学平面应力问题中应力集中现象的计算理论，到比较复杂的，如不能对研究问题建立完善数学模型的结构平面分析理论和结构空间分析理论，以及隔震减震结构、耗能结构的理论发展都离不开试验这种有效的方法。

（4）建筑结构试验是建筑结构质量鉴定的直接方式　对于已建的结构工程，无论是灾后还是事故后，无论是某一具体的结构构件还是结构整体，任何目的的质量鉴定，所采用的直接方式仍然是结构试验。

（5）建筑结构试验是制定各类技术规范和技术标准的基础　我国现行的各种结构设计规范总结了已有的大量科学试验的成果和经验。为了设计理论和设计方法的发展，科研机构进行了大量实物和缩尺模型的试验，以及实体建筑物的试验研究，为我国编制各种结构设计规范提供了基本的资料和试验数据。现行规范采用的钢筋混凝土结构构件和砌体结构的计算理论，事实上几乎全部是以试验研究结果为基础的。

（6）建筑结构试验是自身发展的需要　自动控制系统和电液伺服加载系统在结构试验中的广泛应用，从根本上改变了试验加载的技术：由以前的重力加载逐步改进为液压加载（hydraulic loading），进而过渡到低周反复加载（reversed low cyclic loading）、拟动力加载（pseudo-dynamic loading）及地震模拟随机振动台（earthquake simulation shaking table）加载等。同时，在试验数据的采集和处理方面，实现了量测数据的快速采集、自动化记录和数据自动处理分析等。这些都是建筑结构试验自身发展的产物。

1.2　建筑结构试验的目的与任务

结构在外荷载作用下可能产生各种反应。结构试验的任务就是在结构物或试验对象上，使用仪器设备和工具，采用各种试验技术手段，在荷载或者其他因素作用下，通过量测与结构工作性能有关的各种参数，从强度、刚度、抗裂性以及结构实际破坏形态来判明结构的实际工作性能，估计结构的承载力，确定结构对使用要求的符合程度，并用以检验和发展结构的计算理论。例如：

1）钢筋混凝土简支梁在静力集中荷载作用下，通过测量梁在不同受力阶段的挠度、角变形、截面上纤维应变和裂缝宽度等参数来分析梁的整个受力过程及结构的承载力、刚度和抗裂性能。

2）当一个框架承受水平动力荷载作用时，可以从测得结构的自振频率、阻尼系数、振幅和动应变等来研究结构的动力特性和结构承受动力荷载作用下的动力反应。

3）在结构抗震研究中，经常通过低周反复荷载作用下，由试验所得的应力与应变关系的滞回曲线（hysteresis curve）来分析抗震结构的承载力、刚度、延性、刚度退化和变形能力等。

所以，结构试验的目的是以试验方式测定有关数据，由此反映结构或构件的工作性能、承载能力和相应的安全度，为结构的安全使用和设计理论的建立提供重要依据。具体试验流程可参见图 1-1。

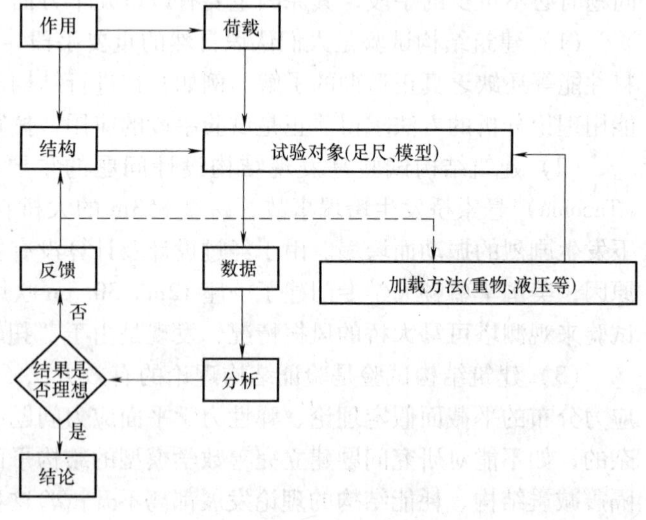

图 1-1　一般建筑结构试验流程

1.3 建筑结构试验的分类

结构试验可按试验目的、试验对象的尺寸、荷载的性质、荷载作用时间的长短、所在场地情况等因素进行分类。

1.3.1 按试验目的分类

按试验目的，结构试验可分为生产性试验、科研性试验和教学性试验。

1. 生产性试验

这类试验具有直接的生产目的，它是以实际建筑物或结构构件为试验鉴定对象，通过试验对具体结构构件作出正确的技术结论，常用来解决以下有关问题。

（1）综合鉴定重要工程和建筑的设计与施工质量　对于一些比较重要的结构与工程，除了在设计阶段进行大量必要的试验研究外，在实际结构建成后，还要求通过试验综合鉴定其质量的可靠程度。

（2）对已建结构进行可靠性检验，以推断和估计结构的剩余寿命　国内外对建筑物的使用寿命，尤其对使用寿命中的剩余期限（即剩余寿命）特别关注。通过对已建建筑物的观察、检测和分析普查，按可靠性鉴定规程评定结构所属的安全等级，由此来判断其可靠性，评估其剩余寿命。可靠性鉴定大多采用非破损检测方法。

（3）工程改建和加固，通过试验判断具体结构的实际承载能力　原有建筑的扩建加层、加固或者由于需要提高建筑抗震设防烈度而进行的加固等，如单凭理论计算得不到分析结论，经常需通过试验确定这些结构的潜在能力。这在缺乏原有结构的设计计算书、图样资料和工程档案而要求改变结构工作条件的情况下更有必要。

（4）处理受灾结构和工程质量事故，通过试验鉴定提供技术依据　对遭受地震、火灾、爆炸等灾害而受损的结构，或在建造和使用过程中发现有严重缺陷的危险建筑，如施工质量事故、结构过度变形和严重开裂等，必须进行必要的详细检测。

（5）鉴定预制构件的产品质量　构件厂或现场生产的钢筋混凝土预制构件，在构件出厂或现场安装之前，必须根据抽样试验的科学原则，按照预制构件质量检验评定标准和试验规程，通过一定数量的试件试验，以推断成批产品的质量。

2. 科研性试验

科学研究性试验（science test）的目的是验证结构设计计算的各种假设，通过制定各种设计规范，发展新的设计理论，改进完善设计计算方法，为发展和推广新结构、新材料及新工艺提供理论依据与实践经验。通常解决以下两类问题。

（1）验证结构计算理论的假定　在结构设计中，为了计算的方便，人们经常要对结构构件的计算图式及其本构关系作某些简化的假定。例如，在较大跨度的钢筋混凝土结构厂房中采用30～36m跨度竖腹杆式的预应力钢筋混凝土空腹桁架（open-web truss）。具体设计中，这类结构的计算图式可假定为多次超静定空腹桁架，也可按双铰拱计算，将所有的竖杆看成是不受力的吊杆，这一般可以通过试验研究来加以验证；在构件的静力和动力分析中，材料本构关系（constitutive relationship）的模型也完全是通过试验加以确定的。

（2）为发展推广新结构、新材料与新工艺提供实践经验　随着建筑科学和基本建设发展的需要，新结构类型、新材料和新工艺不断涌现。从一种新材料的应用到一个新结构的设计和新工艺的施工，往往需要经过多次工程实践与科学试验，即由实践到认识，再由认识到实践的多次反复，从而积累资料，丰富和提高认识，不断改进和完善设计计算理论。

3. 教学性试验

教学性试验的目的是为具体的教学内容提供直观的演示。一般在“建筑结构试验”“混凝土结构设计”“钢结构设计”“工程结构抗震”等课程的教学过程中，实验室人员主动设计若干试验配合教学，给学生以感性认识，并培养其动手能力。根据教学目的，教学性试验分为普通型教学试验、提高型教学实验和创新型教学试验。

1.3.2　按试验对象的尺寸分类

1. 原型试验

原型试验（prototype test）的对象是实际结构或者是按实物结构足尺复制的结构或构件。实物试验一般用于生产性试验，如秦山核电站安全壳加压整体性能试验就是一种非破坏性的现场试验。对于工业厂房结构的刚度和变形试验、楼盖承载力试验等都是在实际结构上加载测量的。另外，在高层建筑上直接进行风振测试和通过环境随机振动荷载测定结构动力特性等均属此类。在原型试验中，另一类是对实际结构构件的试验，试验对象通常就是一根梁、一块板或一榀屋架之类的实物构件，它可以在试验室内进行试验，也可以在现场试验。为了保证测试的精度，防止环境因素对试验的干扰，目前国外已将这类足尺模型试验（full scale test）从现场转移到结构试验室内进行，如日本已在室内完成了7层框架结构房屋足尺模型的抗震静力试验。近年来国内大型结构试验室的建设也已经考虑到这类试验的要求。

2. 模型试验

模型（model）是仿照原型并按照一定的比例关系复制而成的代表试验物。它具有实际结构的全部或部分特征，大部分结构模型是尺寸比原型小得多的缩尺结构。试验研究需要时也可以制作1∶1的足尺模型作为试验对象。由于受投资大、周期长、测量精度不高、环境因素干扰等的影响，进行原型结构试验在经济上或技术上会存在某些困难。人们在结构设计的方案阶段进行初步探索比较或对设计理论和计算方法进行探索研究时，较多地采用比原型结构小的模型进行试验。

模型的设计制作与试验是根据相似理论（similarity theory），用适当的比例和相似材料制成的与原型相似的试验对象，然后在模型上施加相似力系使模型受力后重演原型结构的实际工作状态，最后按照相似理论由模型试验结果推算出实际结构的工作性能。这类模型要求有比较严格的模拟条件，即要做到几何相似、力学相似和材料相似。

3. 小模型试验

小模型试验是结构试验常用的形式之一（见图1-2）。它只是将原型结构按几何比例缩小制成模型，作为代表物进行试验，再将试验结果与理论计算对比校核，主要用以研究结构的性能，验证设计假定与计算方法的正确性，并认为这些结果所证实的一般规律与计算理论可以推广到实际结构中去。这类试验无须考虑相似比例对试验结果的影响。

a)

b)

图 1-2 小模型试验图例

a）高层建筑模型抗震模拟试验 b）网架结构模型静载试验

1.3.3 按试验荷载的性质分类

1. 结构静力试验

结构静力试验（static loading test of structure）是结构试验中最多、也是最常见的基本试验，因为绝大部分建筑结构在工作中所承受的是静力荷载。在荷载作用下研究结构的承载力、刚度、抗裂性和破坏机理，一般可以通过重力或各种类型的加载设备来模拟和实现试验加载的要求。

静力试验的加载过程是使荷载从零开始逐步递增，直到达到试验的某一预定目标或试件破坏为止，也就是在一个不长的时间段内完成试验加载的全过程，称这种试验为结构静力单调加载试验。

探索工程结构的抗震性能，结构抗震试验无疑成为一种重要的手段。结构抗震静力试验是用静力方式模拟地震作用，它是一种控制荷载或控制变形作用于结构的周期性的反复静力荷载，为与一般单调加载试验区别，称之为低周反复静力加载试验（static loading test of low cycle reverse），也称伪静力试验（pseudo static test）。目前国内外结构抗震试验较多集中在这一方面。

静力加载试验（static loading test）最大的优点是加载设备相对比较简单，荷载可以逐步施加，可以仔细观察结构变形和裂缝的发展，给人们以最直观的破坏概念。

2. 结构动力试验

结构动力试验（dynamic test of structure）就是研究结构在不同性质动力作用下结构动力特性（dynamic characteristics of structure）和动力反应（dynamic effect of structure）的试验。例如，研究厂房结构承受起重机（吊车）及动力设备作用下的动力特性，起重机梁（吊车梁）的疲劳强度（fatigue strength）和疲劳寿命（fatigue life），多层厂房由于机器设备上楼后所产生的振动影响，高层建筑和高耸构筑物在风荷载作用下的动力问题，结构抗爆炸、抗冲击问题等。在结构抗震性能的研究中，除了用上述静力加载模拟以外，更为理想是直接施加动力荷载进行试验。目前抗震试验（earthquake resistant test）一般采用电液伺服加载设备（electro-hydraulic serve testing equipment）或地震模拟振动台等设备来进行。对于现场或野外的动力试验，利用环境随机振动试验（ambient random excitation test）测定结构的动力特性模态参数也日益增多。另外，还可以利用人工爆炸产生人工地震的方法，甚至直接利用天然地震对结构进行试验。由于荷载特性的不同，动力试验的加载设备和测试手段也与静力试验有很大差别，并且要比静力试验复杂得多。

1.3.4 按试验时间长短分类

1. 短期荷载试验

短期荷载试验（short term loading test）是指结构试验时限于试验条件、试验时间或其他各种因素和基于及时解决问题的需要，通常对实际承受长期荷载作用的结构构件，在试验时将荷载从零开始到最后结构破坏或某个阶段进行卸荷的时间总共只有几十分钟、几小时或者几天。当结构受地震、爆炸等特殊荷载作用时，整个试验加载过程只有几秒甚至是微秒或毫秒级的时间。这种试验实际上是一种瞬态的冲击试验，属于动力试验的范畴。严格来说，这种短期荷载试验不能代表长年累月进行的长期荷载试验，对其中由于具体的客观因素或技术的限制所产生的影响，必须在试验结果的分析和应用时加以考虑。

2. 长期荷载试验

长期荷载试验（long term loading test）是指结构在长期荷载作用下研究结构强度、变形等随时间变化规律的试验，如混凝土的徐变、预应力结构钢筋的松弛等都需要进行静力荷载作用下的长期试验。这种长期荷载试验也可称为“持久试验”，它可能连续进行几个星期或几年时间，通过试验以获得结构的变形随时间变化的规律。为保证试验的精度，要严格控制试验环境，如保持恒温、恒湿，防止振动等。所以长期荷载试验一般是在试验室内进行的。如果能在现场对实际工作中的结构构件进行系统、长期的观测，这对积累和获得数据资料，对于研究结构的实际工作性能，进一步完善和发展结构理论将具有更为重要的意义。

1.3.5 按试验场地分类

1. 试验室结构试验

试验室试验（laboratory structural test）由于具备良好的工作条件，可以应用精密和灵敏的仪器设备，具有较高的准确度，甚至可以人为地创造一个适宜的工作环境，主动减少或消除各种不利因素对试验的影响，因此适宜于进行研究性试验。其试验的对象可以是原型或模型，也可以将结构一直试验到破坏。近年来大型结构试验室的建设，特别是应用计算机控制试验，为发展足尺结构的整体试验和实现结构试验的自动化提供了更有利的工作条件。

2. 现场结构试验

现场结构试验（field structural test）是指在生产或施工现场进行的实际结构的试验，主要用于生产性试验。试验对象通常是正在生产使用的已建结构或将要投入使用的新结构。由于受客观条件的干扰和影响，高精度高灵敏度的仪表设备的应用经常会受到限制，因此试验精度和准确度较差，特别是由于现场试验中没有试验室所用的固定加载设备和试验装置，这给试验进行带来较大的困难。但是，目前应用非破坏检测技术手段进行现场试验，仍然可以获得近乎实际工作状态下的数据资料。

1.4 建筑结构试验的发展

我国结构试验发展的初期，主要是为了适应国民经济恢复时期的需要，对一些改建或扩建工程进行现场静力试验。例如，1953 年，长春市对 25.3m 高的输电铁塔进行了原型结构的检验性试验，是我国第一次规模较大的结构试验。当时由于试验条件简陋，试验手段落后，加载设备是用吊盘内装铁块，作为竖向荷载，水平荷载则用人工绞车施加，铁塔主要杆件的应变只能用机械杠杆引伸仪量测，铁塔的水平变形则用经纬仪观测。

20 世纪 70 年代，结构试验日益成为人们研究结构新体系不可或缺的手段。从确定结构材料的物理力学性能，到验证各种结构构件的受力特点和破坏特征，直至建立一个结构体系的计算理论，都建立在试验研究的基础上。例如，1973 年对上海体育馆和南京五台山体育馆进行了网架模型试验（lattice grid model test），为建立网架结构的计算理论和模型试验理论等提供了大量的实测资料。在此之后，在北京、昆明、南宁、兰州等地先后进行了十余次规模较大的足尺结构试验。

我国结构动力试验的工作起步较晚，早期主要是由科学研究机构研制一些小型振动台和激振设备，用它们对建筑物、高炉及水坝等结构模型进行动力试验。随后研制出了脉动测量仪（pulsating measurement apparatus），开始对新安江、小丰满和恒山等地的大型水坝工程实地进行了脉动观察和测量。1960 年以后又研制出了我国第一批工程强震加速度计，从此，为研究实际地震作用下的结构性能开辟了新领域。

地震是土木工程结构的一个重要灾害源，我国曾进行过各种结构的抗震试验和减震试验，如钢筋混凝土框架、剪力墙等结构类型的抗震性能试验，砖砌体、砌块结构以及底层框架砖混结构的抗震性能试验，仅在野外进行规模较大的足尺房屋抗震性能破坏试验就有十多次。目前，全国各地进行的各种类型的结构试验日益增多，试验项目不胜枚举，其结果为研究发展抗震计算分析理论和指导工程应用提供了十分丰富的试验资料。

在现代制造业的发展下，大型结构试验设备不断投入使用，加载设备模拟实际受力状态的能力越来越强。例如，大型风洞装置、大型火灾模拟系统、气候模拟系统等的使用，在这方面国外发展较为成熟。

当今测试技术的发展以新型高性能传感器和数据采集技术为主要内容。新材料的运用，特别是半导体材料的研究与开发，促进了传感器的发展，如，“智能传感器”。同时，测试仪器的性能也得到了极大的改进，特别是其与计算机技术的结合，使得数据采集技术发展迅速，实现了量测数据的快速采集、自动化记录和数据自动处理分析等；尤其是计算机控制的多维地震模拟振动台，可以实现地震波的人工再现，模拟地面运动对结构作用的全过程，可以准确、及时、完整地收集并表达荷载与结构行为的各种信息。

目前，结构试验技术正在向智能化、模拟化方向深入发展，不断引入现代科学技术发展的新成果来解决应力、变形、裂缝、内部缺陷及振动的量测问题，与此同时，广泛地开展结构模型试验理论与方法、计算机模拟试验、结构非破损试验技术等研究。

1.5 建筑结构试验技术相关标准和规程

近年来，随着技术法规的不断完善，在对结构进行试验时，试验方法必须遵守相应的规则。我国先后颁布了有关的规范规程，包括：《建筑结构检测技术标准》（GB/T 50344—2004），《钢结构超声波探伤及质量分级法》（JG/T 203—2007），《混凝土结构试验方法标准》（GB 50152—1992）、《混凝土强度检验评定标准》（GB/T 50107—2010）、《建筑抗震试验方法规程》（JGJ 101—1996）、《早期推定混凝土强度试验方法标准》（JGJ/T 15—2008）、《普通混凝土长期性能和耐久性能试验方法标准》（GB/T 50082—2009）、《砌体基本力学性能试验方法标准（征求意见稿）》（GBJ 129—2011）、《纤维混凝土试验方法标准》（CECS 13—2009）、《建筑砂浆基本性能试验方法标准》（JGJ/T 70—2009）等各个方面的技术标准和规范。对不同类型的结构，也用技术标准的形式规定了检测方法。例如，《建筑工程检测试验技术管理规范》（JGJ 190—2010）、《砌体工程现场检测技术标准》（GB/T 50315—2000）、《回弹法检测混凝土抗压强度技术规程》（JGJ/T 23—2001）、《钻芯法检测混凝土强度技术规程》（CECS 03—2007）、《超声法检测混凝土缺陷技术规程》（CECS 21—2000）、《超声回弹综合法检测混凝土强度技术规程》（CECS 02—2005）、《贯入法检测砌筑砂浆抗压强度技术规程》（JGJ/T 136—2001）、《钢结构检测评定及加固技术规程》（YB 9257—1996）、《工业建筑可靠性鉴定标准》（GB 50144—2008）、《危险房屋鉴定标准》（JGJ 125—1999）等。

本章小结

1. 建筑结构试验是一项科学性、实践性很强的活动，是研究和发展工程结构新材料、新体系、新工艺以及探索结构设计新理论的重要手段，在工程结构科学研究和技术革新等方面起着重要的作用。

2. 结构试验的任务就是在结构物或试验对象上，使用仪器设备和工具，采用各种试验技术手段，在荷载或其他因素作用下，通过量测与结构工作性能相关的各种参数，从强度、刚度和抗裂性以及结构实际破坏形态来判明结构的实际工作性能，估计结构的承载力，确定结构对使用要求的符合程度，并用以检验和发展结构的计算理论。

3. 按试验目的，结构试验可归纳为生产性试验、科研性试验和教学性试验；按试验对象的尺寸分为原型试验、模型试验和小模型试验；按试验荷载的性质分为结构静力试验和结构动力试验；按试验时间长短分为短期荷载试验和长期荷载试验；按试验场所分为试验室结构试验和现场结构试验。

思考题

1-1 建筑结构试验的目的和任务是什么？

1-2 建筑结构试验分为哪几类？有何作用？

1-3 请自行查找资料，了解建筑结构试验技术的发展。

第 2 章 建筑结构试验与检测设备

2

本章主要介绍结构试验加载设备和结构试验测量设备，同时也介绍了主要仪器的工作原理及基本的操作方法，建议本章教学在试验室中进行，便于学生对仪器和设备的认识。

2.1 概述

建筑结构试验是模拟结构在实际受力工作状态下的结构反应，必须对试验对象施加荷载。试验选用的荷载形式、大小、加载方式等都是根据试验的目的要求，以如何更好地模拟原有荷载等因素来确定。

在决定试验荷载时，还应该考虑试验室的设备条件和现场所具备的试验条件的具体情况。正确和合理的荷载设计是整个试验工作顺利进行的基础；反之，如果设计不妥，不仅影响试验工作的顺利进行，甚至会导致整个试验的失败，严重的还会发生安全事故。因此，正确的荷载设计和选择适合于试验目的需要的加载设备，是保证整个试验工作顺利进行的关键。

在结构试验中，试件作为一个系统，所受到的作用（如力、位移、温度等）是系统的输入数据，试件的反应（如位移、速度、加速度、应力、应变、裂缝等）是系统的输出数据，通过对这些数据的测量、记录和处理分析，可以得到试件系统的特性。数据采集就是运用各种方法，对这些数据进行测量和记录。

由此可见，结构试验测试的主要内容是结构的外力作用和在外力作用下的结构反应两个方面，而要获得这些可靠的数据，必须通过选择正确的量测仪器和量测方法来实现。本章对相应的加载设备和量测仪器进行了介绍。

2.2 加载设备

在静力试验中，可以利用加载框架承受结构试验加载时的反力的反力加载法，利用重物直接加载或通过杠杆作用间接加载的重力加载法，利用液压加载器和液压试验机的液压加载法，利用绞车、差动滑轮组、弹簧和螺旋千斤顶等机械设备的机械力加载法，以及利用压缩空气或真空作用的特殊方法等。

在动力试验中，可以利用惯性力或电磁系统激振，比较先进的设备是由自动控制、液压装置与计算机相结合而组成的电液伺服加载系统和由此作为震源的地震模拟振动台加载设备等。

最简单的结构试验系统的框架采用自反力结构，没有反力地基的试验室也可以采用，结构简单、操作方便、购置成本低，如图 2-1 所示。液压千斤顶可以配手动液压泵或电动液压泵作为动力源提供所需的液压油，再配上简单的数据采集系统和计算机就构成了简易的结构教学试验系统，配以简单的附件，就可以完成梁、板、桁架等结构的弯曲、剪切等典型结构试验教学。其缺点是功能单一，加载空间无法调节，对于一些复杂多变的试验无能为力。

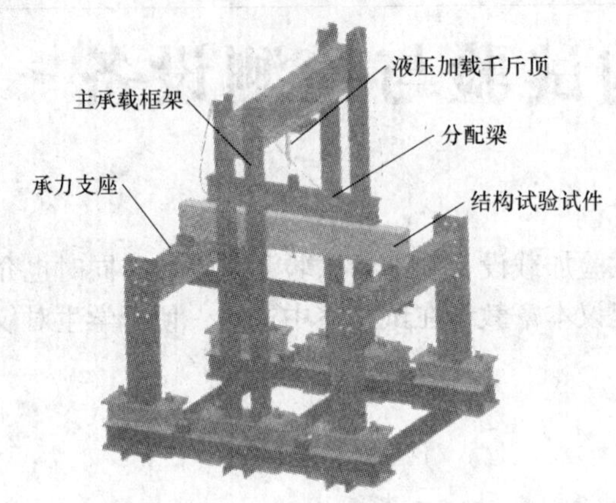

图 2-1　简单结构试验加载框架

2.2.1　重力加载法

重力加载（gravity load）就是利用物体本身的重量将物体施加于试验结构上作为荷载的加载方式。在试验室内可以利用的重物有专门浇铸的标准铸铁砝码、混凝土立方试块、水箱等；在现场则可就地取材，经常是采用普通的砂、石、砖等建筑材料等。重物可以直接加在试验结构或构件上，也可以通过杠杆间接加在结构或构件上。

1. 加荷作用方式

重物荷载可直接堆放于结构表面形成均布荷载（见图 2-2）或置于荷载盘上通过吊杆挂于结构上形成集中荷载。

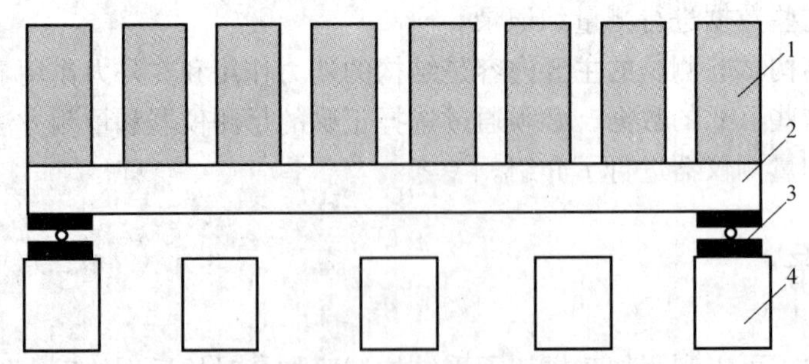

图 2-2　重物做均布加载试验

1—重物　2—试件　3—支座　4—支墩

后者多用于现场屋架试验，此时吊杆与荷载盘的自重应计入第一级荷载。利用吊杆和荷载盘施加集中荷载时，每个荷载盘必须分开或通过静定的分配梁体系作用于试验的对象，使结构受荷传力路线明确。这类加载方法的优点是试验荷载可就地取材，可重复使用，针对试验结构或试件的变形而言，可保持恒载，也可分级加载，容易控制；但加载过程中需要花费较大的劳动力，占据较大的空间，安全性差，试验组织难度大。

2. 不同荷载的特点

（1）散状材料　当使用砂石等松散颗粒材料加载时，如果将材料直接堆放于试验结构表面，将会造成荷载材料本身起拱而对结构产生卸荷作用。为此，最好将颗粒状材料置于一定容量的容器之中，然后施加于结构之上。

（2）块体材料　如果是采用形体较为规则的块状材料加载，如砖石、铸铁、钢锭等，则要求叠放整齐，每堆重物的宽度≤$L/5$（L 试验结构的跨度），堆与堆之间应有一定间隔（约5～8cm）。如果利用铁块钢锭作为荷重时，为了加载方便和操作安全，每块质量不宜大于20kg。

（3）吸湿材料　利用砂粒、砖石等吸湿材料作为荷载，它们的质量常随大气湿度而发生变化，故荷载值不易恒定，容易使试验的荷载值产生误差，应用时应加以注意。

（4）液体材料　利用水作为重力加载的荷载，是一个简易方便而且甚为经济的方案。水可以盛在水桶内，用吊杆作用于试验结构上来作为集中荷载，也可以采用特殊的盛水装置作为均布荷载直接施加于结构表面（见图2-3）。在现场试验水塔、水池、油库等特种结构时，水是最为理想的试验荷载。它不仅符合结构物的实际使用条件，而且还能检验结构的抗裂、抗渗情况。

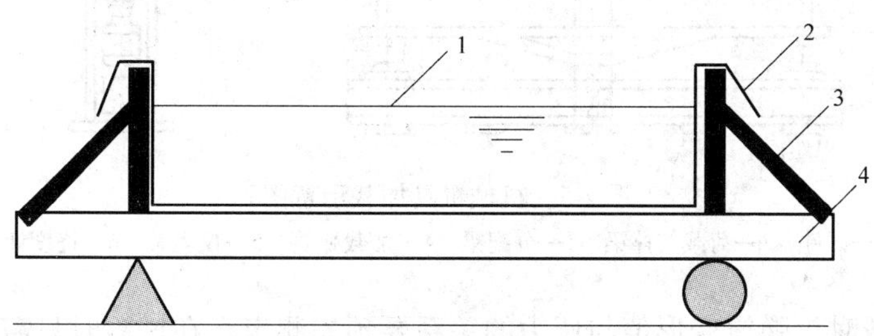

图2-3　用水做均布加载的试验装置

1—水　2—防水布　3—斜撑　4—试样

2.2.2　机械力加载法

机械力加载（mechanical load）常用的机具有吊链、卷扬机、绞车、花篮螺钉、螺旋千斤顶及弹簧等。吊链、卷扬机、绞车和花篮螺钉等主要是配合钢丝或绳索对结构施加拉力，还可与滑轮组联合使用，改变作用力的方向和拉力大小。拉力的大小通常用拉力测力计测定，按测力计的量程有两种装置方式。当测力计量程大于最大加载值时用图2-4a所示串联方式，直接测量绳索拉力。如测力计量程较小，则需要用图2-4b的装置方式，此时作用在结构上的实际拉力可以换算确定。

螺旋千斤顶是利用齿轮及螺杆式蜗杆机构传动的原理，当摇动千斤顶手柄时，蜗杆就带动螺旋杆顶升，对结构施加顶推力，加载值的大小可用测力计测定。

弹簧加载法（spring load）常用于构件的持久荷载试验。弹簧施加荷载的工作原理和机械螺栓弹簧垫的工作原理相同（见图2-5）。当荷载值较小时，可直接拧紧螺帽以压缩弹簧；当荷载值很大时，需用千斤顶压缩弹簧后再拧紧螺帽。

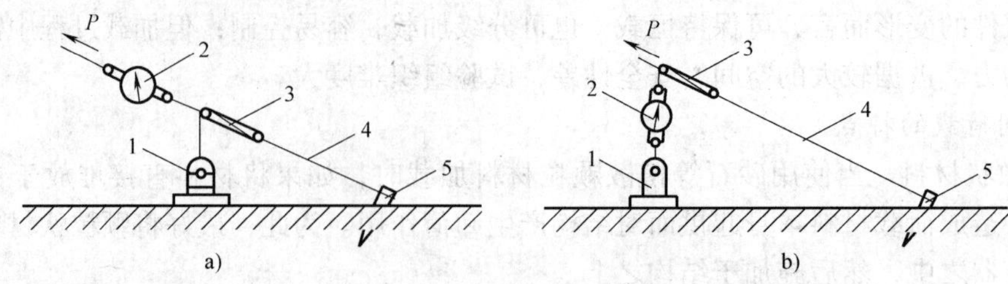

图 2-4 拉力测力装置布置图

a）大量程 b）小量程

1—绞车或卷扬机 2—拉力测力计 3—滑轮组 4—钢索 5—桩头

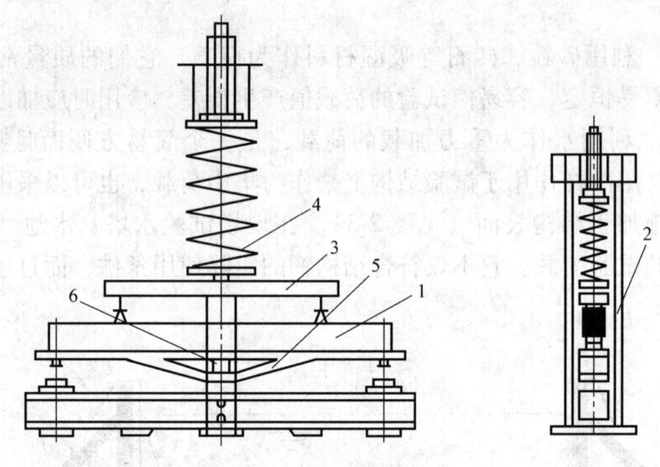

图 2-5 机械机具加载示意图

1—试件 2—荷载支撑梁 3—分配梁 4—加载弹簧 5—仪表架 6—挠度计

使用弹簧加载时，弹簧变形值与压力的关系要预先测定，在试验时只需知道弹簧最终变形值，即可求出对试件施加的压力值。用弹簧作为持久荷载时，应预先估计当结构徐变使弹簧压力变小时，其变化值是否在弹簧变形的允许范围内。

在野外试验时，使用捯链手拉葫芦进行加载，简捷方便，能够改变荷载方向，空间布置相对比较灵活。

机械力加载的优点是设备简单，容易实现，当通过锁具加载时很容易改变荷载作用的方法，故在建筑物、柔性构筑物（如：桅杆、塔架等）的实测或大尺寸模型试验中，常用此法施加水平集中荷载。其缺点是荷载值不大，当结构在荷载作用点产生变形时，会引起荷载值的改变。

2.2.3 电磁加载法

在磁场中通电的导体要受到与磁场方向相垂直的作用力，电磁加载（electromagnetic load）就是根据这个原理，在强磁场（永久磁铁或直流励磁线圈）中放入动圈，通入交流电流，则可使固定于动圈上的顶杆等部件作反复运动，对试验对象施加往复荷载。若在动圈上通以一定方向的直流电，则可产生静荷载。目前常见的电磁加载设备有电磁激振器和电磁式振动台。

1. 电磁激振器

电磁激振器是由磁系统（包括铁芯、磁极板）、动圈（工作线圈）、弹簧、顶杆等部件组成。电磁激振器的构造如图 2-6 所示。动圈固定在顶杆上，置于铁芯与磁极板的空隙中，顶杆由弹簧支承并与壳体相连。弹簧除支撑顶杆外，工作时还使顶杆产生一个稍大于电动力的顶压力，使激振时不至于产生顶杆撞击试件的现象。

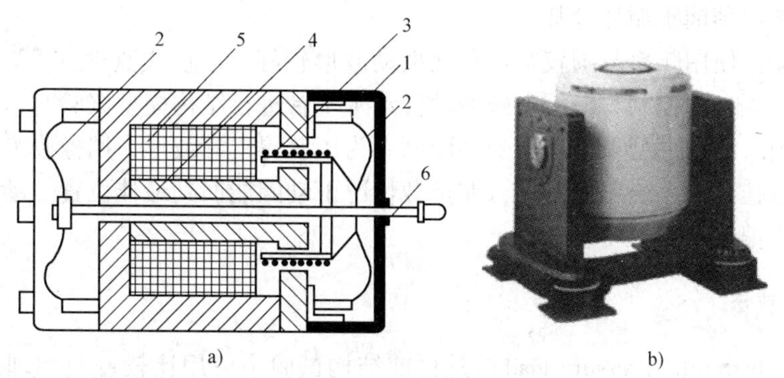

图 2-6 电磁激振器的构造图

a）构造示意图 b）实物图

1—外壳 2—支撑弹簧 3—动圈 4—铁芯 5—励磁线圈 6—顶杆

电磁激振器的工作原理是：励磁线圈通过电流时，铁心对衔铁产生吸引力，在铁心内产生相应的磁感应强度，由电磁力与磁感应强度的关系可得电磁吸力。电磁力由三部分组成：静态力、交变力和二次分量。

电磁激振器的特点是与被激振对象不接触，因此没有附加质量和刚度的影响，其频率上限约为 1000Hz，推力可达几个 kN。

2. 电磁式振动台

电磁式振动台的工作原理基本上与电磁激振器一样，其构造实际上是利用电磁激振器来推动一个活动的台面。电磁式振动台由信号发生器、振动自动控制仪、功率放大器、电磁式振动台激振器和台面组成（见图 2-7）。

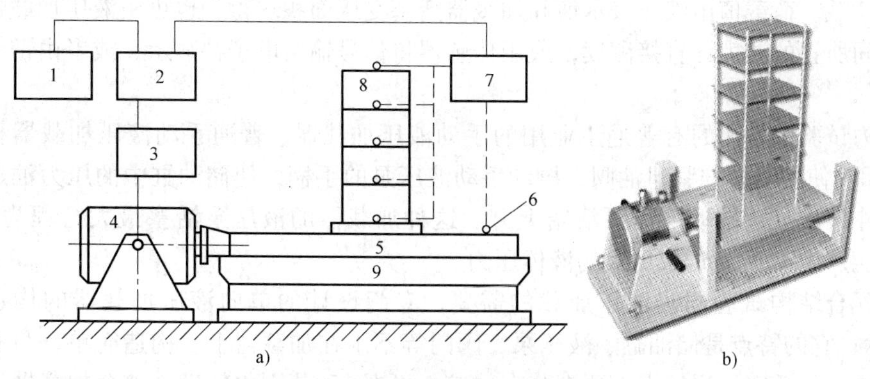

图 2-7 电磁式振动台组成系统图

a）原理示意图 b）实物图

1—信号发生器 2—自动控制仪 3—功率放大器 4—电磁激振器 5—振动台台面

6—测振传感器 7—振动测量记录器 8—试件 9—台座

当励磁线圈中通入直流电流时，即产生强大的磁场。因驱动线圈位于强磁场的环形空隙内，当驱动线圈中输入交变电流时，由于磁场的相互作用，即产生电磁感应力来推动可动部分运动。改变驱动线圈中电流的强度及频率，即可改变振动台的振动幅值及频率，台面的振动量可由安置在台面上的测振传感器进行监测。驱动线圈和励磁线圈工作时温度都会升高，为此振动台设有相应的冷却装置。激振器较小的一般用空气冷却，激振器较大的则用空心导线绕组，孔中通以蒸馏水循环冷却。

电磁式振动台使用频率范围较宽，台面振动波形较好，一般失真度在5%以下，操作使用方便，容易实现自动控制。但用电磁振动推动水平台进行结构模型试验时，由于激振力不够大，以致台面尺寸和模型重量均会受到限制。为了获得良好波形，用橡胶弹簧、空气弹簧或磁悬系统来悬挂活动系统，使振动台在负载情况下动圈能回到最佳位置。动圈周围加有滚轮制导，以防止偏斜。

2.2.4 液压加载法

液压加载（hydraulic pressure load）是目前结构试验中应用比较普遍和理想的一种加载方法。它的最大优点是利用液压使液压加载器产生较大的荷载，试验操作安全方便，特别是对于大型结构构件，当试验要求荷载点数多、吨位大时更为适合。尤其是电液伺服系统在试验加载设备中得到广泛应用后，为结构动力试验模拟地震作用、海浪波等不同特性的动力荷载创造了有利条件，使动力加载技术发展到了一个新的高度。

液压加载系统由液压箱、液压泵、阀门、液压加载器等部件通过液压油管连接起来，配以测力计和支撑机构组成。液压加载器是液压加载设备中的一个重要部件，其主要原理是高压液压泵将具有一定压力的液压油压入液压加载器的工作缸，使之推动活塞，对结构施加荷载。

使用液压加载系统在试验台座上或现场进行试验时还要配置各种支撑系统，以承受液压加载器对结构加载时产生的平衡力系。

1. *液压加载器*

液压加载器俗称千斤顶（lifting jack），是液压加载设备中的主要部件。其主要工作原理是用高压液压泵将具有一定压力的液压油压入液压加载器的工作液压缸，使之推动活塞，对结构施加荷载。荷载值由液压表示值和加载器活塞受压面积求得，也可由液压加载器与荷载承力架之间所置的测力计直接测读，或用传感器将信号输给电子秤显示，或者由记录器直接记录。

在静力试验中常用的有普通工业用的手动液压加载器，普通手动液压加载器构造，如图2-8所示。使用时先拧紧泄油阀，掀动手动液压泵的手柄，使储油缸中的压力油通过单向阀压入工作液压缸，推动液压泵活塞上升。这种加载器的液压泵活塞最大行程为20cm左右，一般能产生40N/mm^{2}或更大的液体压力。

为了配合结构试验同步液压加载的需要，专门设计的单向液压加载器的构造图，如图2-9所示。它的特点是储油缸、液压泵、阀门等不附在加载器上，构造简单，只有活塞和工作液压缸。其活塞行程较大，顶端装有球铰，可在15°范围内转动。整个加载器还可以倒转使用，适宜同步加载需要。

利用液压加载试验系统可以进行各类建筑结构的静力试验，如屋架、梁、柱、板、墙体等，尤其对大吨位、大挠度、大跨度的结构更为适用，它不受加荷点数的多少、加荷点的距

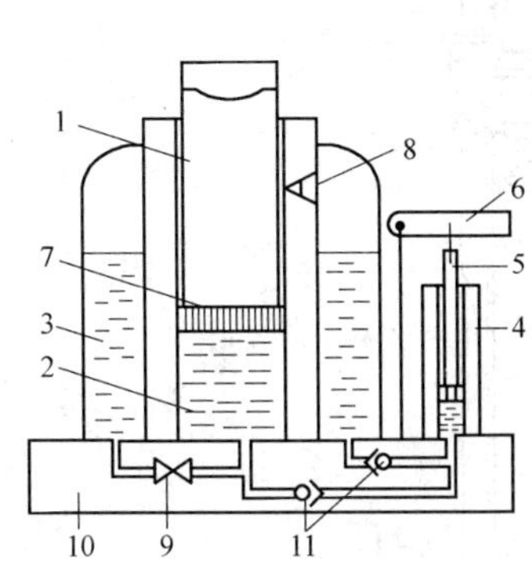

图2-8 手动液压加载器

1—工作活塞 2—工作液压缸 3—储油缸 4—液压泵油缸 5—液压泵活塞 6—手柄 7—油封 8—安全阀 9—泄油阀 10—底座 11—单向阀

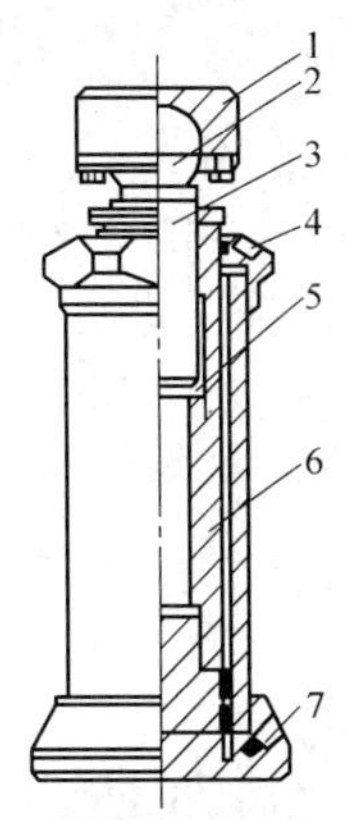

图2-9 单向作用液压加载器

1—顶帽 2—球铰 3—活塞丝杆 4—活塞复位液压油管接头 5—活塞 6—液压缸 7—工作液压油管接头

离和高度限制，并能适应均布和非均布、对称和非对称加荷的需要。

为适应结构抗震试验施加低周反复荷载的需求，可以用双向作用液压千斤顶，如图2-10所示，其特点是在液压缸的两端各有一个进油孔，设置液压油管接头，可以通过液压泵与换向液压阀交替供给液压油，由活塞对结构产生拉、压双向作用，施加反复荷载。

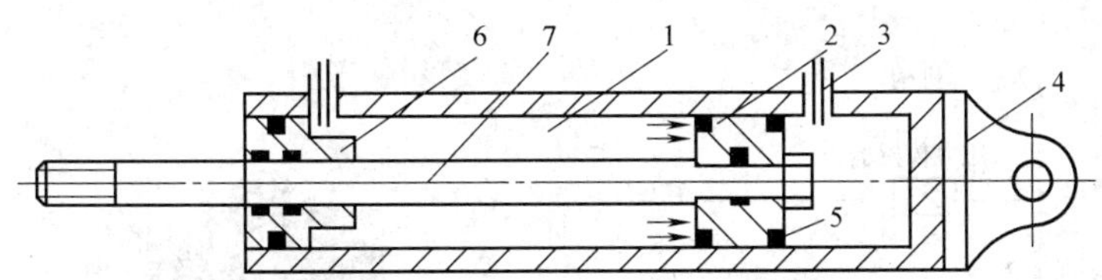

图2-10 双向作用液压千斤顶

1—工作油缸 2—活塞 3—液压油管接头 4—固定环 5—油封 6—端盖 7—活塞杆

2. 大型结构试验机

大型结构试验机是试验室内进行大型结构试验的专门设备，是一个比较完善的液压加载系统。比较典型的试验机有长柱试验机、万能材料试验机和结构疲劳试验机等。

结构试验室内进行大型结构试验的一种比较典型的专门设备是结构长柱试验机（见图2-11），主要用来进行柱、墙板、砌体、节点与梁的受压与受弯试验。这种设备的构造原理与一般材料试验机相同，但吨位要比材料试验机大。目前国内普遍使用的长柱试验机的最大压力达1×10^4kN，最大高度可达10m。此外还配以专门的数据采集和数据处理设备，试验机的操纵和数据处理能同时进行，其智能化程度较高，极大地提高了试验效率。

3. 电液伺服液压系统

电液伺服液压系统（electro-hydraulic servo hydraulic loading system）是目前结构试验研究中一种比较理想的试验设备，特别是用来进行抗震结构的静力或动力试验尤为合适，它可较为精确地模拟试件所受的实际外力，多用于模拟各种振动荷载（特别是地震作用、海浪等）对结构物的影响。

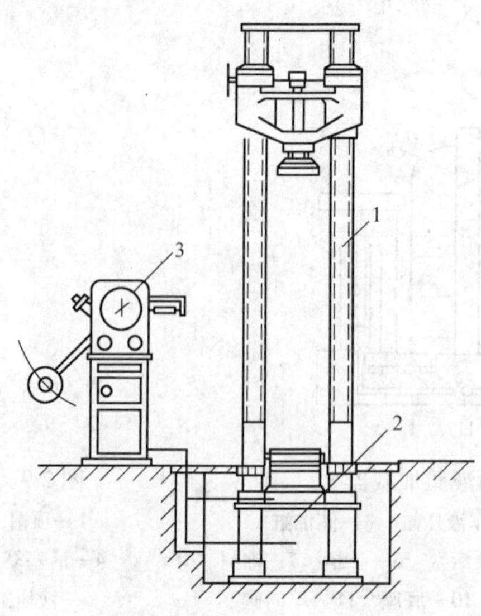

图 2-11 结构长柱试验机

1—试验机架 2—液压加载器 3—液压控制台

电液伺服液压系统采用闭环控制，其主要组成有电液伺服加载器、控制系统和液压源三大部分。它能将荷载、应变、位移等物理量直接作为控制参数，实行自动控制（见图 2-12）。

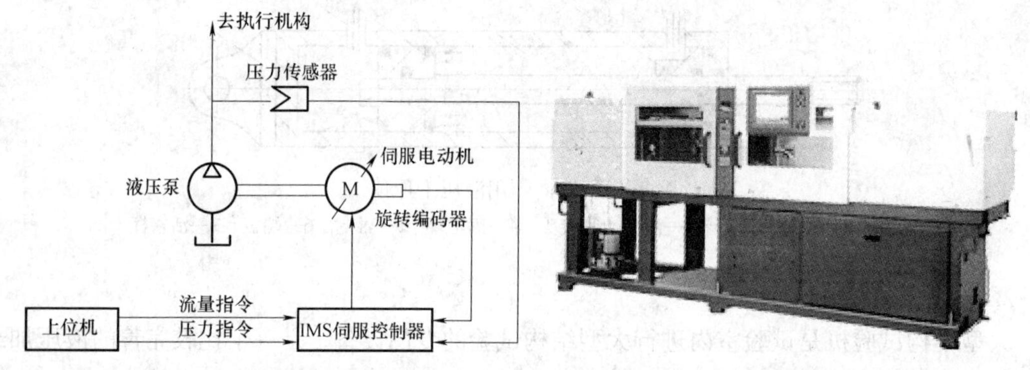

图 2-12 电液伺服液压系统的基本闭环回路及实物图

电液伺服阀是电液伺服加载系统中的心脏部分，它安装在液压加载器上，指令发生器发出的所需荷载大小的信号经放大后输入伺服阀，转换成大功率的液压信号，将来自液压源的液压油输入加载器，将加载器按输入信号的规律产生振动对结构施加荷载。同时，将测量的位移等信号通过伺服控制器作反馈控制，以提高整个系统的灵敏度。

目前电液伺服液压试验系统大多数与电子计算机配合使用。这样整个系统可以进行程序控制，扩大系统功能，如输出各种波形信号，进行数据采集和数据处理，控制试验的各种参数和进行试验情况的快速判断。

2.2.5 气压加载法

试验中也可以利用气体压力对结构加载，气压加载（atmospheric load）产生的是均布荷载，所以尤其适合于平板或壳体试验。其优点是加载卸载方便、压力稳定，缺点是无法观测结构受载面。气压加载分为正压加载和负压加载两种。图 2-13a 所示为正压力加载示意图，正压加载是利用压缩空气的压力对结构施加荷载。尤其是对施加均布荷载特别有利，直接通过压力表就可反映加载值，加卸荷载方便，并可产生较大的负载，可达 500kN/m^2，一般应用于模型结构试验较多。

图 2-13b 所示为负压加载示意图，负压加载是利用真空泵将试验结构物下面密封室内的空气抽出，使之形成真空，如图 2-14 所示，结构的外表面受到的大气压，就成为施加在结构上的均布荷载，由真空度可得出加载值。负压加载适用于壳体结构试验，缺点是安装量测仪受到限制，不便于观测裂缝。

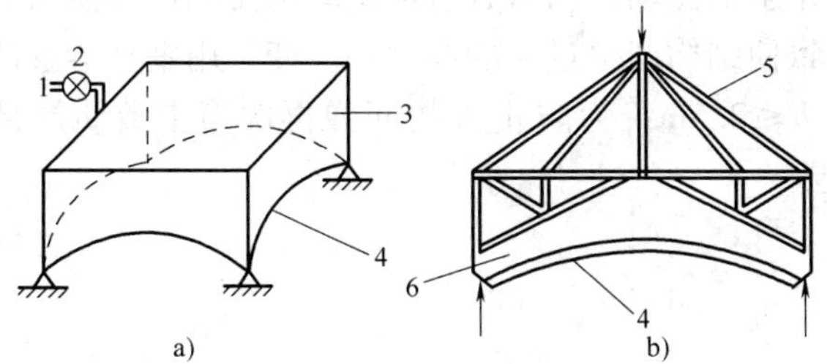

图 2-13　压缩空气加载示意图

1—压缩空气　2—阀门　3—容器　4—试件　5—支撑装置　6—气囊

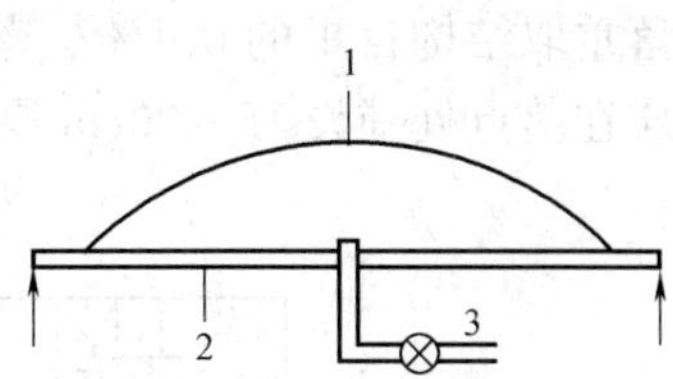

图 2-14　大气压差加载

1—试验结构　2—支撑装置　3—接真空泵

2.2.6　惯性力加载法

在动力试验中，可以利用物体质量在运动时产生的惯性力对结构施加动力荷载。常用的方法有初位移加载法和初速度加载法等。惯性力加载的特点是荷载作用时间极为短促，在它的作用下结构产生自由振动，适用于进行结构动力特性的试验。

1. *初位移加载法*

初位移加载法也称为张拉突卸法。如图 2-15a 所示，在结构上拉一钢丝绳，使结构变形而人为产生一个初始强迫位移，然后突然释放钢丝绳，使结构在静力平衡位置附近作自由振动。对于小模型则可采用图 2-15b 所示的方法，使悬挂的重物通过钢丝对模型施加水平拉力，剪断钢丝造成突然卸载。这种方法的优点是结构自振时荷载已不存在，对结构没有附加

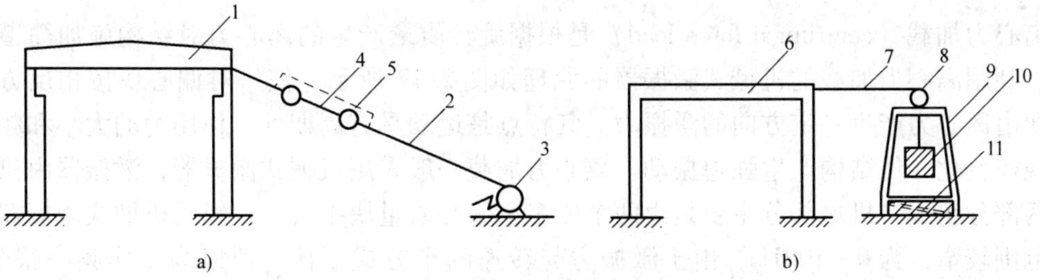

图 2-15　用张拉突卸法对结构施加冲击力荷载

a）绞车张拉　b）吊重张拉

1—结构物　2—钢丝绳　3—绞车　4—钢拉杆　5—保护索　6—模型　7—钢丝

8—滑轮　9—支架　10—重物　11—减振垫层

质量的影响，但仅适用于刚度不大的结构。为防止结构产生过大的变形，加载的数量必须正确控制，经常是按所需的最大振幅计算求得，加载时应防止由于加载作用点的偏差而使结构在另一平面内同时振动产生干扰。

2. *初速度加载法*

利用摆锤或者落重的方法使结构瞬时受到水平或垂直的冲击，产生一个初速度，同时使结构受到所需的冲击荷载。这时应控制作用力的总持续时间，使之小于结构有效振型的自振周期，这样引起的振动才是整个初速度的函数，而不是力大小的函数。

当用图2-16a所示的摆锤进行激振时，如果摆锤和建筑物有相同的自振周期，摆锤的运动就会引起建筑物共振，产生自振振动。使用图2-16b所示的方法时，荷载将附着于结构一起振动，并且落重的跳动又会影响结构自振阻尼振动，同时有可能使结构受到局部损伤。这时冲击力的大小要按结构承载力计算，不致使结构产生过大的应力和应变。用垂直落重冲击时，落重取结构自重的0.1%，落重高度$h \leqslant 2.5$m，为防止重物回弹再次撞击致使局部受损，应在落点处铺设15~20cm厚的砂垫层。

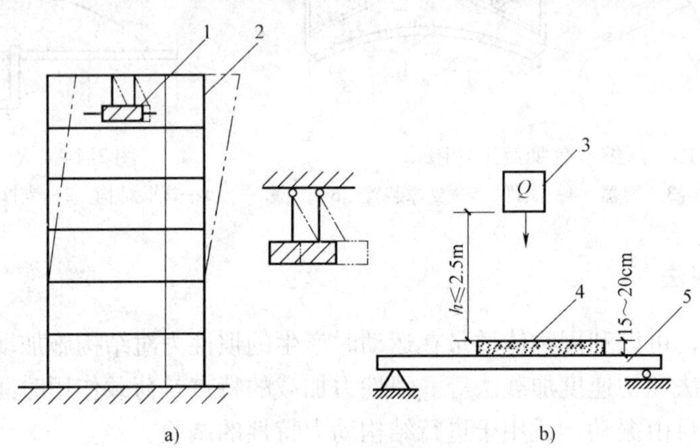

图2-16 初速度加载法

a）摆锤激振 b）落重激振

1—摆锤 2—结构 3—落重 4—砂垫层 5—试样

2.2.7 离心力加载法

离心力加载（centrifugal force load）是根据旋转质量产生的离心力对结构施加简谐振动荷载。利用离心力加载的机械式激振器的原理如图2-17所示，使一对偏心块按相反方向旋转，便由离心力产生一定方向的激振力。其特点是运动具有周期性，作用力的大小和频率按一定规律变化，使结构产生强迫振动。离心力加载一般采用机械式激振器，激振器由机械和电控两部分组成：机械部分主要是由两个或多个偏心质量块组成，一般的机械式激振器工作频率范围较窄，为0~100Hz，由于激振力与转速的平方成正比，所以当工作频率很低时，激振力较小；电气控制部分采用单相晶闸管，速度电流双闭环电路系统，对直流电动机实行无级调速控制。

使用时将激振器底座固定在被测结构物上，由底座把激振力传递给结构，使结构受到简谐变化激振力作用。一般要求底座有足够的刚度，以保证激振力的传递效率。激振器产生的

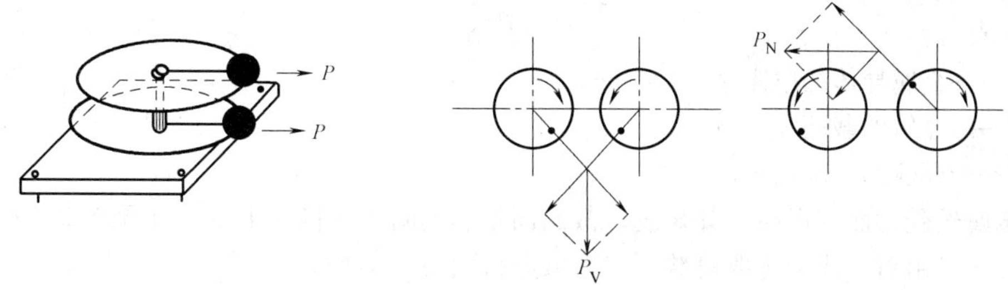

图 2-17　机械式激振器的原理图

激振力等于各旋转质量块离心力的合力。改变质量或调整带动偏心质量块运转电动机的转速，即可调整激振力的大小，通过改变偏心块旋转半径，也可以改变离心力大小。

2.2.8　反冲激振法

近年来在结构动力试验中研制成功了一种反冲激振器，也称火箭激振。它适用于现场对结构实物进行试验，小冲量反冲激振器也可用于室内试验。

图 2-18 所示为反冲激振器的结构示意图。激振器的壳体是用合金钢制成。反冲激振器的基本工作原理是当点火装置内的火药被点燃后，很快使主装火药到达燃烧温度。主装火药开始在燃烧室中进行平稳燃烧，产生的高温高压气体便从喷管口以极高的速度喷出。由每秒喷出气流的质量，按动量守恒定律即可得到反冲力。

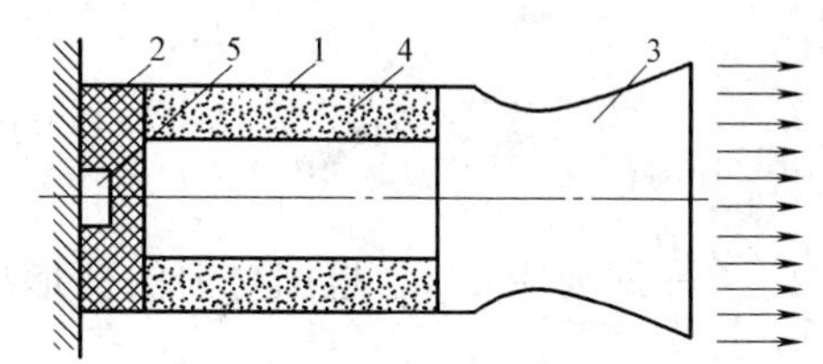

图 2-18　反冲激振器结构示意图
1—燃烧室壳体　2—底座　3—喷管
4—主装火药　5—点火装置

2.3　应变测量设备

应变测量是结构试验中的基本测量内容，主要包括钢筋局部的微应变和混凝土表面的变形测量；另外，由于还没有较好的方法直接测定构件截面的应力，因此，结构或构件的内力、支座反力等参数实际上也是先测量应变，然后再通过计算转化为应力，或由已知的应力-应变关系曲线得到应力。应变测量在结构试验测量内容中具有非常重要的地位，是其他物理量测量的基础。

2.3.1　电阻应变片

在结构试验中，电阻应变片（resistance strain gauge）是专门用来测量试件应变的特殊电阻丝。另外，还可以用电阻应变片作为转换元件，组成电阻应变式传感器，用于测量各种物理量的变化。

金属电阻应变片的工作原理简述如下。

附在基体材料上的应变电阻随机械形变而产生阻值变化的现象，俗称为电阻应变效应。金属导体的电阻值 R 可用下式表示

$$R=\rho\frac{l}{S} \tag{2-1}$$

式中 ρ——金属导体的电阻率（$\Omega\cdot \mathrm{mm}^2/\mathrm{m}$）；

S——导体的截面积（mm^2）；

l——导体的长度（m）。

当金属丝受力而变形时，其长度、截面面积和电阻率都将发生变化（见图 2-19），其电阻变化规律可由对上式两边取对数，然后微分得到

$$\frac{\mathrm{d}R}{R}=\frac{\mathrm{d}\rho}{\rho}+\frac{\mathrm{d}l}{l}+\frac{\mathrm{d}S}{S} \tag{2-2}$$

式中 $\frac{\mathrm{d}\rho}{\rho}$，$\frac{\mathrm{d}l}{l}$，$\frac{\mathrm{d}S}{S}$——电阻率、金属丝长度、截面面积的相对变化。

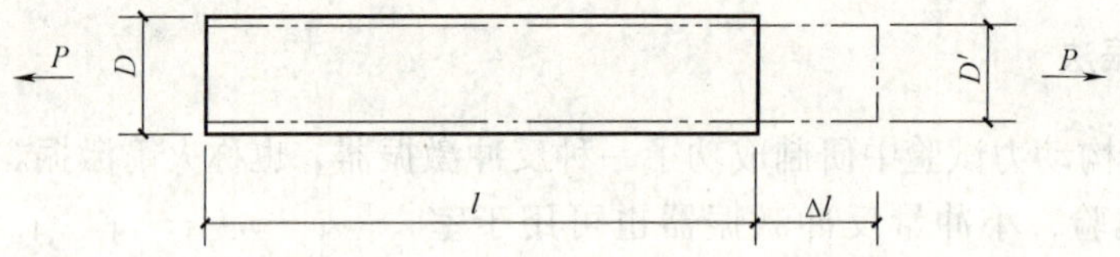

图 2-19 金属丝的电阻应变原理

$\frac{\mathrm{d}l}{l}$即为应变 ε，根据材料的变形特点，可得$\frac{\mathrm{d}S}{S}=\frac{\mathrm{d}\pi r^2}{\pi r^2}=2\frac{\mathrm{d}r}{r}=-2\mu\frac{\mathrm{d}l}{l}=2\mu\varepsilon$，其中 μ 为电阻丝材料的泊松比，为定值。则式（2-2）可写为

$$\frac{\mathrm{d}R}{R}=(1+2\mu)\varepsilon+\frac{\mathrm{d}\rho}{\rho} \tag{2-3}$$

若令 $K=1+2\mu+\frac{1}{\varepsilon}\frac{\mathrm{d}\rho}{\rho}$，于是有

$$\frac{\mathrm{d}R}{R}=K\varepsilon \tag{2-4}$$

式中 K——金属丝的灵敏系数，表示单位应变引起的相对电阻变化，灵敏系数越大，单位应变引起的电阻变化也越大。

以金属丝应变电阻为例，当金属丝受外力作用时，其长度和截面积都会发生变化，从式（2-1）可以看出，其电阻值即会发生改变。假如金属丝受外力作用而伸长时，其长度增加，而截面积减少，电阻值便会增大。当金属丝受外力作用而压缩时，长度减小而截面积增加，电阻值则会减小。通常测量电阻两端电压的变化，即可获得金属丝的应变情况。

电阻应变片的构造如图 2-20 所示，在纸或薄胶膜等基底与覆盖层之间粘贴的金属丝叫

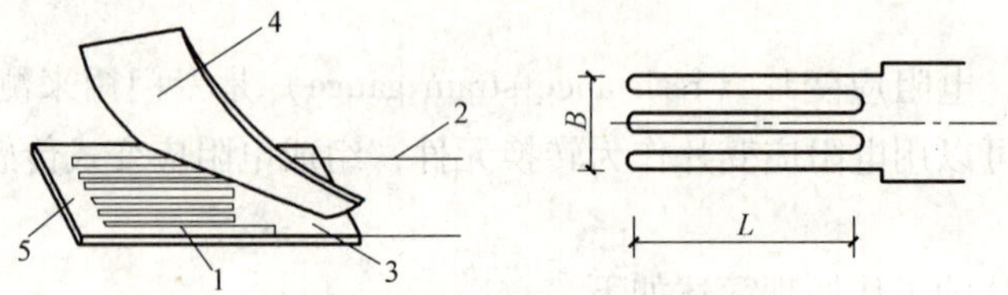

图 2-20 电阻应变片的构造

1—敏感栅 2—引出导线 3—粘合剂 4—覆盖层 5—基底

敏感栅，敏感栅的两端焊上引出线，粘合剂是将敏感栅固定在基底上的电绝缘性能的粘结材料。图2-20中，L为标距，B为栅宽，两者是应变片的重要技术尺寸。

电阻应变片的主要技术指标如下：

（1）电阻值R　应变仪的电阻值一般为120Ω，但也有例外，选用时应考虑与应变仪配合。

（2）标距L　标距即敏感栅的有效长度。用应变片测得的应变值是整个标距范围内的平均应变，测量时应根据试件测点处应变梯度的大小来选择应变片的标距。

（3）灵敏系数K　K表示单位应变引起应变片的电阻变化，应使应变片的灵敏系数与应变仪的灵敏系数设置相协调，如果不一致，应对测量结果进行修正。

应变片的种类很多，按敏感栅的种类分，有丝式、箔式、半导体等；按基底材料分，有纸基、胶基等；按使用极限温度分，有低温、常温、高温等。箔式应变片是在薄胶膜基底上镀合金薄膜（厚度为0.002～0.005mm），然后通过光刻技术制成，具有绝缘度高、耐疲劳性能好、横向效应小等特点，但价格较高。丝绕式多为纸基，具有防潮、价格低、易粘贴等优点，但疲劳性超差，横向效应较大，一般适用于静力试验。图2-21所示为几种应变片的形式。

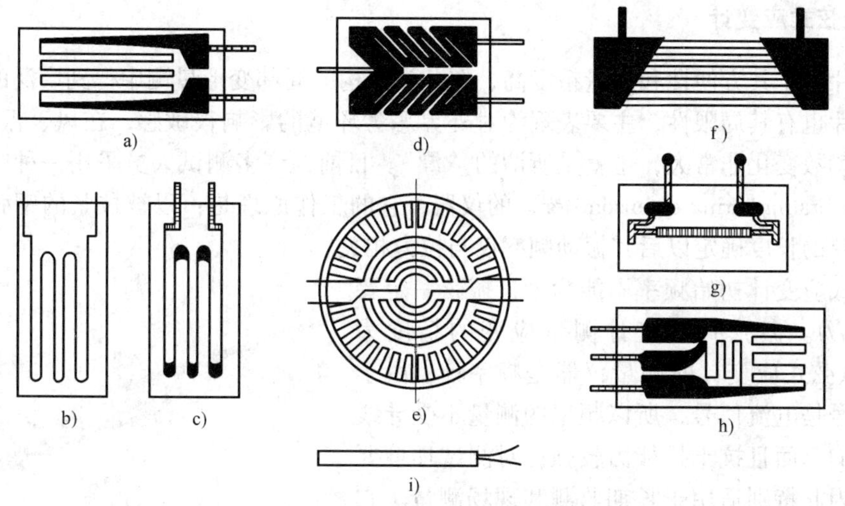

图2-21　几种电阻应变片

a)、d)、e)、f)、h) 箔式电阻应变片　b) 丝绕式电阻应变片　c) 短接式电阻应变片　g) 半导体应变片　i) 焊接电阻应变片

2.3.2　应变仪

应变仪的主要优势在于操作简单、可重复使用，但精度稍差。图2-22、图2-23所示为两种常用的测量应变的仪器。手持应变仪常用于现场测量，标距为50～250mm，读数可用百分表或千分表。

手持应变仪的操作步骤为：①根据试验要求确定标距，在标距两端粘结两个角标（每边各一个）；②结构变形前，用手持应变仪先测读一次；③结构变形后，再用手持应变仪测读；④变形前后的读数差即为标距两端的相对位移，由此可求得平均应变。

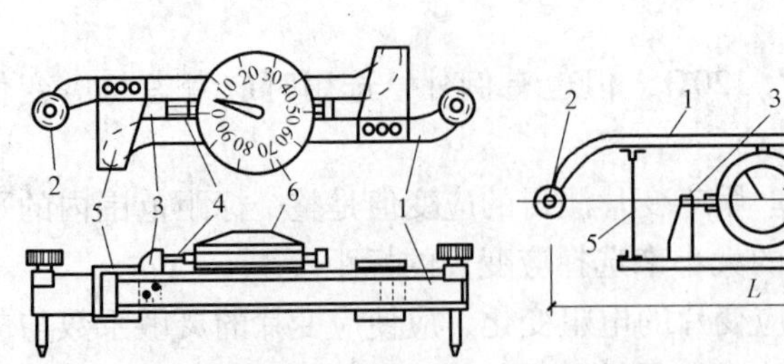

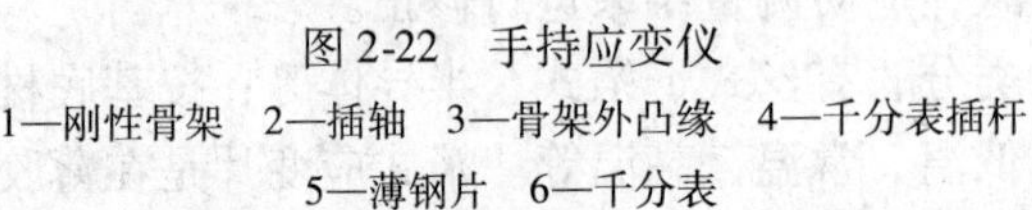

图 2-22 手持应变仪

1—刚性骨架 2—插轴 3—骨架外凸缘 4—千分表插杆 5—薄钢片 6—千分表

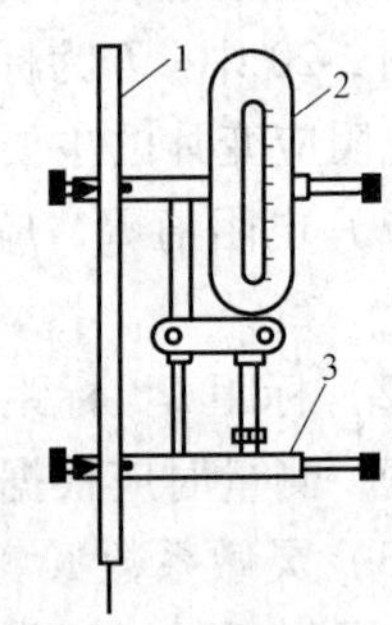

图 2-23 电子百分表测应变装置

1—杆件 2—电子百分表 3—夹具

百分表装置常用于实际结构或足尺试件的应变测量，其标距可任意选择，读数可用百分表，也可用千分表或其他电测位移传感器。

电子百分表测应变装置的工作原理和操作步骤与手持应变仪基本相同。

2.3.3 振弦式应变计

应变片由于其方便性和测量精度高，在各类结构的局部变形量测中得到广泛的应用。但是，应变片也有其局限性，主要表现为对外界恶劣环境的影响很敏感，在风、振动扰动下，应变片的读数变化非常大，也就是所谓的“漂”。目前，许多测试人员采用一种叫做振弦式应变计（vibrating string extensometer）的仪器，它的工作原理是：以被拉紧的钢弦作为转换元件，钢弦的长度确定以后其振动频率仅与拉力相关。

振弦式应变计初始频率不能为零，振弦一定要有初始张力。振弦式应变计测量应变的精度为 $\pm 2\mu\varepsilon$。振弦式应变计的测量仪器是频率计，由于测量的信号是电流信号，所以频率的测量不受导线长度的影响，而且抗干扰能力较强，对测试环境要求较低，因此特别适用于长期监测和现场测量。它的缺点是：这类应变计安装较复杂，温度变化对测量结果有一定的影响。图 2-24 所示是 BGK—4000 振弦式表面应变计的外观图。

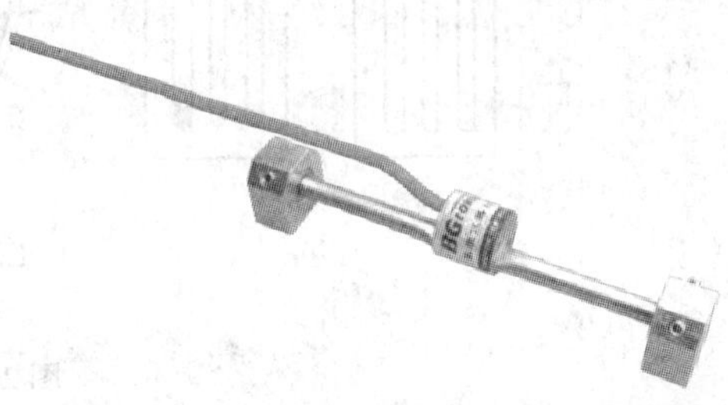

图 2-24 BGK—4000 振弦式表面应变计

2.3.4 光纤光栅传感器

除上述几种测量应变的设备外，还有光纤光栅（见图 2-25），它是指光纤经紫外线照射成栅形成的光纤型光栅，其工作原理为作用于光纤光栅的被测物理量（如温度、应变等）发生变化时，会导致波长的漂移，通过检测得出波长的偏移量，便可得到被测物理量的信息。

与其他测试方法比较，光纤光栅应变测试技术（optical fiber grating strain test technology）具有以下优点：

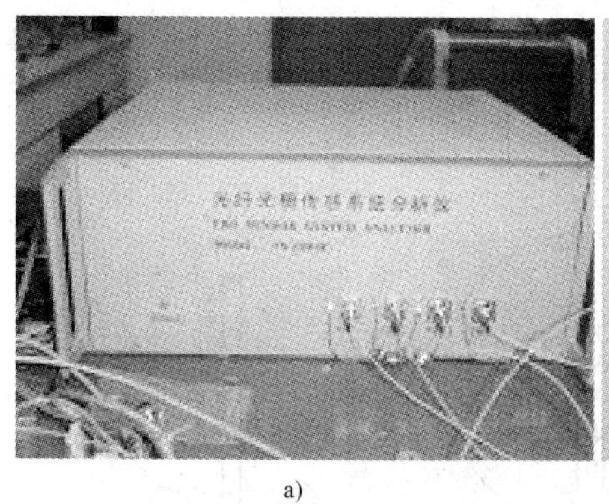

a)

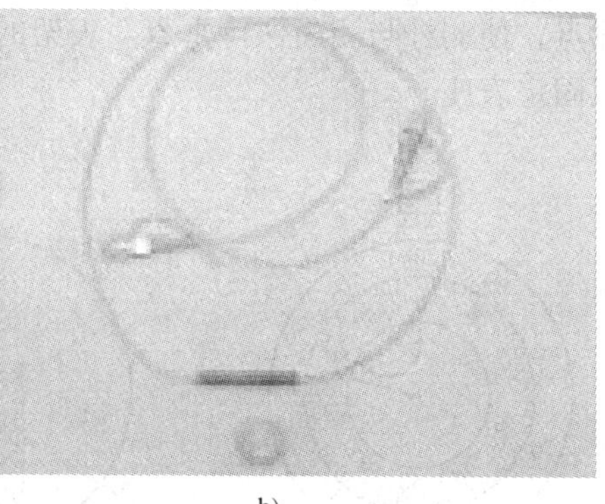

b)

图2-25 光纤光栅传感器实物图

a）FS2000系列光纤光栅传感系统分析仪 b）光纤光栅传感器

1）抗腐蚀，抗电磁干扰，可用于恶劣环境的监测。

2）尺寸小，光纤光栅长度小于8mm。

3）寿命长，有关研究表明，光纤性能在工作25年后基本不退化。

4）信号损失极小，可实现远距离的监测与传输。

5）相应速度快，能用于动态和瞬态应变测量。

6）便于进行分布式测量，采用波分复用技术，在一根光纤上可以串接多个中心波长不同的光纤光栅传感器，将波长值和测点位置对应起来，就可以实现分布式测量，节约线路，提高工作效率。

光纤光栅应变测试技术的优点非常突出，但是光纤光栅的制造成本和可靠性制约了它的大规模应用。随着光纤光栅制造技术的日趋成熟和可靠，光纤光栅传感器的制作成本大幅下降，可靠性得到提高，因而其应用前景十分广阔。

2.4 位移与变形测量设备

结构的位移反映了结构的整体变形，通过测定位移，不仅可以了解结构的刚度及其变化，还可区分结构的弹性和非弹性性质。结构任何部位的异常变形或局部损坏都会在位移上得到反映。因此，在确定测试项目时，首先应考虑结构构件的整体变形，即位移的测量，位移测量包括线位移和角位移的测量。

2.4.1 机械式位移计

机械式位移计构造如图2-26所示。它主要由测杆、齿轮、指针和弹簧机械零件组成。测杆的功能是感测试件变形；齿轮是将感测到的变形放大或变换方向；测杆弹簧是使测杆紧随试件的变形，并使指针自动返回原位。扇形齿轮和螺旋弹簧的作用是使齿轮相互之间只有单面接触，以消除齿隙造成的无效行程。

机械式位移计根据刻度盘上最小刻度值所代表的量，可分为百分表（刻度值为0.01mm）、千分表（刻度值为0.001mm）和挠度计（刻度值为0.05mm或0.1mm）。

使用时，将位移计安装在磁性表架上，用表架横杆上的颈箍夹住位移计的颈轴，并将测杆顶住测点，使测杆与测面保持垂直。表架的表座应放置在一个不动点上，打开表座上的磁性开关以固定表座。

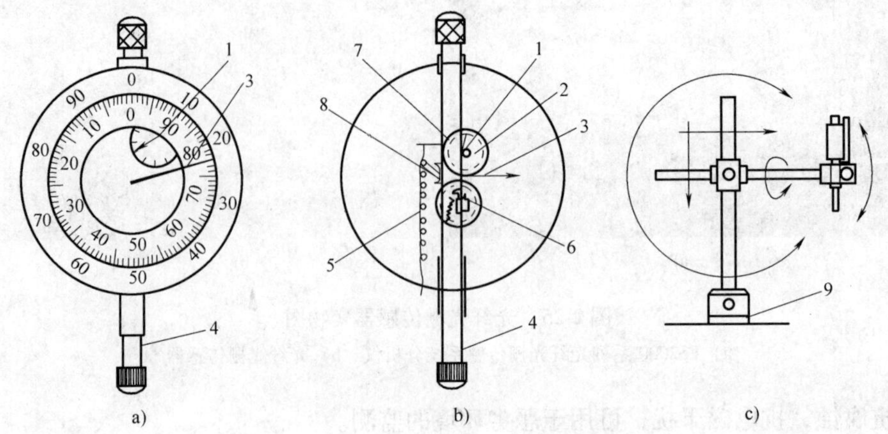

图 2-26 机械式位移计

a）外形 b）构造 c）磁性表架

1—短针 2—齿轮弹簧 3—长针 4—测杆 5—测杆弹簧 6、7、8—齿轮 9—表座

2.4.2 电阻应变式位移计

电阻应变式位移传感器又称应变梁式位移传感器，其主要部件是一块弹性好、强度高的青铜制成的悬臂梁，如图 2-27 所示，在悬臂梁的根部粘贴电阻应变计。测杆移动时，带动弹簧使悬臂梁受力产生变形，通过电阻应变仪测量应变片的应变变化，再转换为位移量。

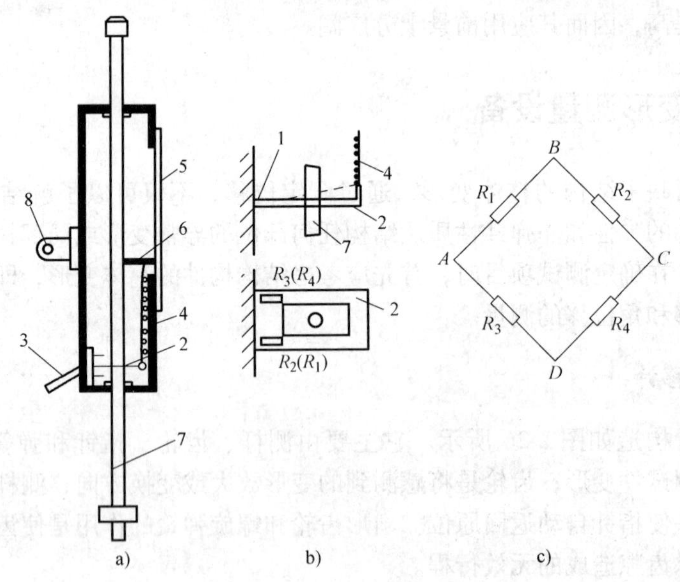

图 2-27 电阻式位移传感器

a）传感器 b）悬臂梁的贴片 c）电桥

1—应变片 2—悬臂梁 3—引线 4—拉簧 5—标尺 6—标尺指针 7—测杆 8—固定环

2.4.3　滑动电阻式位移传感器

滑动电阻式位移传感器（见图 2-28a）的基本原理是将线位移的变化转换为电阻变化输出。与被测物体相连的弹簧片在电阻上移动，电阻的输出电压值相应变化，通过与标准电阻的参考电压值比较，即可得到电阻输出电压的改变量。

2.4.4　线性差动电感式位移传感器

线性差动电感式位移传感器（见图 2-28b）简称为 LVDT。其工作原理是通过高频振荡器产生一参考电磁场，当与被测物体相连的铁芯在两组感应线圈之间移动时，由于铁芯切割磁力线，改变了电磁场强度，感应线圈的输出电压随即发生变化。通过标定，可确定感应电压变化与位移量变化的关系。

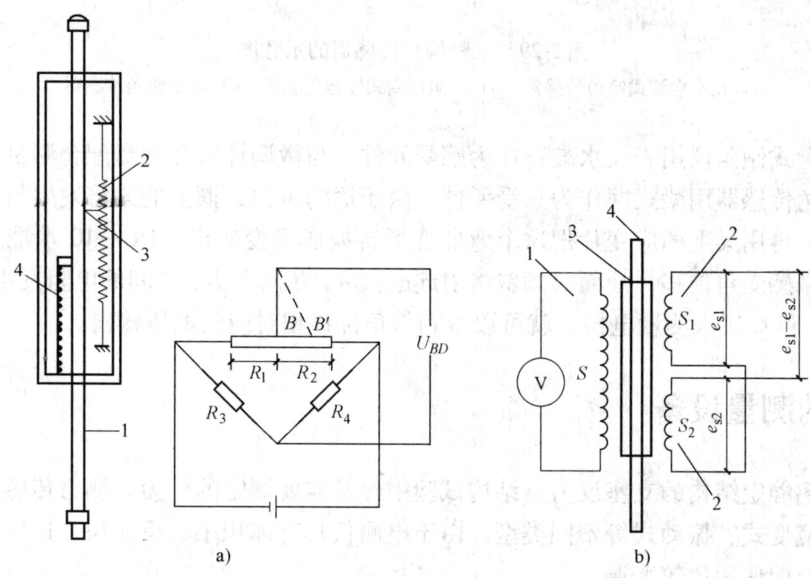

图 2-28　几种常用传感器的原理图

a）滑动电阻式位移传感器

1—测杆　2—滑线电阻　3—触头　4—弹簧

b）线性差动电感式位移传感器

1—一次线圈　2—二次线圈　3—圆形筒　4—铁芯

以上所述各种位移传感器主要用于测量沿传感器测杆方向位移。因此在安装位移传感器时，使测杆的方向与测点位移的方向一致是非常关键的。此外，测杆与测点接触面的凹凸不平也会产生测量误差。位移计应固定在专用表架上，表架必须与试验用的荷载架及支撑架等受力系统分开设置。当位移值较大、测量精度要求不高时，可用水准仪、经纬仪及直尺等进行测量。

2.4.5　倾角传感器

倾角传感器附着在结构上，随结构一起发生位移。常用的倾角传感器有长水准管式倾角仪、电阻应变式倾角传感器及DC—10电子倾角传感器（见图2-29）。它们的工作原理是以重力作用线为参考，以感受原件相对于重力线的某一状态为初值，当传感器随结构一起发生角位移后，其感受元件相对于重力线的状态也随之改变，把这个相应的变化量用各种方法转换成表盘读数或电变量。

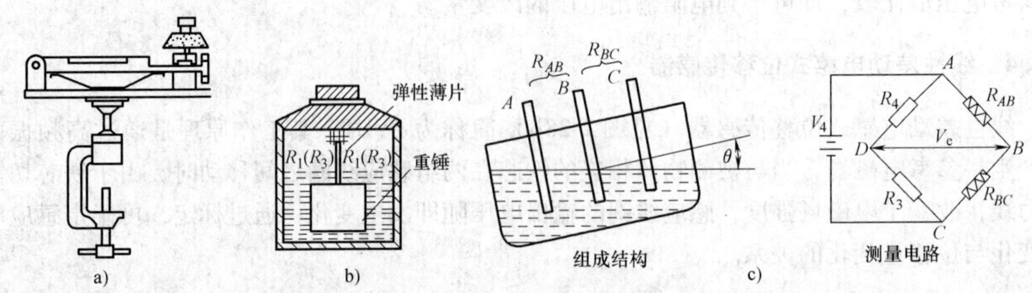

图2-29 几种倾角传感器的示意图

a）长水准管式倾角传感器 b）电阻应变式倾角传感器 c）电子倾角传感器

长水准管式倾角仪用一长水准管作为感受元件，与微调螺钉和度盘配合测量角位移；电阻应变式倾角传感器用梁式摆作为感受元件，由于摆的重力，摆上的梁将发生与角位移相应的弯曲变形，再用梁上的应变片把这个弯曲变形转换成应变输出；DC—10水准式倾角传感器用液体摆来感受角位移，液面的倾斜将引起电极A、B间和B、C间的电阻发生相应改变，将电极A、B和C接入测量电桥，就可以得到与角位移相对应的电压输出。

2.5 力的测量设备

荷载及超静定结构的支座反力是结构试验中经常需要测定的外力。测力传感器可分为机械式、电阻应变式、振动式等不同类型。由于电测仪具有体积小、反应快、适应性强及自动化等优势，目前使用比较普遍。

2.5.1 荷载传感器原理

荷载传感器可以测量荷载、反力以及其他各种外力。根据荷载性质不同，荷载传感器的形式有拉伸型、压缩型和通用型。各种荷载传感器的外形基本相同，其核心部件是一个厚壁筒（见图2-30）。筒壁的横截面大小取决于材料的允许最高应力。在筒壁上贴有电阻应变片，以便将机械变形转换为电量。为避免在储存、运输和试验期间损坏应变片，设有外罩加以保护。为方便与设备或试件连接，在筒壁两端加工有螺纹。荷载传感器的负荷能力可达1000kN。

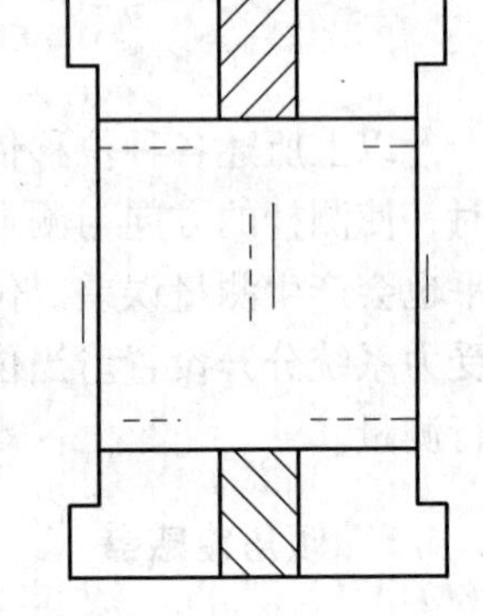

图2-30 力传感器构造图

在筒壁的轴向或横向布片，并按全桥接入应变仪电桥，根据桥路输出特性可求得电位差，由此荷载传感器的灵敏度可表达为每单位荷重下的应变，因此灵敏度与设计的最大应力成正比，而与荷重传感器的最大负荷能力成反比。

2.5.2 机械式力传感器

机械式力传感器种类较多，基本原理是利用机械式仪器测量弹性元件的变形，再将变形转换为弹性元件所受的力。机械式测力计的基本原理是利用钢制弹簧、环箍或簧片在受力后产生弹性变形，将变形通过机械放大后，用指针刻度盘表示或借助位移计反映力的数值。图2-31所示为几种常用的测力计。

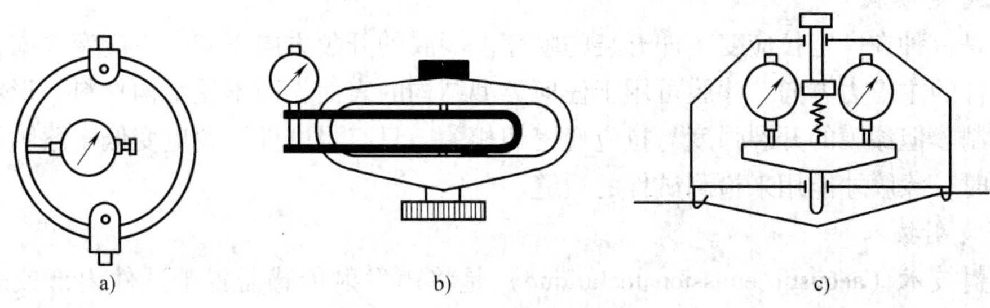

图2-31 几种常用的测力计
a）钢环拉力计 b）环箍压力计 c）钢丝张力测力计

2.5.3 振动弦式力传感器

振动弦式力传感器（见图2-32）的测量原理与电阻应变式力传感器的测量原理基本相同，它依靠改变受拉钢弦的固有频率进行工作。

钢弦密封在金属管内，在钢弦中部用激励装置拨动钢弦，再用同样的装置接受钢弦产生的振动信号，并将其传送至显示或记录仪表。当应变计上的圆形端板与混凝土浇为一体时，混凝土发生的任何应变都将引起端板的相对移动，从而导致钢弦的原始张力或振动频率发生变化，由此可换算求得结构内部的有效应变值。这种振弦式常用于测量预应力混凝土结构的内部应力。振弦式应变计的工作性能稳定，分辨率高达0.1με，室温下漂移量仅为1με/年。

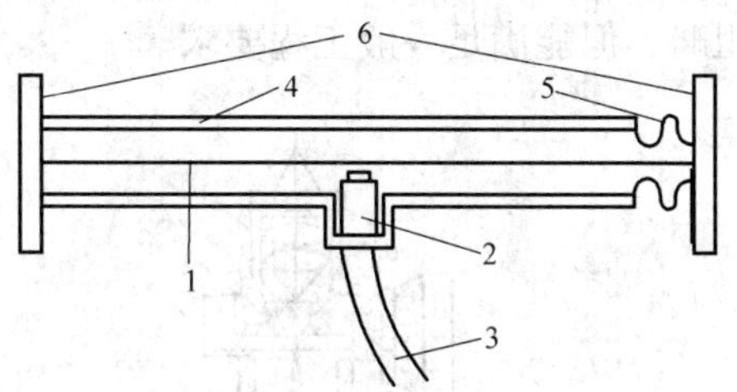

图2-32 振动弦式力传感器
1—钢弦 2—激振丝圈 3—引出线
4—管体 5—波纹管 6—端板

2.6 裂缝测量仪器

裂缝的产生和发展是钢筋混凝土结构反应的重要特征，对确定结构的开裂荷载、研究结构破坏过程与结构的抗裂及变形性能都十分重要。

2.6.1 裂缝观测

1. 肉眼观察

目前最常用的方法是在试件表面刷一层薄石灰浆并待其干燥，试件受荷后，便会在石灰涂层出现裂缝，借助放大镜用肉眼观察裂缝的出现。研究墙体结构表面开裂时，在白灰层干燥后画出 50mm 左右的方格栅，以构成基本参考坐标系，便于分析和描绘墙体在高应变场中裂缝的发展和走向。用白灰涂层具有效果好、价格低廉和使用技术要求不高等优点。

2. 贴应变片

工程结构试验中，也可利用粘贴于试件受拉区的普通应变片，通过试件开裂后应变计读数发生突变确定裂缝是否产生。

3. 涂导电漆膜

漆膜是一种在一定拉应变下即开裂的喷漆。漆膜的开裂方向正交于主应变方向，从而可以确定试件的主应力方向。漆膜可用于任何类型结构的表面，而不受结构材料、形状和加载方法的限制。但漆膜的开裂强度与拉应变密切相关，只有当试件开裂应变低于漆膜最小自然开裂应变时，漆膜才能用来检测试件的裂缝。

4. 声发射技术

声发射技术（acoustic emission technique）是将声发射传感器置于试件内部或表面，利用试件材料开裂时发出的声音检测裂缝是否出现。这种方法在断裂力学试验和机械工程中得到广泛应用，近年来在工程结构试验中也开始应用。

2.6.2 裂缝宽度测量

裂缝宽度的测量一般使用裂缝测宽仪或读数显微镜，图 2-33 所示为读数显微镜的构造图。读数显微镜的优点是精度高；缺点是每读一次都要调整焦距，测度速度比较慢。较简单的方法是用印有不同宽度线条的裂缝宽度检验卡与裂缝对比，来估算裂缝宽度，这种方法较粗略，但能满足一般工程要求。

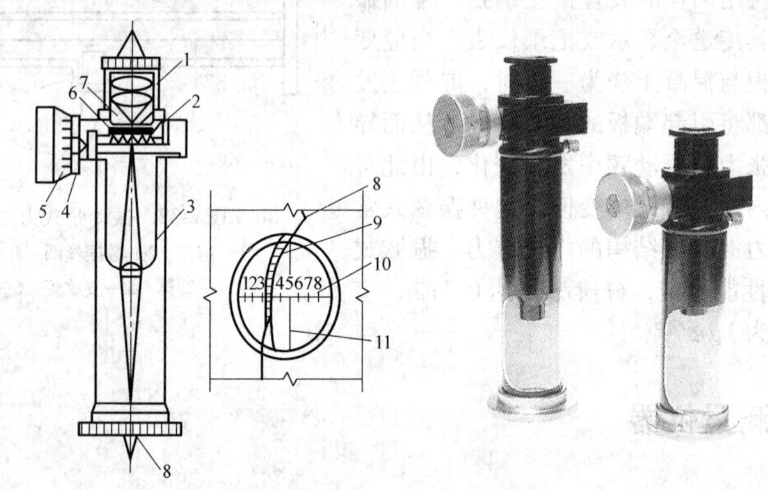

图 2-33 读数显微镜构造和实物图

1—目镜组 2—分滑板弹簧 3—物镜 4—微调螺栓 5—微调鼓轮 6—可动下分划板 7—上分划板 8—裂缝 9—放大后的裂缝 10—上下分划板刻度线 11—下分划板刻度长线

电子裂缝测宽仪是目前较常用的裂缝观测仪器，图 2-34 所示为 DJCK—2 型裂缝测宽仪，该仪器具有自动调焦功能，测读速度较快，测量精度为 0. 02mm。

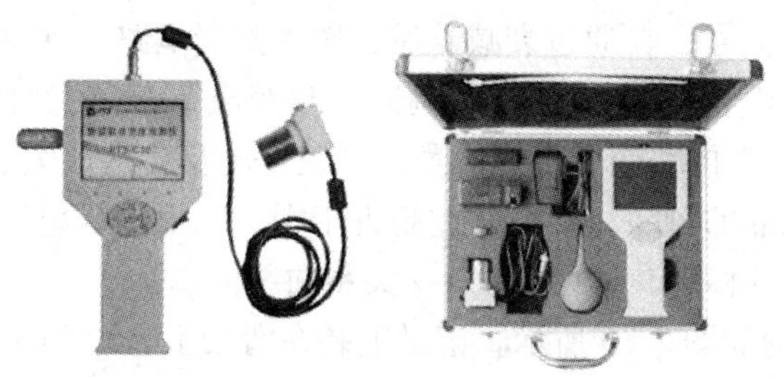

图 2-34 DJCK—2 型裂缝测宽仪

2.7 放大器与记录仪

2.7.1 放大器

放大器的功能是把从传感器得到的信号放大，使信号可以被显示和记录。测振放大器是振动测试系统的中间环节，常用的测振放大器有电压放大器和电荷放大器两种。它的输入特性必须与拾振器的输出特性相匹配，而它的输出特性又必须满足记录显示设备的要求，选用时还要注意其频率范围。图 2-35 所示为 VGA 信号放大器（UTP502VE）。

图 2-35 VGA 信号放大器

2.7.2 记录仪

记录仪的功能是把采集得到的数据记录下来，作长期保存。数据记录的方式有模拟式和数字式两种。模拟式记录的数据一般是连续的，数字式记录的数据一般是间断的。记录介质有普通记录纸、光敏纸、磁带和数字光盘等。常用的记录仪器有 x-y 记录仪、光线示波器、磁带记录仪、磁盘驱动器和光盘刻录器等。

1. x-y 记录仪

这是一种笔式记录仪，能在直角坐标上自动描绘出两个电参量的函数关系，也可以记录一个电参量对时间的函数关系。这种记录仪记录幅面大，可用于多参量的记录，工程应用范围广。但由于它是通过桥式机构组成笔的移动进行记录，所以使用效率较低。

x-y 记录仪采用自动平衡原理工作，其 x、y 轴各由一套独立的随机系统带动，多线记录

仪 x 轴由一套随机系统带动，y 轴则由其独立的系统驱动。

被测量的直流电压信号，在通过衰减器后，送入测量电路。在这里，信号与测量电位器的电压相比，其电压差由直流-交流变换器调制，改变成50Hz 的交流电压，经过交流放大，并经交流-直流变换，使之再度变为直流信号，再经直流及功率放大，来推动直流伺服机组。同时，也带动测量电位器的触头，使电压差趋近于零，则由伺服电动机通过齿轮和拉线使记录笔作 x 方向和 y 方向的移动，即绘制出 x-y 关系曲线。

x-y 记录仪传动机构如图 2-36 所示。记录笔装在滑架上，可作 y 轴方向的移动，记录笔装在支架上，可作 x 轴方向的移动。作 x-y 记录时，记录纸不动，只有 y 轴方向的移动。作 $y=f(t)$ 函数记录时，就需要记录纸作一定速度的运动，因此备有走纸机构，由同步电动机和减速齿轮等使传动纸筒转动，此时常用辅助笔作时间坐标。

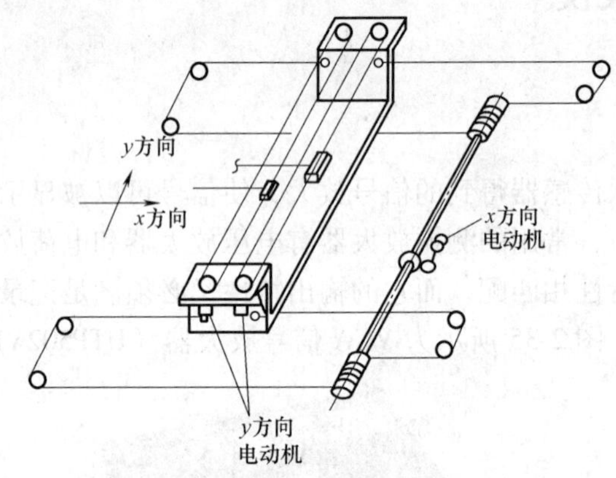

图 2-36　x-y 记录仪传动机构示意图

由于 x-y 记录仪采用了零位测量法进行测量，因此准确性和灵敏度高，记录笔振幅大，线数为 1~3 线，但响应时间长，所以只适用于低频参量的记录。

2. *磁带记录仪*

磁带记录仪是一种将电信号转换为磁信号，并将其记录在磁带上的记录仪器。同时又可将磁信号转换成电信号。磁带记录仪主要由放大器、磁头和传动机构三部分组成，如图 2-37 所示。放大器包括记录放大器（调制器）和重放放大器（反调制器），前者将输入信号放大并变化成最适于记录的形式供给记录磁头，后者将重放磁头传来的信号进行放大，变换为电信号输出。磁头在记录过程中，将电信号转换为磁信号，便于磁带记录，在重放过程中，重放磁头把磁带中的磁信号还原为电信号。

磁带记录仪的工作频带宽，可以记录从直流到 2MHz 的交变信号，可以进行多通道记录，并能保证多道信号间正确的时间和相位关系，记录的信号可以长期保存及重放。信号重放时可以将磁信号还原为电信号，输出给专门的分析仪器和计算机，以完成测量数据的自动分析和处理，需要时还可以将信号输出到记录仪器重现波形。

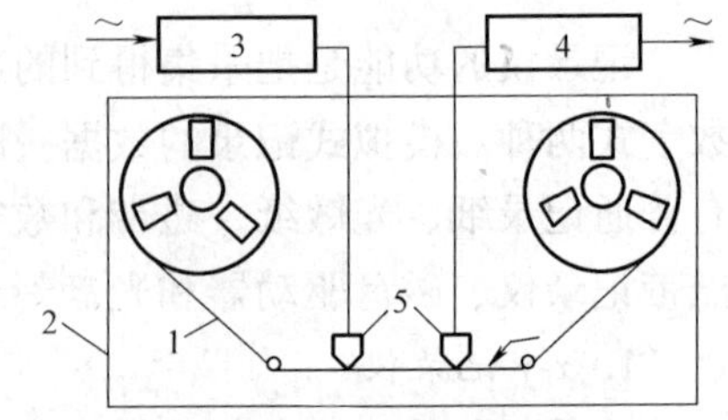

图 2-37　磁带记录仪构造原理

1—磁带　2—磁带传动机构

3—记录放大器　4—重放放大器

5—磁头

2.8 数据采集系统

2.8.1 数据采集系统的组成

通常，数据采集系统（data acquisition system）的硬件由传感器部分、数据采集仪部分和计算机部分组成（见图2-38）。

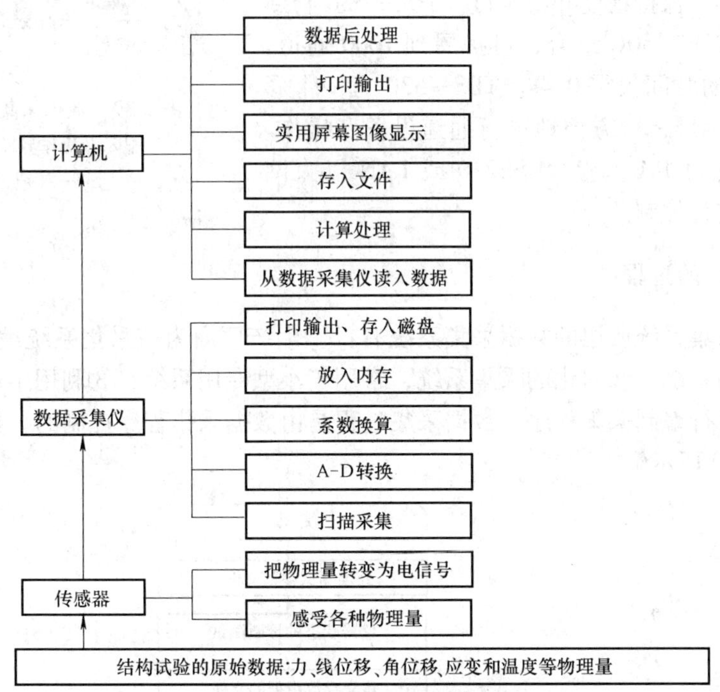

图2-38 数据采集系统组成及数据流通过程图

传感器部分包括各种电测传感器，其作用是感受各种物理变量，如力、线位移、角位移、应变和温度等。传感器输出的电信号可以直接或间接输入数据采集仪，如果某些传感器的输出信号不能满足数据采集仪的输入要求，则还要使用放大器等仪器。

数据采集仪部分包括：①接线模块和多路开关，其作用是与相对应的传感器连接，并对各个传感器进行扫描采集；②A-D转换器，实现模拟量与数字量之间的转换；③单片机，其作用是按照事先设置的指令来控制整个数据采集仪，进行数据采集；④存储器，能存放指令、数据等；⑤其他辅助部件，如：外壳、接口等。数据采集仪的作用是采集数据，把扫描得到的电信号进行A-D转换，转换成数字量，再根据传感器特性对数据进行系数换算（如把电压数换算成应变或温度等），然后将这些数据传送给计算机，或者将这些数据打印输出、存入磁盘。

计算机部分包括主机、显示器、存储器、打印机、绘图仪和键盘等。计算机部分作为整个数据采集系统的控制器，控制整个数据采集过程。在采集过程中，通过数据采集程序的运行，计算机对数据采集仪进行控制，对数据进行计算处理。

数据采集系统可以对大量数据进行快速采集、处理、分析、判断、报警、直读、绘图、存储、试验控制和人机对话等，还可以进行自动化数据采集和试验控制，它们的采样速度可高达每秒几万个数据或更多。图 2-39 所示为全自动多通道数据采集仪 TDS—530，可测量应变计、热电偶、铂电阻式温度传感器、应变式传感器（全桥）和 DC 电压。新的 A-D 转换器技术确保在高速采样下保持精度和稳定度。TDS—530 与新的高速扫描箱 IHW—50G 组合，可扩展到 1000 通道，扫描 1000 通道的时间仅需 0.4s。TDS—530 有一个彩色 LCD 触摸显示屏，可方便地进行通道设置和操作。另外，电脑可通过 RS—232、USB2.0 或 LAN 以太网络接口对仪器进行控制。

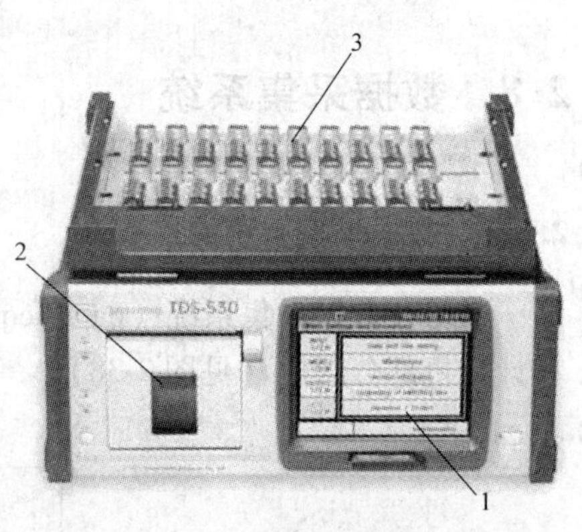

图 2-39 数据采集仪 TDS—530
1—显示及操作界面 2—打印机
3—接线区域

2.8.2 数据采集的过程

各种数据采集系统所用的数据采集系统有：①生产厂商为该采集系统编制的专用程序，常用于大型专用系统；②固化的采集系统，常用于小型专用系统；③利用生产厂商提供的软件工具，用户自行编制采集程序。数据采集过程是由数据采集程序控制的，数据采集程序的主框图如图 2-40 所示。

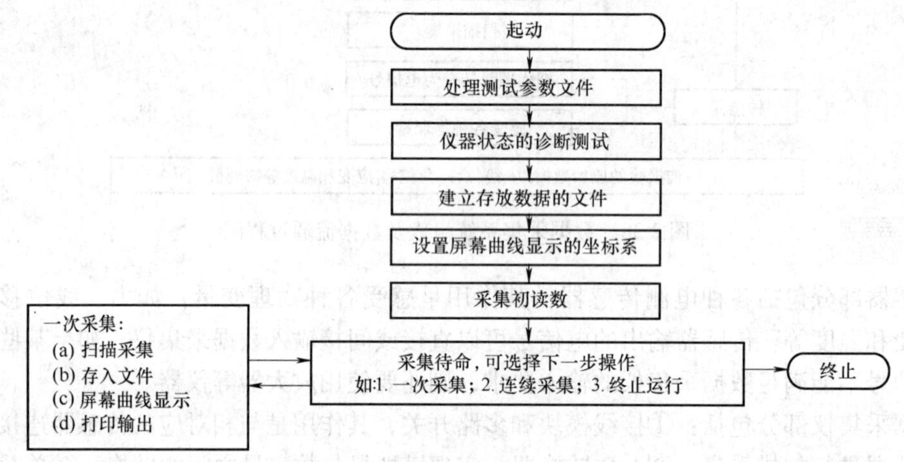

图 2-40 数据采集程序的主框图

2.8.3 数据采集系统分类

目前，国内外数据采集系统的种类很多，按其系统组成的模式大致可分为以下几种：

1）大型专用系统，将采集、分析和处理功能融为一体，具有专门化、多功能和高档次的特点。

2）分散式系统，由智能化前端机、主控计算机或微机系统、数据通信及接口组成，其特点是前端可靠近测点，消除了长导线引起的误差，并且稳定性好、传输距离长、通道多。

3）小型专用系统，这种系统以单片机为核心，小型、便捷、单一、操作方便、价格低，适用于现场试验时的测量。

4）组成式系统，这是一种以数据采集仪和微型计算机为中心，按试验要求进行配置组合成的系统，它适用性广，价格便宜，是一种比较容易普及的形式。

2.9 虚拟仪器

现在的很多测试仪器都是软硬件独立存在，但虚拟仪器的出现打破了这一现象。虚拟仪器（Virtual Instruments，简称 VI）是美国国家仪器公司（National Instruments Corp，简称 NI）基于“软件即是仪器”的核心思想于1986年提出的全新概念，即在以计算机为核心的硬件平台上，测试功能由用户自定义、由测试软件实现的一种计算机仪器系统。其实质是利用计算机显示器的显示功能来模拟传统仪器的控制面板，以多种形式表达输出结果；利用I/O接口设备完成信号的采集与控制；利用计算机强大的软件功能实现信号数据的运算、分析和处理，从而完成各种测试功能的一个计算机测试系统。它是融合电子测量、计算机和网络技术的新型测量技术，在降低仪器成本的同时，使仪器的灵活性和数据处理能力大大提高，是对传统仪器概念的重大突破。

“虚拟”主要包含两方面的含义。第一，虚拟仪器的面板是虚拟的，传统仪器面板上的各种“器件”所完成的功能由虚拟仪器面板上的各种“控件”来实现，如，由各种开关、按键、显示器等实现仪器电源的“通”、“断”，被测信号“输入通道”、“放大倍数”等参数设置，测量结果的“数值显示”、“波形显示”等。第二，虚拟仪器测量功能是由软件编程来实现的，在以PC为核心组成的硬件平台支持下，通过软件编程来实现仪器的测试功能，而且可以通过不同测试功能的软件模块组合来实现多种测试功能。

虚拟仪器是基于计算机的仪器，计算机和仪器的密切结合是目前仪器发展的一个重要方向。粗略地说这种结合有两种方式：一种是将计算机装入仪器，其典型的例子就是所谓智能化的仪器，随着计算机功能的日益强大以及其体积的日趋缩小，这类仪器功能也越来越强大，目前已经出现嵌入式系统的仪器；另一种方式是将仪器装入计算机，以通用的计算机硬件及操作系统为依托，实现各种仪器功能（见图2-41）。虚拟仪器的主要特点有：①尽可能采用了通用的硬件，各种仪器的差异主要是软件；②可充分发挥计算机的能力，有强大的数据处理功能，可以创造出功能更强的仪器；③用户可以根据自己的需要定义和制造各种仪器。

虚拟仪器实际上是一个按照仪器需求组织的数据采集系统。虚拟仪器的研究中涉及的基础理论主要有计算机数据采集和数字信号处理。目前已经有多种虚拟仪器的软件开发工具，大体可分为两类：文本式编程语言，如C、VC++、VB、Labwindows/CVI等；图形化编程语言，如LabView、HP VEE等，其中LabView应用最广。

虚拟仪器在结构试验中的主要应用就是结构仿真和三维可视化。

仿真是指通过对给定模型进行计算，最后给出一系列的数据，即数字仿真。建筑结构如果采用实际尺寸的模型进行数据验证，成本太高，根本无法实现，只有采用比例模型进行试验，虽然这样可以降低试验成本，但对数据的真实性和准确性会产生一定的影响，如果反复试验，成本依然很高。随着有限元分析技术的发展，结构分析软件的大量应用，可以在进行

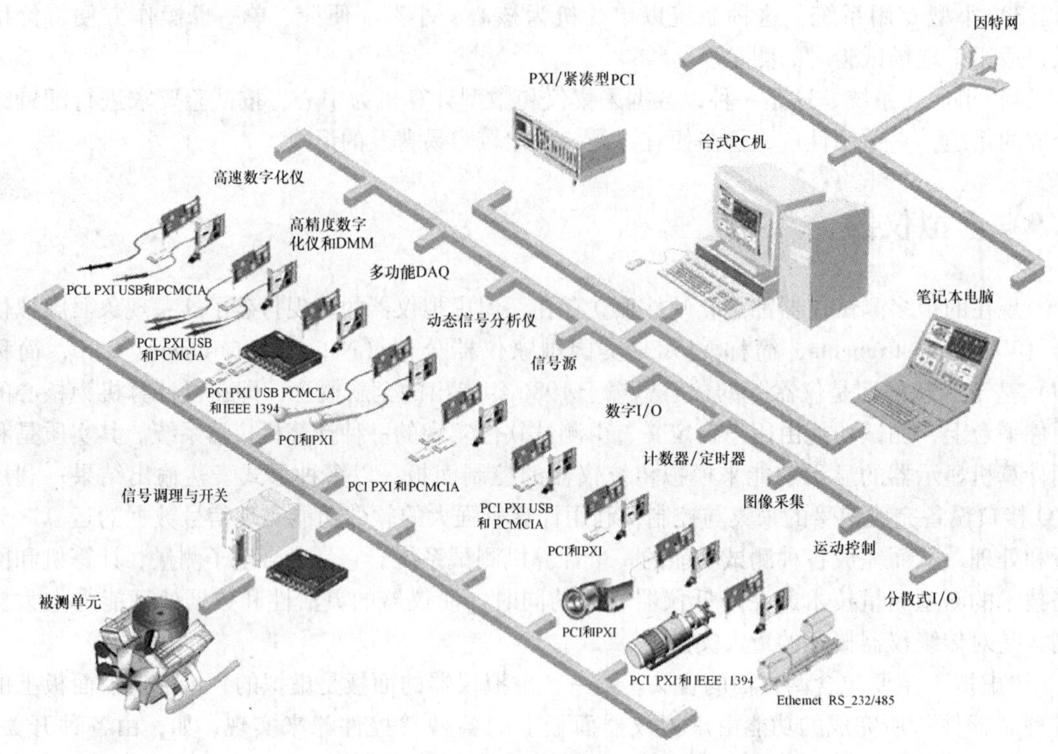

图 2-41 虚拟仪器体系结构

物理模型验证之前，先进行数值分析，根据分析结果再有针对性地进行物理模型试验验证，这在很大程度上提高了工作效率，大大降低了试验成本。

结构分析软件根据数值分析结果，可以输出图形数据，但由于图形主要以二维空间方式显示，结果显示不够直观，而且由于在分析过程中，不能直接感受到试验分析条件，容易造成给定条件的错误，更不容易找出产生错误的原因。因此，如果能够创造出和实际试验室场景一致的环境即三维可视化，在该环境中组织结构和进行数值分析，就如同在进行实际试验，这样就可以更好地对建筑结构进行研究，更直观地感受试验过程和试验结果，从而更有效地完成结构分析。虚拟仪器和虚拟技术的发展为这一需求提供了可能。

2.10 结构现场检测仪器

现有服役结构的内部缺陷、强度和退化程度等都需要经过一定的现场测试手段并结合工程经验作出评定。检测内容包括强度、外观质量与缺陷、尺寸偏差、钢筋位置及锈蚀等，必要时可进行结构构件性能的实荷检验或结构的动力测试。回弹仪、钢筋检测仪、锈蚀检测仪等都是常用的设备。

2.10.1 回弹仪

回弹法主要用于评定混凝土抗压强度，是各种表面硬度法中应用较好的一种方法。它具有仪器简单、使用方便、测试速度快和试验费用低等优点，是混凝土结构现场检测中最常用的一种非破损检测方法。回弹仪（resiliometer）是一种直射锤击仪器，其构造图如图2-42所示，主要由弹击杆、重锤、拉簧、压簧及读数标尺等部分组成。

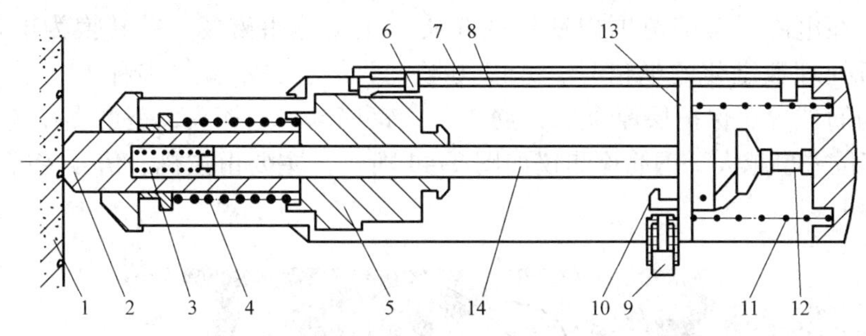

图2-42 回弹仪构造

1—试件 2—弹击杆 3—缓冲拉簧 4—弹击拉簧 5—重锤 6—指针 7—刻度尺 8—指针导杆 9—按钮 10—挂钩 11—压力弹簧 12—顶杆 13—导向法拉 14—导向杆

一个标准质量的重锤，在标准弹簧弹力带动下，冲击一个与混凝土表面接触的弹簧杆，由于回弹力的作用，重锤又回跳一定距离，并带动滑动指针在刻度上指出回弹值 *R*。*R* 是重锤回弹距离与起跳点原始位置距离的百分比值，混凝土强度越高，表面硬度也越大，*R* 值就越大。通过事先建立的混凝土强度与回弹值关系曲线，根据 *R* 值可求得混凝土的强度值。

2.10.2 混凝土裂缝深度检测仪

混凝土结构的裂缝深度测试通常用超声法，超声法用于混凝土的测试，国外始于20世纪40年代，随后发展迅速，现已在工程中广泛应用。超声法基本原理是，当混凝土中存在缺陷或损伤时，超声脉冲通过缺陷产生绕射，传播的声速比相同材质无缺陷混凝土的传播声速要小，声时偏长。由于缺陷界面产生反射，因而能量显著衰减，波幅和频率的相对变化，与同条件下的混凝土进行比较，即可判断和评定混凝土的缺陷和损伤情况。

对于结构混凝土开裂深度小于或等于500mm的裂缝，可用平测法或斜测法进行检测。对于结构的裂缝部位只有一个可测表面时，可采用平测法检测，即将仪器的发射换能器和接收换能器对称布置在裂缝两侧，如图2-43所示。测量结果可以根据相关公式计算。

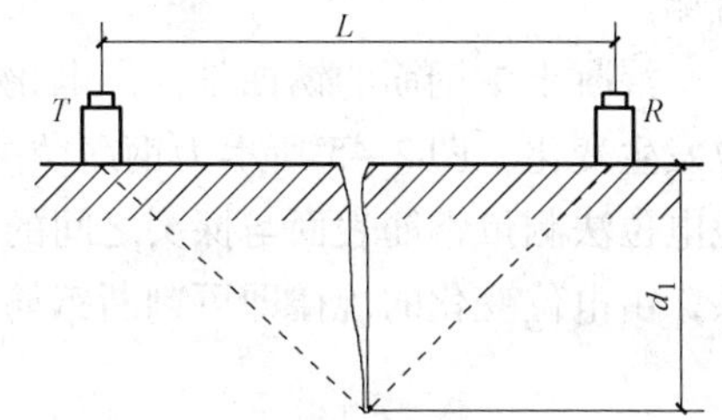

图2-43 平测法检测裂缝宽度

2.10.3 混凝土钢筋检测仪

混凝土结构钢筋检测的主要内容包括钢筋的配置、钢筋的材质和钢筋的锈蚀。混凝土钢筋检测仪主要用于混凝土结构中钢筋位置、钢筋分布及走向、保护层厚度、钢筋直径的探测；结构中铁磁体（如电线、管线）走向及分布进行探测。主要有以下几个方面：①混凝土结构施工质量验收监测；②对在建工程的安全性和耐久性进行评估；③对旧有结构进行评估、改造时对配筋量的检测；④对楼板或墙体内的电缆、水暖管道等分布及走向进行探测。

混凝土钢筋检测仪的工作原理：仪器通过传感器向被测结构内部局域范围发射电磁场，同时接受在电磁场覆盖范围内铁磁性介质产生的感生磁场，并转换为电信号，主机系统实时分析处理数字化的电信号，并以图形、数值、提示音等多种方式显示出来，从而准确判断钢筋位置、保护层厚度、钢筋直径，钢筋越接近探头、钢筋直径越大时，感应强度越大，相位差也越大。钢筋检测仪如图 2-44 所示，主要由主机、信号传感器及数据传输线组成。

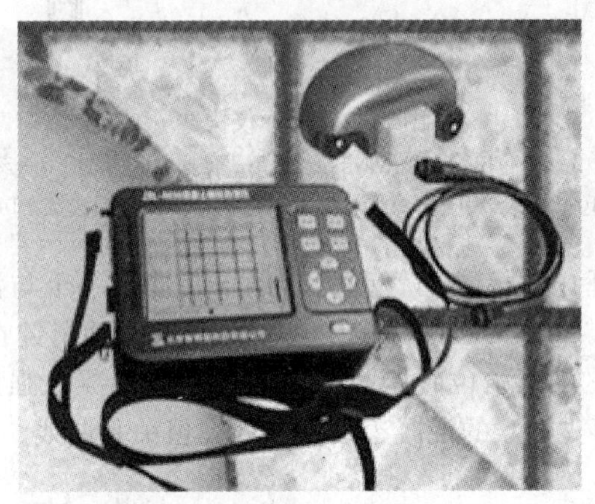

图 2-44 钢筋检测仪实物图

2.10.4 钢筋锈蚀检测仪

已建结构钢筋的锈蚀是导致混凝土保护层胀裂和剥落等破坏现象的主要原因，直接影响到结构的承载能力和耐久性。因而在进行结构可靠度鉴定时，必须对钢筋锈蚀情况进行检测。

混凝土中钢筋的锈蚀是一个电化学的过程。钢筋因锈蚀而在表面有腐蚀电流存在，使电位发生变化。图 2-45 所示为钢筋锈蚀检测仪。检测时采用有铜-硫酸铜作为参考电极的半电池电位法测量钢筋表面与探头之间的电位差，利用钢筋锈蚀程度与测量电位间建立的一定关系，由电位变化的规律即可判断钢筋锈蚀的可能性及其锈蚀程度。

图 2-45 钢筋锈蚀检测仪

2.11 动力试验的量测仪器

动力试验测振仪器系统由测振拾振器、测振放大器和记录仪器三部分组成，如图2-46所示。测振拾振器又称之为测振传感器。它将振动参数如位移、速度、加速度转换成电量输出，然后通过电子技术加以放大，进行模拟运算和记录。测振放大器是一种多功能、低噪声的放大器，除了可将输入的电信号放大外，还起着对电信号进行模拟运算的作用。如对电信号进行微、积分等运算，然后提供给记录仪记录并储存。

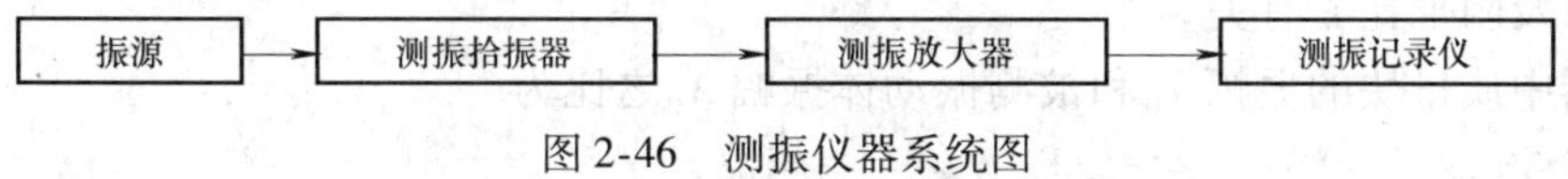

图2-46 测振仪器系统图

2.11.1 惯性式拾振器

1. 惯性式拾振器的力学原理

在结构动力测试中测振传感器应用最多的是惯性式拾振器（inertia type vibration system up）。它的力学模型是在单自由度体系强迫振动理论基础上建立的。其工作原理如图2-47所示。该系统主要由仪器内部的质量块（质量为m）、弹簧（弹性系数为k）和阻尼器（阻尼c）构成。使用时将测振传感器固定在振动体上，使测振传感器的外壳与振动体一起振动。通过测量质量块相对于仪器外壳的振动，间接反映振动体的振动。

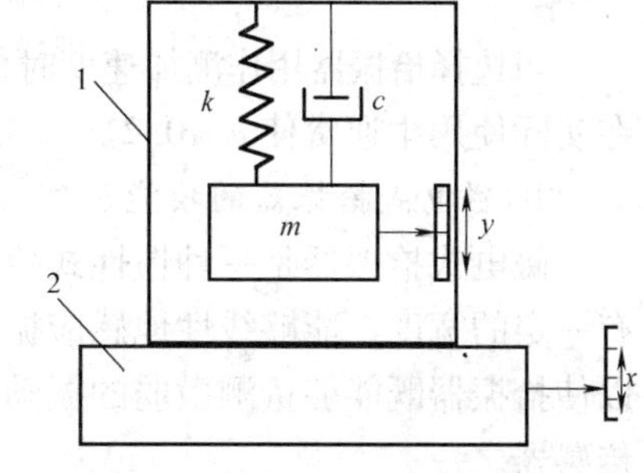

图2-47 惯性式拾振器力学原理图
1—拾振器外壳 2—振动体

以振动物体作正弦规律振动为例，设振动体位移为x，测振传感器的输出（即相对于仪器外壳的位移）为y，则质量m的总位移为（$x+y$）。该振动体系的惯性力为$m(x''+y'')$，阻尼力为cy'，弹性力为ky，则该振动体系的运动平衡方程式为

$$m(\ddot{x}+\ddot{y})+c\dot{y}+ky=0 \tag{2-5}$$

若被测振动体的振动为正弦振动，则振动体的振动表达式为

$$x=X_0\sin\omega t \tag{2-6}$$

式中 X_0——被测振动体的最大振动幅值；

ω——被测振动体的振动圆频率；

t——时间。

将式（2-6）代入式（2-5）则有

$$m\ddot{y}+c\dot{y}+ky=mX_0\omega^2\sin\omega t \tag{2-7}$$

这是一个二阶微分方程，其解由齐次方程的通解和非齐次方程的特解构成。它的通解是一个阻尼自由振动，其幅值随时间而衰减，阻尼越大其幅值衰减越快。当有足够大的阻尼时，这部分振动实际上存在的时间十分短促。这种刚出现很快消失的阻尼自由振动被称之为瞬态振动，可忽略不计。剩下的特解是一个稳态振动，即

$$y=Y_0\sin(\omega t-\varphi) \tag{2-8}$$

其中
$$Y_0=\frac{u^2X_0}{\sqrt{(1-u^2)^2+(2\xi u)^2}} \tag{2-9}$$

式中 u——频率比，$u=\frac{\omega}{\omega_n}$，其中 ω_n 为测振仪的固有频率，$\omega_n=\sqrt{\frac{k}{m}}$；

ξ——阻尼比，$\xi=\frac{c}{c_c}$，其中 c_c 为测振仪的临界阻尼，$c_c=2\sqrt{mk}$。

比较可看出：拾振器的振动规律 y 与被测物体的振动规律 x 是一致的，其区别为：①相位相差一个相位角 φ；②拾振器中质量块的振幅 Y_0 和振动体振幅 X_0、拾振器与被测物体的频率比 u 以及阻尼比 ξ 有关。

拾振器中质量块的振幅 Y_0 和被测振动体振幅 X_0 之比为

$$\frac{Y_0}{X_0}=\frac{u^2}{\sqrt{(1-u^2)^2+(2\xi u)^2}} \tag{2-10}$$

当拾振器用作测位移时，要使 $Y_0/X_0\to1$，由式（2-10）可知，则要使 $u\gg1$。在实际使用中通常使 $u>5$，即可满足一般要求；若要求较高时，可使 $u>10$。

拾振器中质量块的振幅 Y_0 和被测振动体的加速度幅值 a_m 之比为

$$\frac{Y_0}{a_m}=\frac{1}{\omega_n^2\sqrt{(1-u^2)^2+(2\xi u)^2}} \tag{2-11}$$

当选择拾振器用作测加速度时，要使（Y_0/a_m）$\omega_n^2\to1$，由式（2-11）可知，则要使 $u\ll1$，在实际使用中通常使 $u<0.2$。

2. 磁电式拾振器的换能原理

磁电式拾振器是一种惯性式拾振器，具有灵敏度高、性能稳定、输出阻抗低、频率范围有一定的宽度，能够线性地感应振动速度等特点。通过对质量弹簧系统参数的不同设计，可以使拾振器既能够量测微弱的振动，也能够量测较强的振动，是工程振动测量中最常使用的传感器之一。

使用时，将磁电式拾振器外壳固定安装在被测试件上，外壳随振动体振动，芯轴与线圈组成拾振器组成的可动系统，与弹簧和外壳连接。测振时惯性质量块和外壳相对移动切割磁力线产生感生电动势，如图 2-48 所示。

依照电磁感应定律，在线圈中就有感生电动势大小为

$$E=nBLv \tag{2-12}$$

式中 n——线圈的匝数；

B——磁钢与线圈间的磁场强度；

L——每匝线圈的平均长度；

v——线圈的运动速度（也即振动体的振动速度）。

由式（2-12）可知，当拾振器结构定型后，B、n、L 均为常数。故使用磁电式拾振器时，其线圈运动所产生的感应电动势 E 与振动体的振动速度 v 成正比。所以磁电式拾振器又称为速度计。

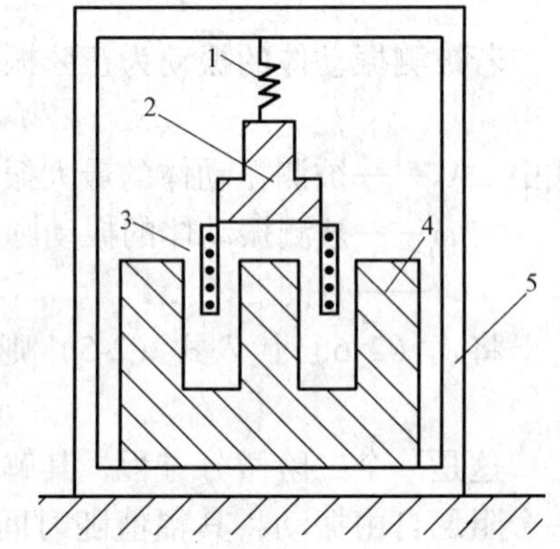

图 2-48 磁电式拾振器换能原理图
1—弹簧 2—质量块 3—线圈
4—磁钢 5—仪器外壳

3. 压电式加速度拾振器

压电式加速度拾振器也是以惯性式拾振器力学模型为基础的，它是一种以压电晶体的压电效应为换能原理的拾振器。

压电效应（piezoelectric effect）是指压电晶体在受到机械作用力时发生变形，其表面产生电荷（所受到的机械作用力越大，则产生的电荷越多），而当作用力消失后，晶体又回到原来不带电荷的状态。

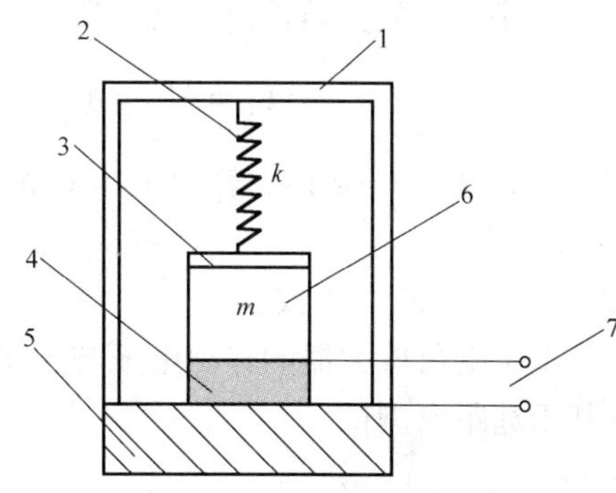

图2-49 压电式加速度拾振器换能原理图
1—仪器外壳 2—硬弹簧 3—绝缘垫
4—压电晶体片 5—基座
6—质量块 7—输出端

压电式加速度拾振器换能原理如图2-49所示。敏感元件是由两片或一片压电晶体片（如石英、锆钛酸铅等）组成。在压电晶体片的两面镀上银层，并在银层上引线。在压电片上放一质量块（相对密度较大的金属钨或高相对密度合金），用一个硬弹簧压紧，使质量块受到预加荷载，整个组件安装在基座上，并用金属外壳加以密封。当压电式加速度拾振器固定在被测件上承受振动时，质量块作用于压电晶体片上，使压电晶体感受到惯性力 F，则有

$$F = ma = C_x q \tag{2-13}$$

式中 m——质量块的质量；

a——振动体加速度；

C_x——压电系数。

由于压电式加速度拾振器结构定型后，其 m、C_x 为常量，故作用在晶体片上的惯性力 F 所产生的电荷 q 与振动体的加速度 a 成正比，则可由 q 的大小得知被测振动体的加速度 a 的大小，所以压电式加速度传感器又称为压电式加速度计。

2.11.2 测振放大器

测振放大器是振动测试系统的一个重要的中间环节。传感器的信号往往难以直接用来显示或记录，需要放大（或衰减）。

1. 电压放大器

测振放大器除了有放大（或衰减）功能外，还有模拟运算的功能。磁电式拾振器的输出电动势与被测振动体的振动速度成正比，使用微分电路则可获得加速度信号，使用积分电路则可获得位移信号。压电式加速度拾振器输出的电荷与被测振动体的加速度成正比，使用积分电路可获得速度信号，再使用一次积分电路则可获得位移信号。因此，使用微积分电路是有实际意义的。

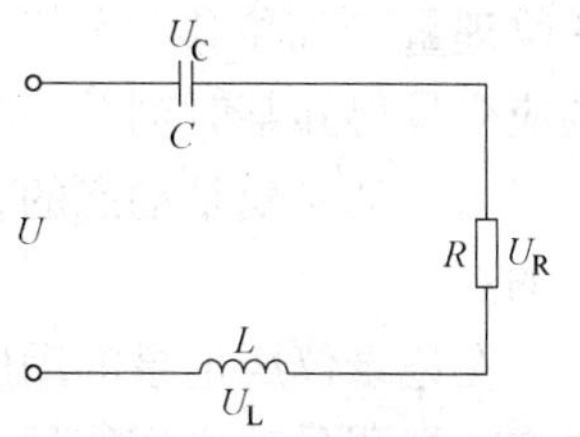

图2-50 微积分电路原理图

微积分电路由串入电路中的电阻、电容、电感元件构成，如图2-50所示。

2. 电荷放大器

电荷放大器只适用于输出为电荷的传感器。它的功能是将输出电压正比于传感器输出的电荷，如图2-51所示电路。

在图 2-52 中，A 为放大器的放大增益，C_i 是压电式加速度拾振器的电容、输入电缆分布电容和放大器输入电容等合成的等效电容，q 是压电式加速度拾振器产生的电荷量，U_0 是电荷放大器输出电压，则

$$U_0 = AU_i = A\frac{q}{C_i} \tag{2-14}$$

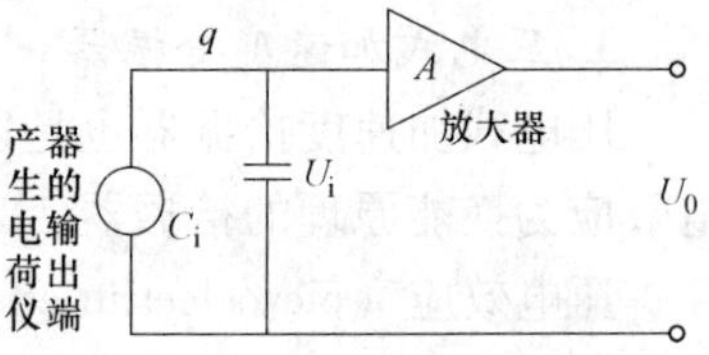

图 2-51 电荷放大器原理图

式中 A、C_i——定值，输出电压 U 正比于输入电荷量 q，即

$$U_0 = Kq \tag{2-15}$$

其中 K——放大倍数。

由于电荷放大器的输出电压与连接它的电缆电容无关，故电缆的传输距离可达数百米，有利于远距离测试。

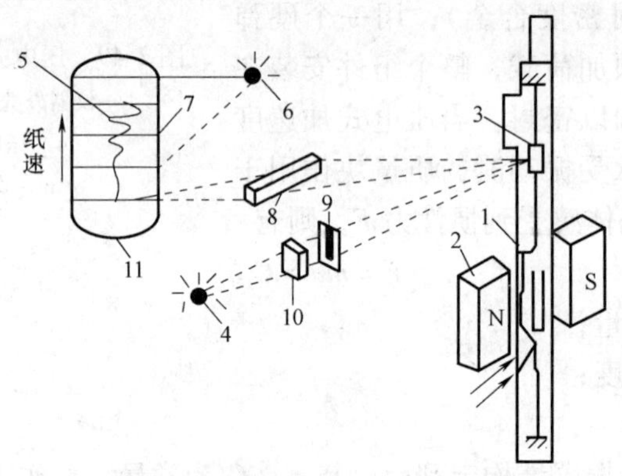

图 2-52 光线示波器的工作原理

1—线圈 2—固定磁极 3—小镜片 4—光源 5—记录波 6—闪频灯 7—时标 8、10—棱镜 9—光栅 11—记录纸

3. 动态电阻应变仪

动态电阻应变仪主要用来测量数值或方向随时间而变化的应变，即动应变。由于动态电阻应变仪是用桥盒的形式引接应变式传感器的电阻应变片来组成惠斯顿电桥（其原理与静态电阻应变仪一样），所以，它的前一环节（即一次仪表）一定要为应变式传感器。

动态电阻应变仪除了测动应变外，还可以动应变的测量为“桥梁”，即通过标定得知某一物理量（如位移、荷载、转角等）与应变量的线性关系，从而可在现场通过动态应变仪的应变量得知某时刻某一物理量的具体数值及其变化过程。

由于动应变是动态的，它随时间而改变，所以通常动应变是由记录仪以动态曲线来显示的。

在记录仪所记录的动应变曲线上，并没有动应变的刻度。要知任意时刻的动应变值，需要有一把测量动应变值的“尺子”。这把“尺子”就是标定。通常动态应变仪都有一个应变的标定电路，当标定旋钮旋至某一应变值时（如：30με），记录仪的记录笔则会向上跳一高度，此高度即是所对应的应变量（30με），那么其他任意高度也就可由正比关系得知其应变量了。

2.11.3　测振记录仪

在振动测试中，必须研究被测对象的振动过程及规律。记录仪的功用就在于把振动的时间历程记录下来，以便分析研究，它是振动测试中不可缺少的仪器设备。测振记录仪有显示设备和记录设备。常用的显示设备是各种示波器，示波器有光线示波器、电子示波器、数字示波器等；记录设备一般采用动态数据采集仪。

1. 光线示波器

在20世纪90年代以前，光线示波器的使用最为多见，以下简要介绍光线示波器的基本原理。

光线示波器（light beam oscillograph）是一种经济、实用的记录仪。它是将放大器输入的电信号转换为光信号，经光学系统放大后在紫外线感光纸或胶片上记录显示的一种记录仪。

光线示波器工作原理的核心是振子的工作原理，如图2-52所示。由拾振器的机械振动转化成电信号（波动的电流），经放大器放大，将波动的电流输给光线示波器的振子，使振子的线圈成为载流导体，在磁场力的作用下使振子的线圈及连在它上面的小镜片发生偏转。由水银灯照射的光线通过摆动的小镜片反射到感光记录纸上，由于感光纸的曝光，记录下了振动波形，而记录纸以一定的速度出纸，并用闪频灯记录下时间标记。

2. 动态数据采集仪

动态数据采集仪由计算机来控制，采集的动态数据可直接由计算机通过专业软件对其进行处理，并在终端显示器显示测试波形。除此之外，还可编制动态数据分析软件对储存下来的动态数据进行各种动态分析、计算，可在时域或频域上任意转换，得出所需的有关参数。振动波形及数据可由打印机输出，大大提高了工作效率，有效地克服了光线示波器等记录仪的种种缺陷。

动态数据采集仪由接线模块、A-D转换器、缓冲存储器及其他辅助件构成，如图2-53所示。接线模块的作用是与各种传感器的输出端相连，并扫描采集传感器输出的电信号

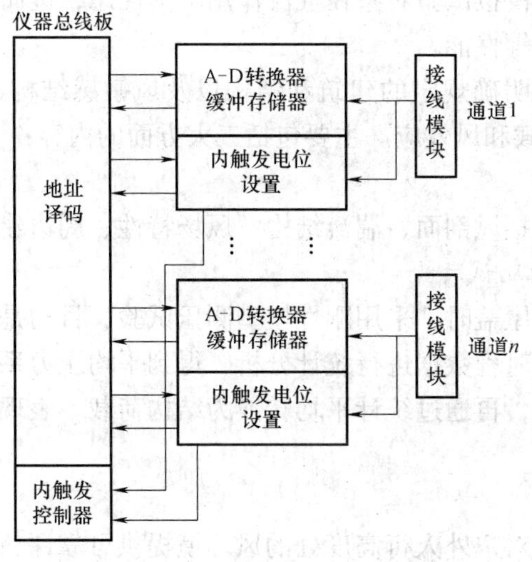

图2-53　动态数据采集仪结构原理

(如电压信号)。A-D 转换器将扫描得到的模拟信号转换为数字信号。通常在数据采集仪中设置内触发功能，通过人为设置一个触发电位，即可捕捉任何瞬变信号，其触发电位由内触发控制器控制。缓冲存储器则用来存放指令和暂时存放采样数据，最后将得到的数字信号传给计算机。整个采集传输的过程由计算机设置的指令来控制。

目前，整个动态测试仪器系统通常有以下三种测振仪配套方式，如图 2-54 所示。

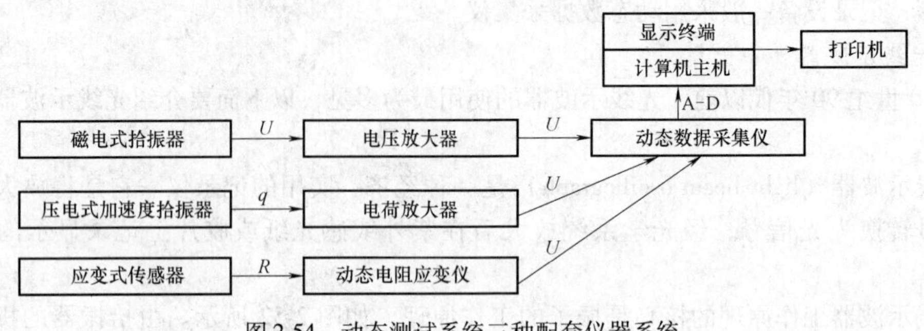

图 2-54 动态测试系统三种配套仪器系统

2.12 风洞试验简介

流体力学方面的风洞试验指在风洞中安置飞行器或其他物体模型，研究气体流动及其与模型的相互作用，以了解实际飞行器或其他物体空气动力学特性的一种空气动力实验方法。一般来说，对于较低的建筑物或者跨度小的桥梁结构风荷载的影响有限，但是随着建筑物越建越高，桥梁的跨度也越来越大，风荷载对高耸，高层以及大跨度结构的作用越来越明显，甚至成为结构设计的控制荷载，因此采用风洞试验研究各种构筑物的风荷载及其响应也是建筑结构试验的重要领域。

风洞试验（wind tunnel test）是依据流体与结构运动的相似性原理，将被试验对象（飞机、大型建筑、结构等）制作成模型或直接放置于风洞管道内，通过驱动装置使风道产生一股人工可控制的气流，模拟试验对象在气流作用下的性态，进而获得相关参数，以确定试验对象的稳定性、安全性等性能。

对于风荷载规范中未明确规定的建筑和结构以及风敏感结构，通常需要采用风洞试验(低速风洞）来确定风荷载和风效应。主要包括三大方面的内容：

1. *大气边界层模拟*

大气边界层的模拟包括风剖面、湍流结构、风场特性、周边建筑干扰作用等。

2. *建筑模型表面压力测试*

确定高层建筑和大跨屋盖时，采用刚性模型测压试验，目的是测量刚性模型表面各测点的局部风压，然后对压力时程数据进行统计分析，得到平均压力系数、脉动压力系数、最大压力系数、极值压力系数，再通过统计平均转换为结构荷载，表现为结构表面的平均风压等高线以及极值压力分布。

3. *风环境试验分析*

风洞风环境试验可以对户外人行高度处的风环境提供可靠评估，也可考察风对温度、太阳辐射、温度等人舒适性的影响，还可以用于指导由于风作用引起雪漂移形成的雪荷载的分布变化，进而指导结构设计中的雪荷载取值。

对建筑物模型进行风载荷试验（见图2-55），从根本上改变了传统的设计方法和规范，大型建筑物如大桥、电视塔、大型水坝、高层建筑群、大跨度屋盖等超限建筑和结构，我国结构风荷载规范建议进行风洞试验。对于大型工厂、矿山群等也可以做成模型，在风洞中进行防止污染和扩散的试验。

a)

b)

图2-55 风洞试验模型现场

a）厦门会北片区三高层建筑风洞实验模型 b）上海东方体育中心跳水池风洞实验模型

本章小结

1. 产生荷载的方法包括重力加载法、气压加载法、液压加载法、机械力加载法、惯性力加载法等。
2. 测量仪表的基本特征，包括测量仪表的基本组成、选用、技术指标以及基本的测量方法等。
3. 介绍了应变、位移、力值、裂缝和振动等参量的量测原理与方法。
4. 应变的测量方法主要包括电测和机测两种。详细介绍了应变计的工作原理以及构造、性能和种类。
5. 介绍了数据采集系统、分类及采集过程。
6. 介绍了部分现场检测仪器。
7. 介绍了动载试验常用的测振仪器。

思考题

2-1 简述常用的加载系统设备。

2-2 用长为37cm、宽为24cm的混凝土砌块给双向宽度均为6m的矩形钢筋混凝土楼板施加均布荷载，试作区格划分；放置8层试块所加的均布荷载是多少？

2-3 液压加载有哪些优点？常用的液压加载设备有哪几种？

2-4 电测的应变理论根据是什么？

2-5 裂缝宽度如何测量？

2-6 简述常用的现场试验的加荷装置。

2-7 惯性式测振拾振器的原理是什么？动态数据采集系统由哪几部分组成？

第3章 建筑结构试验设计基础

3

本章介绍了进行结构试验所要掌握的一些基础概念。包括试验组织与程序，试件的形状与数量设计，加载的制度，动力试验的原理和参数，试验过程的观测和量测设计，材料性能试验及作用等，以及试验报告的内容。

3.1 结构试验组织与程序

3.1.1 结构试验组织

建筑结构（building structure）试验没有固定的模式。结构试验不像建筑材料试验，有规范化的仪器仪表，有规范化的试验程序和要求，结构试验的个别性很强。另外，结构试验试件的设计要求比较特殊，成本较高，设备数量多、品种多，试验人员数量多，易耗品数量大，测点数量多、种类多，试验组织工作的难度较大，所以建筑结构试验耗资较大。结构试验的重复性差，试验一旦失败，其损失难以挽回。结构试验的耗时量大是其又一特点。因此，结构试验组织工作非常重要，在试验前需对整个试验工作作出统筹安排。

1. *方案设计准备*

准备工作首先要把握信息，这就要调查研究，收集资料，充分了解本项试验的任务和要求，明确目的，使规划试验时心中有数，以便确定试验的性质和规模、试验的形式、数量和种类，正确地进行试验设计。方案设计准备主要有调研、人员分工、技术准备、进度设计、经费预算和安全措施。

规划阶段首先要反复研究试验目的，充分了解试验的具体任务，进行调查研究，搜集有关资料，包括在这方面已有哪些理论假定，做过哪些试验，以及其试验方法、试验结果和存在的问题等，在以上工作的基础上确定试验的性质与规模。例如：鉴定性试验（appraisal test）调查研究主要是向有关设计、施工和使用单位或人员收集资料。设计方面包括设计图样、计算书和设计所依据的原始资料（如工程地质资料、气象资料和生产工艺资料等）；施工方面包括施工日志、材料性能试验报告、施工记录和隐蔽工程验收记录等；使用方面主要是使用过程、超载情况或事故经过等。科学研究性试验（science test）调查研究主要是向有关科研单位和情报检索部门以及必要的设计和施工单位收集与本试验有关的历史（如国内外有无做过类似的试验，采用的方法及结果等）、现状（如已有哪些理论、假设和设计、施工技术水平及材料、技术状况等）和将来发展的要求（如生产、生活和科学技术发展的趋势与要求等）。

调查的方法有实地调查、信函调查、电话调查和网上调查等。各方法各有其侧重，应区别采用。若对实物进行调查，如灾害调查，应实地调查尤其是项目负责人亲自进行实地调查，直观性强、感受深刻、易发现问题、信息量大，有明显的优势。其缺点就是时间相对较长，耗费人力，成本高。信函调查用于简单问题调查，只需对方回答是与否或者方向性信息等，不宜进行内容量大、劳动量大的调查。电话调查的优势在于时间短速度快。若要进行文字资料查询，网上查询最好。

2. 试件准备

试件准备包括试件的设计、制作、质量验收、表面处理及有关测点的布置与处理等。

在设计制作时应考虑到试件安装、固定及加载量测的需要，在试件上作必要的构造处理。如钢筋混凝土试件支承点应预埋钢垫板，局部截面应加设分布筋等，平面结构侧向稳定支撑点配件安装，倾斜面上加载面应增设凸肩以及吊环等，都不能疏漏。

试件制作工艺，必须严格按照相应的施工规范进行，并详细记录，按要求留足材料力学性能试验试件，并及时编号。

试件在试验之前，应对照设计图样仔细检查，如各部分实际尺寸、构造情况、施工质量、存在缺陷（如混凝土的蜂窝麻面、裂纹、木材的疵病、钢结构的焊缝缺陷、锈蚀等）、结构变形和安装质量。钢筋混凝土还应检查钢筋位置、保护层的厚度和钢筋的锈蚀情况等。这些情况都将对试验结果有重要影响，应详细记录并存档。已建房屋的鉴定性试验中，还必须对试验对象的环境和地基基础等进行一些必要的调查。

检查和调查之后，应对试件进行表面处理，如去除或修补一些有碍试验观测的缺陷，钢筋混凝土表面的刷白、分区划格等。刷白是为了便于观测裂缝；分区划格则是为了荷载与测点准确定位、记录裂缝的发生和发展过程以及描述试件的破坏形态。观测裂缝的区格尺寸一般取 10～30cm，必要时也可以缩小。

此外，为方便操作，有些测点的布置和处理，如手持应变计、杠杆应变计、百分表应变计的固定、钢测点的去锈，以及应变计的粘贴、接线和材性非破损检测等，也应同时进行。

3. 试验设备与场地的准备

试验计划使用的加载设备和量测仪表，试验之前应进行检查、修整和必要的率定（calibration），以保证达到试验的使用要求。率定必须有报告，以供资料整理或使用过程中修正。

试验场地，在试件进场之前也应加以清理和安排，包括水、电、交通和清除不必要的杂物，集中安放好试验使用的物品。必要时，应做场地平面设计，架设或准备好试验中的防风、防雨和防晒设施，避免对荷载和量测造成影响。现场试验支承点的地基承载力应经局部验算和处理，地基下沉量不宜太大，保证结构作用力的正确传递和试验工作的顺利进行。

4. 辅助试验

辅助试验多半在加载试验阶段之前进行，以取得试件材料的实际强度，便于对加载设备和仪器仪表的量程等做进一步的验算。但对一些试验周期较长的大型结构试验或试件组别很多的系统试验，为使材性试件和试验结构的龄期尽可能一致，辅助试验也常常和正式试验同时穿插进行。

5. 试件安装就位

安装就位的中心问题就是按照试验大纲的规定和试件设计要求，在各项准备工作就绪后即可将试件安装就位。保证试件在试验全过程都能按计划模拟条件工作，避免因安装错误而产生附加应力或出现安全事故。

简支结构（simple supported structure）的两支点应在同一水平面上，高差不宜超过试件跨度的1/50。试件、支座、支墩和台座之间应密合稳固，为此常采用砂浆坐浆密缝处理。

超静定结构（statically indeterminate structure），包括四边支承和四角支承板的各支座，应保持均匀接触，最好采用可调支座，也可采用砂浆坐浆或湿砂调节。若安装测定支反力的测力计，应调节至该支座所承受的试件重量为止。

扭转试件安装应注意扭转中心与支座转动中心一致，可用钢垫板等调节。

嵌固支承，应上紧夹具，不得有任何松动或滑移可能。

卧位试验，试件应平放在水平滚轴或平车上，以减轻试验时试件水平位移的摩阻力，同时也防止试件产生侧向下挠度（见图3-1）。

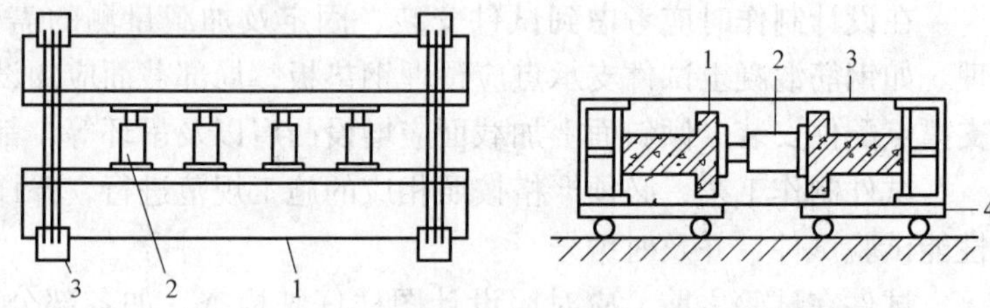

图3-1 吊车梁成对卧位试验

1—试件 2—千斤顶 3—荷载支承架 4—滚动平车

试件吊装时，平面结构应防止平面外弯曲、扭曲等变形发生；细长杆件的吊点应适当加密，避免弯曲过大；钢筋混凝土结构在吊装就位过程中，应保证不出裂缝，尤其是抗裂试验结构，必要时应附加夹具，提高试件刚度。

6. 加载设备和量测仪表安装

加载设备的安装应根据加载设备的特点按照试验大纲设计要求进行。有的与试件就位同时进行，如支承机构，有的则在加载阶段加上许多加载设备。大多数是在试件就位后安装，要求安装固定牢靠，保证荷载模拟正确和试验安全。

仪表安装位置按观测设计确定。安装后应及时把仪表号、测点号、位置和连接仪器上的通道号一并记入记录表中。调试过程中如有变更，记录也应及时作相应修改。如果造成混淆，会使结果分析十分困难，甚至最后只能放弃这些混淆的测点数据，造成不可挽回的损失。接触式仪表还应有保护措施，如加带悬挂，以防因振动而掉落损坏。

结构试验的实施阶段主要是加载和量测。加载试验是整个试验过程的中心环节，应按规定的加载顺序和量测顺序进行。重要的量测数据应在试验过程中随时整理分析，并与事先估算值比较，发现有反常情况时应查明原因或故障后才能继续加载。

在试验过程中，结构所反映的外观变化是结构性能分析极为宝贵的资料，对节点的松动与异常变形，钢筋混凝土结构裂缝的出现和发展，特别是结构的破坏情况都应作详尽的记录及描述。这些容易被初做试验者忽略，而把主要注意力集中在仪表读数或记录曲线上，因此应分配专人负责观察结构的外观变化。

试件破坏后要拍照和测绘破坏部位及裂缝简图，必要时，可从试件上切取部分材料测定力学性能，破坏试件在试验结果分析整理完成之前不要过早毁弃，以备进一步核查。

7. 试验过程整理及计算分析

根据材性试验数据和设计计算图式，计算出各个荷载阶段的荷载值和各特征部位的内力、变形值等，作为试验时控制与比较的依据。这是避免盲目试验的一项重要工作，对试验与分析都具有重要意义。

结构试验分析包括资料整理、数据整理和结果分析。

试验资料的整理是将所有的原始资料整理完善，其中特别要注意的是试验量测数据记录和记录曲线，都作为原始数据经负责记录人员签名后，不得随便涂改。经过处理后得到的数据不能和原始数据列在同一表格内。一个严格认真的科学试验，应有一份详尽的原始数据记录，连同试验过程中的观察记录，试验大纲及试验过程中各阶段的工作日志，作为原始资料，在有关的试验室内存档。在试验前应根据试验要求设计记录表格，记录表格上应有试验人员的签名并附有试验日期、时间、地点和气候条件。在准备工作阶段和试验阶段应每天记工作日志。

试验总结阶段的工作内容包括以下几个方面的内容：

1）试验数据处理。因为从各个仪表获得和量测的数据和记录曲线一般不能直接解答试验任务所提出的问题，它们只是试验的原始数据，需对原始数据进行科学的运算处理才能得出试验结果。

2）试验结果分析。试验结果分析的内容是分析通过试验得出了哪些规律性的东西，提示了哪些物理现象。最后，应对试验得出的规律和一些重要的现象作出解释，分析它们的影响因素，将试验结果和理论值进行比较，分析产生差异的原因，并作出结论，写出试验总结报告。总结报告中应提出试验中发现的新问题及进一步的研究计划。

3）完成试验报告。

3.1.2 结构试验程序

一般建筑结构试验的程序和各个环节如图3-2所示。

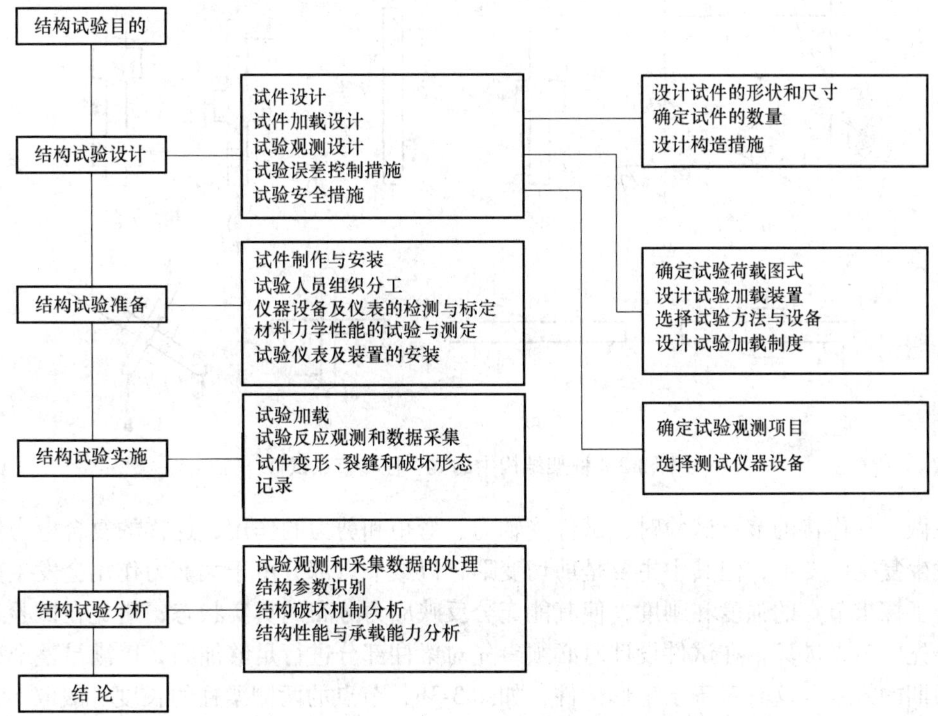

图3-2 结构试验总框架

3.2 试件设计

试件设计应包括试件形状、试件尺寸与数量以及构造措施，并考虑结构与受力的边界条件、试件的破坏特征、试验加载条件的要求，要能够反映研究的规律，能够满足研究任务的需要，以最少的试件数量得到最多的试验数据。

3.2.1 试件形状

在设计试件形状时，虽然和试件的比例无关，但最重要的是要造成和设计目的相一致的应力状态。这个问题对于静定系统中的单一构件，如梁、柱、桁架等，一般构件的实际形状都能满足要求，问题比较简单。但对于从整体结构中取出部分构件单独进行试验时，特别是在比较复杂的超静定体系中必须注意其边界条件的模拟，要能如实地反映该部分结构构件的实际工作状态。

当做如图 3-3a 所示受水平荷载作用的框架结构应力分析时，若做 *A*—*A* 部位的柱脚、柱头部分的试验，试件需要设计成图 3-3b 所示；若做 *B*—*B* 部位的试验，试件需要设计成图 3-3c 所示；梁要设计成图 3-3f、g 所示的形状，则应力状态可与设计目的相一致。

进行钢筋混凝土柱的试验研究时，若要探讨其挠曲破坏性能，则图 3-3d 的试件是足够的，但若要进行剪切性能的探讨，则图 3-3d 反弯点附近的应力状态与实际应力情况有所不同，为此有必要用图 3-3e 中的反对称加载的试件。

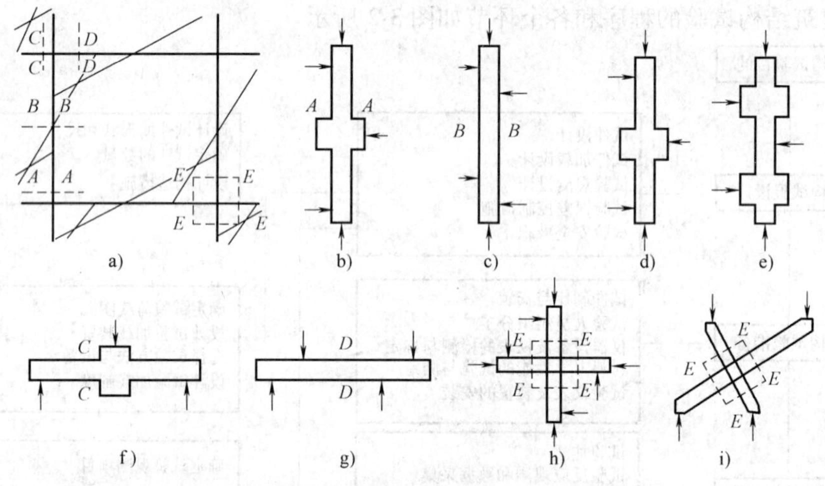

图 3-3 框架结构中的梁、柱和节点试件

在做梁柱连接的节点试验时，试件受轴力、弯矩和剪力的作用，这样的复合应力使节点部分发生复杂的变形，但其中主要是剪切变形，以致节点部分由于大剪力作用会发生剪切破坏。为了探求节点的强度和刚度，使其能充分反映应力分布的真实状态，避免在试验过程梁柱部分先于节点破坏，在试件设计时必须事先对梁柱部分进行足够加固，以满足整个试验能达到预期的效果。这时对于十字形试件，如图 3-3h，节点的两侧梁柱的长度一般取 1/2 梁跨和 1/2 柱高，即按框架承受水平荷载时产生弯矩点（$M=0$）的位置来决定。边柱节点可采

用T字形试件。当试验目的是为了了解设计应力状态下的结构性能，并同理论作对比时，需要用图3-3i所示的X形试件。为了在X形试件中再现实际的应力状态，必须根据设计条件给定的各个力的大小和关系来确定试件的尺寸。

以上所示的任一种试件的设计，其边界条件的实现还与试件的安装、加载装置与约束条件等密切相关，这必须在试验总体设计时周密考虑，然后才能付诸实施。

3.2.2 试件尺寸

结构试验所用试件的尺寸和大小，从总体上分为原型（真型）和模型两类。

（1）原型试验 原型试验具有反映实际构造的优点，但是国内外多层足尺房屋或框架试验研究的实践证明：足尺真型试验并不合算，要想解决的问题（如抗震能力的评定）不能解决，而足尺能解决的问题（如破坏机制等）小比例尺试件也能解决。

（2）模型试验 模型试验是常用的方法，但是模型的尺寸和比例需要仔细研究。作为基本构件性能研究，压弯构件取截面边长16~35cm，短柱（偏压剪）取截面边长15~50cm，双向受力构件取截面边长10~30cm为宜。剪力墙尺寸取原型的1/10~1/3为宜。我国昆明、南宁等地先后进行过装配式混凝土和空心混凝土大板结构的足尺房屋试验。局部性的试件尺寸可取为原型的1/4~1，整体性结构试验的试件可取1/10~1/2。砖石及砌块的砌体试件的合理尺寸应该是不大又不小，一般取原型的1/4~1/2。我国兰州、杭州与上海等地先后做过四幢足尺砖石和砌块多层房屋的试验。试件太小则为微型试件，试验时要考虑尺寸效应。

对于动力试验，试验尺寸经常受试验激振加载条件因素的限制，一般可在现场的原型结构上试验，量测结构的动力特性。对于在试验室内进行的动力试验，可以对足尺构件进行疲劳试验。至于在模拟振动台上试验时，由于受振动台台面尺寸和激振力大小等参数限制，一般只能做模型试验。

3.2.3 试件数目

在进行试件设计时，除了应仔细地研究试件的形状尺寸外，试件数目即试验量的设计也是一个不可忽视的重要问题，因为试验量的大小直接关系到能否满足试验的目的、任务以及整个试验的工作量问题，同时也受试验研究、经费和时间的限制。

对于生产性试验，一般按照试验任务的要求有明确的试验对象。试验数量应执行相应结构构件质量检验评定标准，这里不再赘述。

对于科研性试验，其试验对象是按照研究要求而专门设计的，这类结构的试验往往属于某一研究专题工作的一部分。特别是对于结构构件基本性能的研究，由于其影响参数较多，所以要根据各参数构成的因子数和水平数来决定试件数目，参数多则试件的数目也自然会增多。

因子是对试验研究内容有影响的发生变化的影响因素，因子数是试验中变化着的影响因素的个数，不变化的影响因素不是因子数。水平即为因子可改变的试验档次，水平数则为变化着的影响因素的试验档次数。

试验数量的设计方法有四种，即优选法、因子法、正交法和均匀法。这里仅简单介绍正交法（orthogonal test）。

在进行钢筋混凝土柱剪切强度的基本性能试验研究中，以混凝土强度、配筋率、配箍率、轴向应力和剪跨比作为设计因子，如果利用全因子法设计，当每个因子各有 2 个水平数时，试验试件数应为 32 个。当每个因子有 3 个水平数时，则试件的数量将猛增为 243 个，即使混凝土强度等级取一个级别，即采用 C20，视为常数，试验试件数仍需 81 个，这样多的试件实际上是很难做到的。

为此试验工作者在试验设计中经常采用一种解决多因素问题的试验设计方法——正交试验设计法，主要应用根据均衡分散、整齐可比的正交理论编制的正交表来进行整体设计和综合比较，科学地解决了各因子和水平数相互结合产生的影响，也妥善地解决了试验所需要的试件数与实际可行的试验试件数之间的矛盾，即解决了实际所做小量试验与要求全面掌握内在规律之间的矛盾。

现以钢筋混凝土柱剪切强度基本性能研究问题为例，用正交试验法做试件数目设计。如果同前面所述主要影响因素数量为 5，而混凝土只用一种强度等级 C20，这样实际因子数只为 4，当每个因子各有 3 个档次，即水平数为 3，详见表 3-1 所列。

表 3-1　钢筋混凝土柱剪切强度试验分析因子与水平数

主要分析因子		因子档次(水平数)		
代　号	因 子 名 称	1	2	3
A	钢筋配筋率(%)	0.4	0.8	1.2
B	配箍率(%)	0.2	0.33	0.5
C	轴向应力/MPa	20	60	100
D	剪跨比	2	3	4
E	混凝土强度等级 C20	13.5 MPa		

根据正交表 L_9（3^4），试件主要因子组合见表 3-2。

表 3-2　试件主要因子组合

试 件 数 量	A	B	C	D	E
	配筋率(%)	配箍率(%)	轴向应力/MPa	剪跨比	混凝土强度等级
1	0.4	0.20	20	2	C20
2	0.4	0.33	60	3	C20
3	0.4	0.50	100	4	C20
4	0.8	0.20	60	4	C20
5	0.8	0.33	100	2	C20
6	0.8	0.50	20	3	C20
7	1.2	0.20	100	3	C20
8	1.2	0.33	20	4	C20
9	1.2	0.50	60	2	C20

上述例子的特点是：各个因子的水平数均相等，试验数正好等于水平数的平方，即试验数 = （水平数）^{2}。当试验对象各个因子的水平数互不相等时，试验数与各个因子的水平数之间存在下面的关系：

$$试验数 = (水平数1)^2 \times (水平数2)^2 \times \cdots$$

正交设计表中多数试验数能够符合这一规律，比如正交表 L_4（2^3）的试验数就等于$2^2=4$，L_{16}（4×2^{12}）的试验数就等于 $4^2=16$。表达式中 L 表示正交设计，其他数字的含义如下：

$$L_{试验数}(水平数1^{相应因子数}\times水平数2^{相应因子数})$$

注意：上面的“$水平数1^{相应因子数}\times水平数2^{相应因子数}$”不是计算公式。

试件数量设计是一个多因素问题，在实践中应该使整个试验的数目少而精，以质取胜，切忌盲目追求数量；要使所设计的试件尽可能做到一件多用，即以最少的试件，最少的人力、经费，得到最多的数据；要使通过设计所决定的试件数量经试验得到的结果能反映试验研究的规律性，满足研究目的的要求。

3.2.4 结构试验对试件设计的构造要求

在试件设计中，当确定了试验形状、尺寸和数量后，在每一个具体试件的设计和制作过程中，还必须同时考虑试件安装、加荷、量测的需要，在试件上作出必要的构造措施，这对于科研试验尤为重要。

这些构造是根据不同加载方法而设计的，但在验算这些附加构造的强度时必须保证其强度储备大于结构本身的强度安全储备，这不仅考虑到计算中可能产生的误差，而且还必须保证它不产生过大的变形以致改变加荷点的位置或影响试验精度。当然更不允许因附加构造的先期破坏而妨碍试验的继续进行。

在试验中为了保证结构或构件在预定的部位破坏，以期得到必要的测试数据，就需要对结构或构件的其他部位事先进行局部加固。

1. 强度要求

对于加载装置的强度，首先要满足试验最大荷载量的要求，保证有足够的安全储备，同时要考虑到结构受载后有可能使局部结构的强度有所提高。

2. 刚度要求

试验加载装置也必须考虑刚度要求。正如混凝土应力-应变曲线下降段测试一样，在结构试验时如果加载装置刚度不足时，将难以获得试件极限荷载后的性能。

例如混凝土试件的支承点应预埋钢垫板，在试件承受集中荷载的位置上应埋设钢板，以防止试件受局部承压而破坏（见图3-4a）。

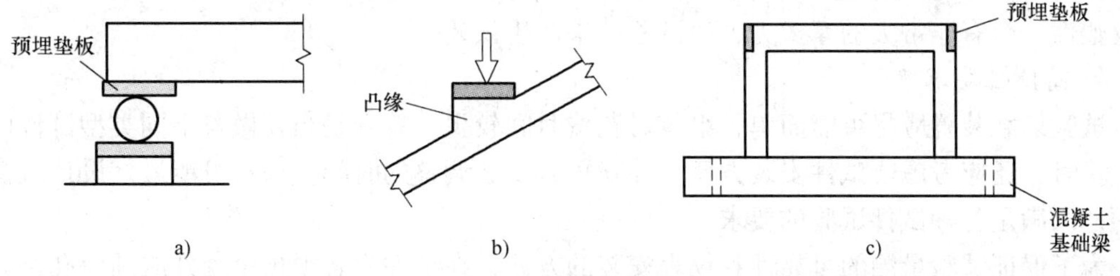

图3-4 试件设计时考虑加荷需要的构造措施

试件加荷面倾斜时，应作出凸缘，以保证加载设备的稳定设置（见图3-4b）。

在钢筋混凝土框架做恢复力特征试验时，为了框架端部侧面施加反复荷载的需要，应设置预埋构件以便与加载用的液压加载器或测力传感器连接，为保证框架柱脚部分与试验台的固接，一般均设置加大截面的基础梁（见图3-4c）。

在砖石或砌块的砌体试件中，为了使施加在试件上的垂直荷载能均匀传递，一般在砌体试件的上下均预先浇筑混凝土垫块，下面的垫梁可以模拟基础梁，使之与试验台座固定，上面的垫梁模拟过梁传递竖向荷载。

在做钢筋混凝土偏心受压构件试验时，在试件两端做成牛腿以增大端部承压面，便于施加偏心荷载，并在上下端加设分布钢筋网。

3. 真实性要求

试验加载装置设计要能符合结构构件的受力条件，要求能模拟结构构件的边界条件和变形条件，严防失真。

如柱的弯剪试验，若采用图3-5所示的加载方法，在轴向力的加力点处会有弯矩产生，形成负面约束，以致其应力状态与设想的有所不同，为了消除这个约束，在加载点和反力点处均应加设滚轴。又如图3-6所示是两种短柱受水平荷载试验的例子，试验装置可以采用3-6a连续梁式加载，也可以用图3-6b“建研式”的加载装置，这是日本某建筑研究所研制的一种专门进行偏压剪试验的加载装置，“建研式”加载方法能保持上下端面平行，显然对窗间短柱而言，这种装置更符合受力条件，因为连续梁式加载不能保证受剪的端面平行。

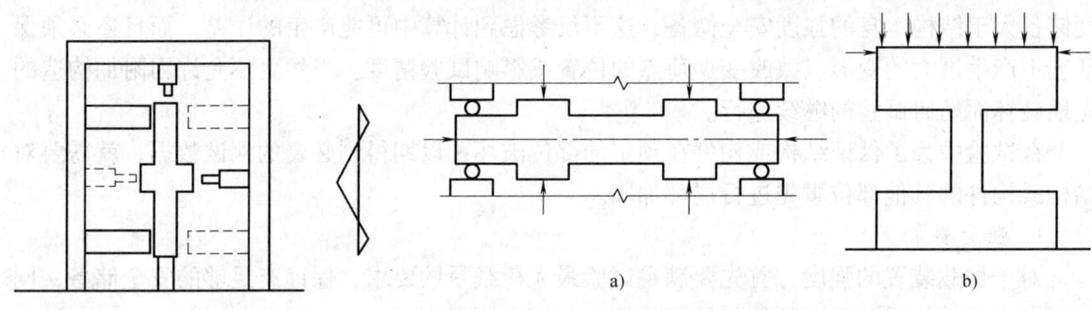

图3-5 柱弯剪试验装置

图3-6 偏压剪短柱的试验装置

所以，在加载装置中必须注意试件的支承方式，前述受轴力和水平力柱子的试验，两个方向加载设备的约束会引起较为复杂的应力状态。梁的弯剪试验中，在加载点和支承点的摩擦力均会产生次应力，使梁所受的弯矩减小。在梁柱节点试验中，如采用X形试件，若加力点和支承点的摩擦力较大，就会接近于抗压试验的情况。支承点的滚轴可按接触承压应力进行计算，实际试验时多用细圆钢棒作滚轴，当支承反力增大时，滚轴可能产生变形，甚至接近塑性，会有非常大的摩擦力，使试验结果产生误差。

4. 简便性要求

试验加载装置应尽可能简单，组装时花费时间较少，特别是当要做若干同类型试件的连续试验时，还应考虑能试件安装方便，并缩短其安装调整的时间。如有可能最好设计成多功能的，以满足各种试件试验的要求。

为了保证试验量测的可靠性和仪表安装的方便，在试件内必须预设埋件或预留孔洞。对于为测定混凝土内部的应力而预埋的元件或专门的混凝土应变计、钢筋应变计等，应在浇筑混凝土前，按相应的技术要求用专门的方法就位固定，安装埋设在混凝土内部。这些要求在试件的施工图上应该明确标出，注明其具体作法和精度要求，必要时试验人员还需亲临现场参加试件的施工制作。

3.3 荷载设计

3.3.1 荷载设计的一般要求

正确地选择试验所用的荷载设备和加载方法，对顺利地完成试验工作和保证试验的质量，有着很大的影响。为此，在选择试验荷载和加载方法时，应满足以下要求：

1）选用的试验荷载图式应与结构设计计算的荷载图式所产生的内力值完全一致或极为接近。

2）荷载值要准确，特别是静力荷载必须不随加载时间、外界环境的改变和结构的变形而变化。

3）荷载传力方式和作用点明确，产生的荷载数值要稳定。

4）荷载分级的数值要参考相应试验结构试验方法的技术要求，同时必须满足试验量测的精度要求。

5）加载装置本身要有足够的安全性和可靠性，不仅要满足强度要求，还必须按变形条件来控制加载装置的设计，即必须满足刚度要求，防止对试件产生卸荷作用而减轻了结构实际承担的荷载。

6）加载设备的操作要方便，便于加载和卸载，并能控制加载速度，又能适应同步加载或先后不同步加载的要求。

7）试验加载方法要力求采用现代化先进技术，减轻体力劳动，提高试验质量。

3.3.2 单调加载静力试验

单调加载静力试验是结构静载试验的典型代表，其荷载按作用的形式有集中荷载和均布荷载；按作用的方向有垂直荷载、水平荷载和任意方向荷载，有单向作用和双向反复作用荷载等。根据试验目的不同，要求试验时能正确地在试件上呈现上述荷载。

1. 荷载图式的选择与设计

试验荷载在试验结构构件上的布置形式（包括荷载的类型、分布方式等）称为荷载图式。为了使试验结果与理论计算便于比较，加载图式应与理论计算简图相一致，如计算简图为均布荷载，加载图式也应为均布荷载；计算简图为集中荷载，则加载图式也应为简图的集中荷载大小、数量及作用位置。

在不影响结构工作和试验成果分析的前提下，由于受试验条件的限制和为了加载的方便，可以改变加载图式，要求采用与计算简图等效的荷载图式。

例如，当试验承受均布荷载的梁或屋架时，为了试验的方便和减少加载用的荷载量，常用几个集中荷载来代替均布荷载，但是集中荷载的数量和位置应尽可能使结构所产生的内力值与均布荷载所产生的内力值符合，由于集中荷载可以很方便地用少数几个液压加载器或杠杆产生，这样不仅简化了试验装置，还可以大大减轻试验加载的劳动量。采用这样的方法时，试验荷载的大小要根据相应等效条件换算得到，因此叫做等效荷载（equivalent load）。

在受弯构件试验中经常利用几个集中荷载来代替均布荷载，如图3-7b采用在跨度四分点加两个集中荷载的方式来代替均布荷载，并取试验梁的跨中弯矩等于设计弯矩时的荷载作为梁的试验荷载，这时支座截面的最大剪力也可以达到均布荷载梁的剪力设计数值。如能采用四个集中荷载来加载试验，则会得到更为满意的结果，如图 3-7c 所示。

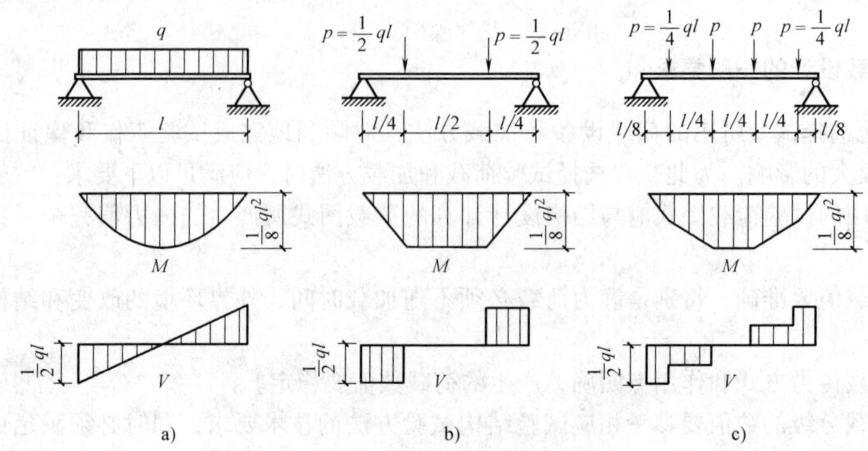

图 3-7 简支梁试验等效荷载加载图式

采用上述等效荷载试验能较好地满足 M 与 V 值的等效，但试件的变形（刚度）不一定满足等效条件，应考虑修正。

2. 试验荷载制度

试验荷载制度指的是试验进行期间荷载与时间的关系。正确制定试验的加载制度，才能够正确了解结构的承载能力和变形性质，才能将试验结果相互进行比较。

确定加载制度是个比较复杂的问题，涉及的技术因素很多。试件的结构形式、荷载的作用图式、加载设备的类型、加载制度的技术要求、场地的大小以及试验经费等都会影响加载方案的确定。因此，一般要求在满足试验目的的前提下，尽可能做到试验技术合理、经济和安全。

荷载制度包括两个方面的内容：一为加荷卸荷的程序，一为加荷卸荷的大小。

荷载种类和加载图式确定后，还应按一定程序加载。结构的承载力及其变形性能，均与受荷量值、受荷速度及荷载在构件上的持续时间等特征值有关，因而试验时必须给予足够的时间使结构变形得到充分发展。确定时间与加荷量的过程就称为试验加载程序设计。荷载程序可以有多种，根据试验的目的、要求来选择，一般结构静力试验的加载程序分为预载（preloading）、正式加载（normal loading）、卸载（unloading）三个阶段。每次加载均采用分级加载制，卸荷采用分级卸荷制或一次性卸荷两种。图 3-8 所示就是单调静力荷载试验加载程序（也称荷载谱）。

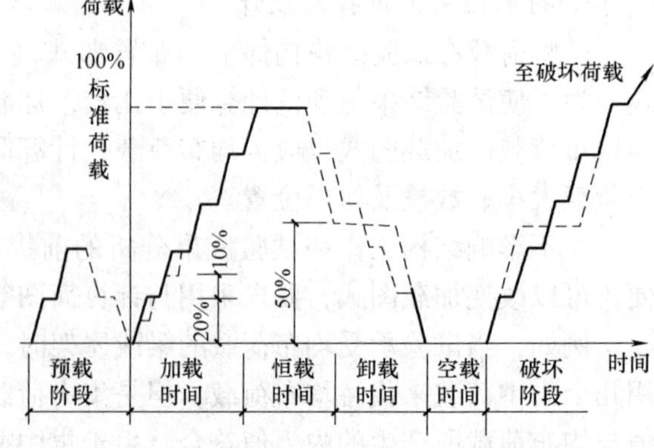

图 3-8 单调静力荷载试验加载程序

有的试验只加到标准荷载，试验后试件还可使用，现场结构或构件试验常用此法进行；有的试验，如研究性试验，当加载到标准荷载后，不卸载而继续加载，直至进入破坏阶段。

试验荷载分级加（卸）的目的主要是为了方便控制加（卸）载速度和观测分析结构的各种变化，也为了统一各点加载的步调。

在试验的不同阶段有不同的试验荷载值。

（1）预载 预载的目的在于：①使试件各部接触良好，进入正常工作状态，荷载与变形关系趋于稳定；②检验全部试验装置的可靠性；③检验全部观测仪表工作正常与否；④检查现场组织工作和人员的工作情况，起演习作用。总之，通过预载试验可以发现一些潜在问题，并将之解决在正式试验之前，对保证试验工作顺利进行具有一定意义。预载一般分三级进行，每级取标准荷载值的20%，然后分级卸载，分2~3级卸完，加（卸）一级，停歇10min。对混凝土等试件，预载值应小于计算开裂荷载值。

（2）正式加载 考虑荷载分级、满载时间和空载时间等几个方面。

1）荷载分级。在加载达到标准荷载前，每级加载值不应大于标准荷载的20%，一般分五级加至标准荷载；达到标准荷载之后，每级不宜大于标准荷载的10%；当荷载加至计算破坏荷载的90%后，为了求得精确的破坏荷载值，每级应取不大于标准荷载的5%；需要作抗裂检测的结构，加载到计算开裂荷载的90%后，也应改为不大于标准荷载的5%施加，直至第一条裂缝出现。

柱子加载，一般按计算破坏荷载的1/15~1/10分级，接近开裂或破坏荷载时，应减至原来的1/3~1/2施加。砌体抗压试验，对不需要测变形的，按预期破坏荷载的10%分级，每级1~1.5min内加完，恒载1~2min。加至预期破坏荷载的80%后，不分级直接加至破坏。

为了使结构在荷载作用下的变形得到充分发挥和达到基本稳定，每级荷载加完后应有一定的级间停留时间，钢结构一般不少于10min；钢筋混凝土和木结构应不少于15 min。

应该注意，同一试件上各加载点，每一级荷载都应当按统一比例增加，保持同步。如果需要按一定比例施加垂直和水平荷载时，由于搁置在试件上的试验设备重量已作为部分第一级荷载，因此，试验首先应施加与试件自重成比例的水平荷载，然后再按规定的比例同步施加竖向和水平荷载。

2）满载时间。对需要进行变形和裂缝宽度试验的结构，在标准短期荷载作用下的持续时间，对钢结构和钢筋混凝土结构，不应少于30min；对于木结构，不应少于30min的2倍；对于拱或砌体结构，为30min的6倍；对预应力混凝土构件，满载30min后加至开裂，在开裂荷载下再持续30min（检验性构件不受此条件限制）。

对于采用新材料、新工艺、新结构形式的结构构件，跨度较大（大于12m）的屋架、桁架等结构构件，为了确保使用期间的安全，要求在使用状态短期试验荷载作用下的持续时间不少于12h，在这段时间内变形继续不断增长而无稳定趋势时，还应延长持续时间直至变形发展稳定为止。如果荷载达到开裂试验荷载计算值时，试验结构出现裂缝则开裂试验荷载不必持续作用。

3）空载时间。受载结构卸载后到下一次重新开始受载之间的间歇时间称为空载时间。空载对于研究性试验是十分必要的。因为观测结构经受荷载作用后的残余变形和变形的恢复情况均可说明结构的工作性能。要使残余变形得到充分发展需要有相当长的空载时间，有关试验标准规定：对于一般的钢筋混凝土结构空载时间取45min；对于较重要的结构构件和跨度大于12m的结构空载时间取18h（即为满载时间的1.5倍）；对于钢结构空载时间不应少于 30min。为了解变形恢复过程，必须在空载期间定期观察和记录变形值。

(3) 卸载　凡间断性加载试验，或仅作刚度、抗裂和裂缝宽度检验的结构与构件，以及测定残余变形的试验及预载之后，均须卸载，让结构、构件有恢复弹性变形的时间。卸载一般可按加载级距，也可放大 1 倍或分 2 次卸完。测残余变形应在第一次逐级加载到标准荷载完成恒载，并分级卸载后，再空载一定时间：钢筋混凝土结构应大于 1.5 倍标准荷载的恒载加载时间；钢结构应大于 30min；木结构应大于 24h。

3. 试验装置

梁（板）或屋架等受弯构件以及柱（墙）等受压构件的试验装置简图如图 3-9 和图 3-10 所示。

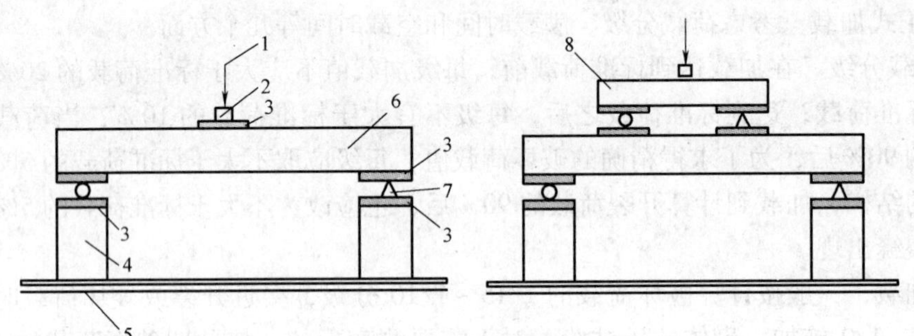

图 3-9　受弯构件试验装置示意图

1—荷载　2—荷载传感器　3—垫块　4—支墩　5—承载台

6—试件　7—支座　8—分配梁

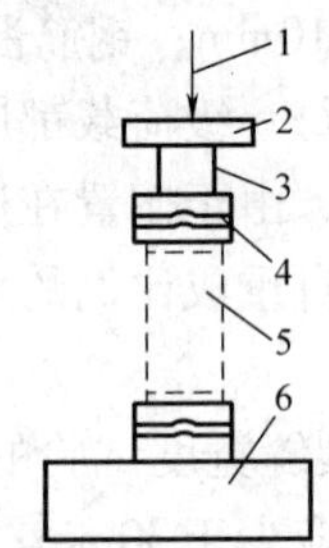

图 3-10　受压构件试验装置示意图

1—荷载　2—垫块　3—传感器　4—支座　5—试件　6—承载台

3.3.3　结构低周反复加载试验

低周反复加载试验，又称为伪静力试验。试验的目的，首先是研究结构在地震荷载作用下的恢复力特性，确定结构构件恢复力的计算模型，通过低周反复加载试验所得的滞回曲线和曲线所包的面积求得结构的等效阻尼比，衡量结构的耗能能力，从恢复力特性曲线得到与一次加载相接近的骨架曲线及结构的初始刚度和刚度退化等重要参数；其次是通过试验可以从强度、变形和能量等三个方面判别和鉴定结构的抗震性能；再次是通过试验研究结构构件的破坏机理，为改进现行抗震设计方法和修改规范提供依据。

采用低周反复加载荷载试验的优点是在试验过程中可以随时停止下来，不定期地观察结构的开裂和破坏，便于检验、校核试验数据和仪器的工作情况，并可按试验需要修正和改变加载程序。其不足之处在于试验的加载程序是事先由研究者主观确定的，荷载是按力或位移对称反复施加，因此与任一次确定性的非线性地震反应相差很远，不能反映出应变速率对结构的影响。

1. 单向反复加载制度

目前国内外较为普遍采用的单向反复加载方案有控制位移加载、控制作用力加载以及控制作用力和控制位移混合加载三种方法。

控制位移加载法是目前在结构抗震恢复力特性试验中用得最普遍的一种加载方案。这种加载方案是在加载过程中以位移为控制值，或以屈服位移的倍数作为加载控制值。这里位移的概念是广义的，可以是线位移，也可以是转角、曲率或应变等相应的参数。

当试验对象具有明确的屈服点时，一般都以屈服位移的倍数为控制值。当构件不具有明确的屈服点时（如轴力大的柱子）或干脆无屈服点时（如无筋砌体），则只好由研究者主观制定一个认为恰当的位移标准值来控制试验加载。

对于变幅加载，控制位移的变幅加载如图 3-11a 所示。图中纵坐标是延性系数或位移值，横坐标为反复加载的周次，每一周以后增加位移的幅值。当对一个构件的性能不太了解时，作为探索性的研究，或者在确定恢复力模型的时候，用变幅加载来研究构件强度、变形和耗能的性能。

对于等幅加载，控制位移的等幅加载如图 3-11b 所示。这种加载制度在整个试验过程中始终按照等幅位移施加，主要用于研究构件的强度降低率和刚度退化规律。

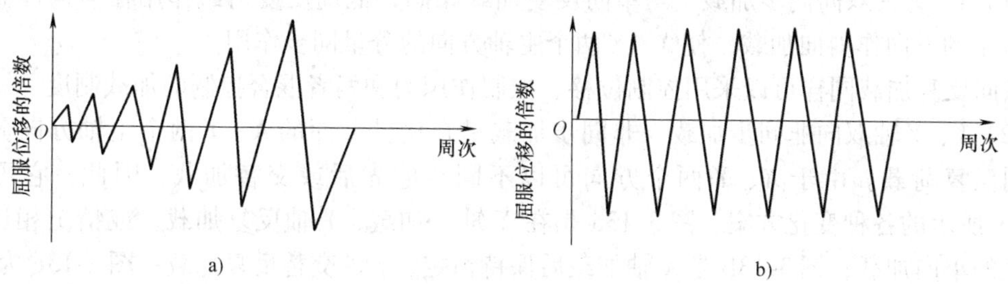

图 3-11 控制位移加载法图示

a）控制位移的变幅加载制度 b）控制位移的等幅加载制度

控制位移混合加载是将变幅、等幅两种加载结合起来，如图 3-12a 所示。这样可以综合地研究构件的性能，其中包括等幅部分的强度和刚度变化，以及在变幅部分特别是大变形增长情况下强度和耗能能力的变化。在这种加载制度下，等幅部分的循环次数可随研究对象和要求不同而异，一般可从 2 次到 10 次不等。图 3-12b 所示的也是一种控制位移混合加载，在两次大幅值之间有几次小幅值的循环，这是为了模拟构件承受二次地震冲击的影响，其中用小循环加载来模拟余震的影响。

控制作用力加载法是通过控制施加于结构或构件的作用力数值的变化来实现低周反复加荷的要求。由于它不如控制位移加载那样直观地按试验对象的屈服位移的倍数来研究结构的恢复特性，所以在实践中较少使用这种方法。

控制作用力和控制位移的混合加载法是先控制作用力再控制位移加载。先控制作用力加载时，不管实际位移是多少，一般是结构开裂后才逐步加上去，一直加到屈服荷载，再用位

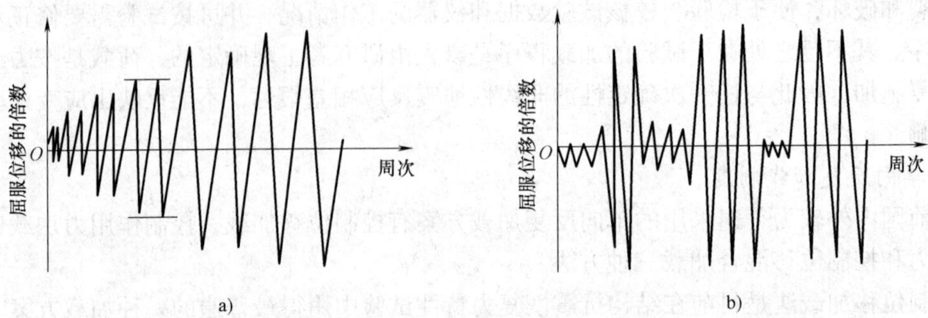

a) b)

图 3-12 控制位移的变幅等幅加载法图示

a）控制位移的变幅等幅混合加载 b）一种专门设计的变幅等幅混合加载

移控制。开始施加位移是要确定一个标准位移，它可以是结构或构件的屈服位移，在无屈服点的试件中标准位移由研究者自定数值。在转变为控制位移加载开始，即按标准位移值的倍数值控制，直到结构破坏。

2. 双向反复加载制度

为了研究地震对结构构件的空间组合效应，克服结构构件采用单方向加载时不考虑另一方向地震力同时作用对结构影响的局限性，可在 X、Y 两个主轴方向同时施加低周反复荷载。如对框架柱或压杆的空间受力和框架梁柱节点两个主轴方向所在平面内采用梁端加载方案施加反复荷载试验时，可采用双向同步或非同步的加载制度。

(1) X、Y 轴双向同步加载　与单向反复加载相同，低周反复荷载作用在与构件截面主轴成 α 角的方向作斜向加载，使 X、Y 两个主轴方向的分量同步作用。

双向反复加载同样可以采用控制位移、控制作用力和两者混合控制的加载制度。

(2) X、Y 轴双向非同步加载　非同步加载是在构件截面的 X、Y 两个主轴方向分别施加低周反复荷载。由于 X、Y 两个方向可以不同步的先后或交替加载，因此，它可以有图 3-13 所示的各种变化方案。图 3-13a 是在 X 轴不加载，Y 轴反复加载，或情况相反，即是前述的单向加载；图 3-13b 是 X 轴加载后保持恒定，Y 轴交替反复加载；图 3-13c 为 X、Y 轴先后反复加载；图 3-13d 为 X、Y 两轴交替反复加载；图 3-13e 的 8 字形加载等。

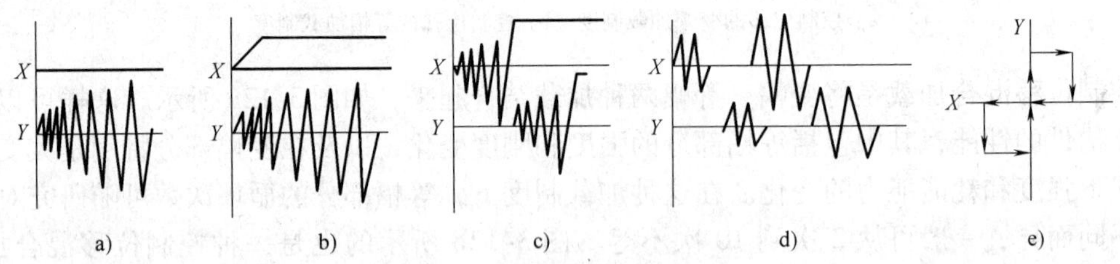

a) b) c) d) e)

图 3-13 双向低周反复加载制度

当采用由计算机控制的电液伺服加载器进行双向加载试验时，可以对某一结构构件在 X、Y 轴两方向成 90°作用，实现双向协调稳定的同步反复加载。

3. 试验装置

几种比较典型的伪静力试验装置示意图如图 3-14 所示。

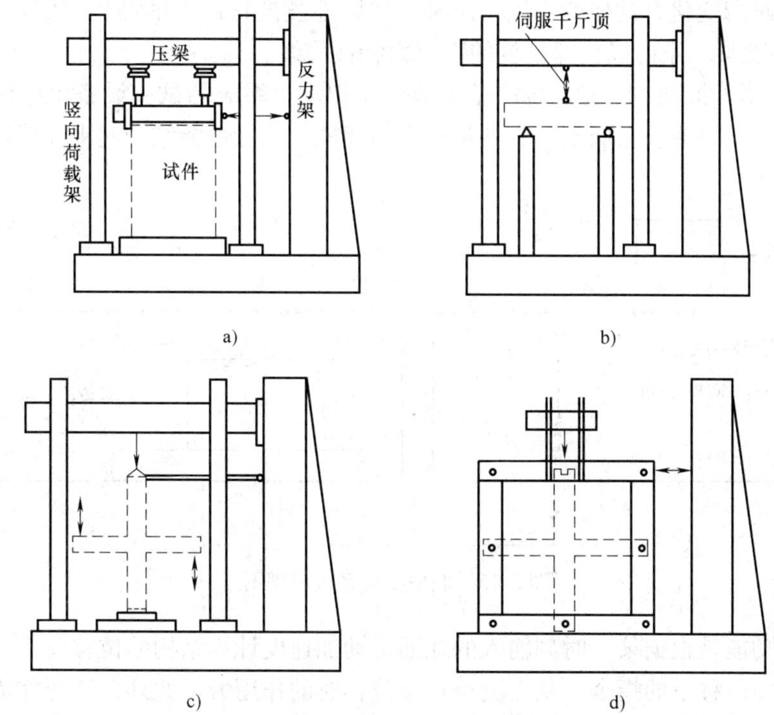

图3-14 几种典型的伪静力试验加载装置
a）墙体试验装置 b）梁的试验装置 c）框架节点试验装置 d）测 P-Δ 效应的节点试验装置

3.4 结构动力试验设计

3.4.1 结构拟动力试验

地震是自然界中的一种随机现象，结构受到地震作用将产生非线性振动。前述低周反复加载历程是假定的，它与地震引起的实际反应就有很大差别，因此，理想的加载方案最好是按某一确定性的地震反应来制定相应的加载方案，这种方案比较符合实际，但这种时程反应要事先进行理论计算，而计算时必须要知道结构的恢复力特性，由于不了解恢复力特性，没有计算模型，就无法计算，也就不可能按这种特定的方案进行加载。

为了弥补试验方法的不足，将计算机技术直接应用于控制试验加载，产生了一种新的抗震试验加载方法，称之为伪动力试验或拟动力试验（pseudo-dynamic test）。它是用计算机检测和控制试验，使这种模拟试验方法更接近地震反应的真实状态。其特点是不需要事先假定结构的恢复力特性，可以由计算机来完成非线性地震反应微分方程的求解，而恢复力值是通过直接测量作用在试验对象上加载器的荷载值而得到，所以这种方法是把计算机分析与恢复力实测结合起来的一种半理论半试验的非线性地震反应分析方法。

1. 工作原理

在拟动力试验加载中，首先是通过计算机将实际地震波的加速度转换成作用在结构或构件上的位移和此位移相应的加振力。随着地震波加速度时程曲线的变化，作用在结构上的位移和加振力也跟着变化，这样就可以得出某一实际地震波作用下的结构连续反应的全过程，并绘制出荷载-变形关系曲线，即结构的恢复力特性曲线。

图 3-15 表明了拟动力试验系统的基本概念，拟动力系统的试验设备由电液伺服加载器和计算机两大系统组成。它们不仅有各自的专门职能，而且还能结合起来完成整个系统的控制和操作功能。

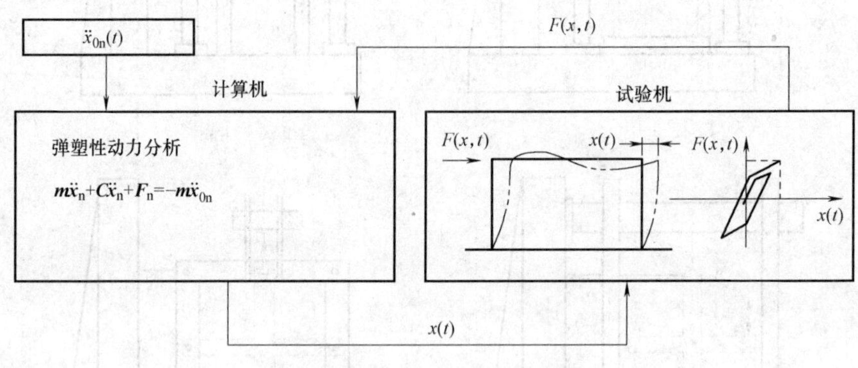

图 3-15 联机试验系统原理图

计算机的功能是根据某一时刻输入的地面运动加速度计算结构的位移反应，并据此对加载系统发出施加位移量的指令，从而测得在该位移时的作用力。此外，还要完成试验数据的采集和处理。

加载控制系统包括电液伺服加载器和模控系统。其功能是根据某时刻由计算机传来的位移指令转换成电压信号，控制加载器对结构施加位移。

拟动力试验由专用软件系统通过数据库和运行系统来执行操作指令，进行整个系统的控制和运行。

2. 工作流程

拟动力试验的加载工作流程是从输入地震地面运动加速度时程曲线开始，图 3-16 所示是拟动力试验方法的工作流程图。

拟动力试验的过程可分为如下 5 步：

（1）输入地震地面运动加速度　将某实际地震记录的加速度时程曲线按照一定时间间隔数字化，如 $\Delta t=0.05\text{s}$ 或 $\Delta t=0.01\text{s}$，并用其来求解运动方程

$$m\ddot{x}_n+c\dot{x}_n+F_n=-m\ddot{x}_{0n} \tag{3-1}$$

式中 $\ddot{x}_{0n}$、$\ddot{x}_n$ 和 $\dot{x}_n$——第 n 步时的地面运动加速度、结构的加速度和速度反应；

F_n——结构第 n 步时的恢复力。

（2）计算下一步的位移值

$$x_{n+1}=\left(m+\frac{\Delta t}{2}c\right)^{-1}\times\left[2mx_n+\left(\frac{\Delta t}{2}c-m\right)x_{n-1}-\Delta t^2F_n-m\Delta t^2\ddot{x}_{0n}\right] \tag{3-2}$$

即由位移 x_{n-1}、x_n 和恢复力 F_n 值求得第 $n+1$ 步的指令位移 x_{n+1}。

（3）位移的转换　由加载控制系统的计算机将第 $n+1$ 步的指令位移 x_{n+1} 通过 A-D 转换成输入电压，再通过电流伺服加载系统控制加载器对结构加载。由加载器用准静态的方法对结构施加与 x_{n+1} 位移相对应的荷载。

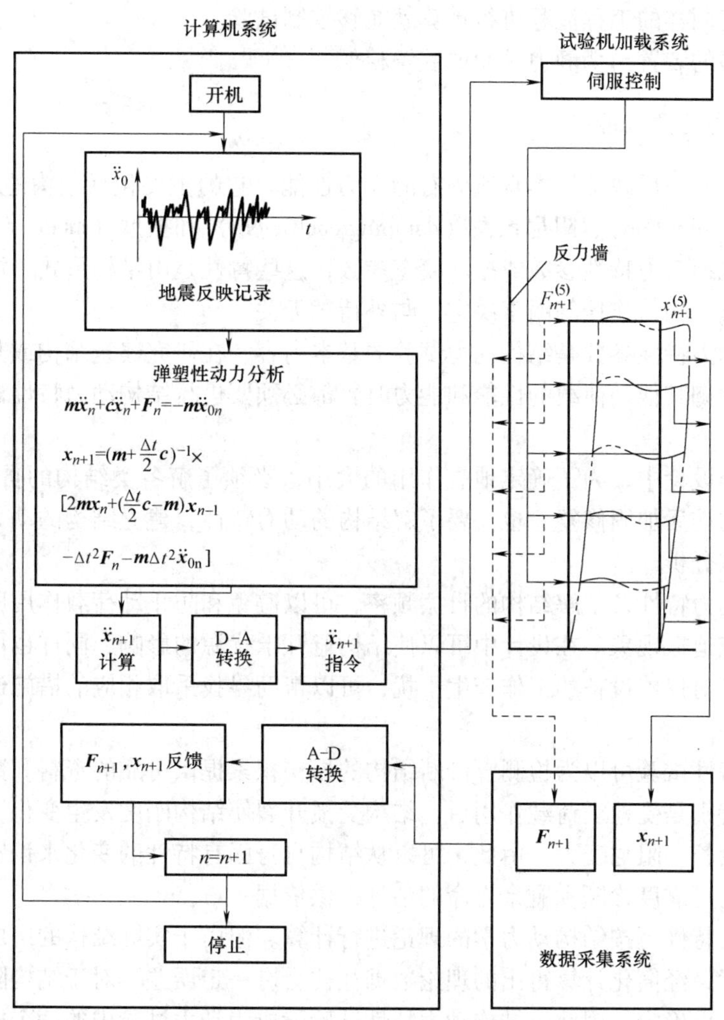

图 3-16　结构拟动力试验的工作流程图

(4) 测量恢复力 F_{n+1} 及位移值 x_{n+1}　当加载器按指令位移值 x_{n+1} 对结构施加荷载时，通过加载器上的荷载传感器测得此时的恢复力 F_{n+1}，结构的位移反应值 x_{n+1} 由位移传感器测得。

(5) 由数据采集系统进行数据处理和反应分析　将 x_{n+1} 和 F_{n+1} 的值连续输入数据处理和反应分析的计算机系统。利用位移 x_n、x_{n+1} 以及恢复力 F_{n+1}，按照同样方法重复下去，进行计算和加载，以求得位移 x_{n+2}，连续对结构进行试验，直到输入加速度时程的指定时刻。

整个试验工作的连续循环进行的，全部由计算机控制操作。当每一步加载的实际时间大于 1s 时，结构的反应相当于静态反应，这时运动方程中与速度有关的阻尼力一项可以忽略，则运动方程能够简化为

$$m\ddot{x}_n + F_n = -m\ddot{x}_{0n} \tag{3-3}$$

这时，继续采用中心差分法计算，有

$$x_{n+1} = 2x_n - x_{n-1} - \Delta t^2\left(\frac{F_n}{m} + \ddot{x}_{0n}\right) \tag{3-4}$$

采用与前面所述同样的工程流程进行计算就能够控制试验。

拟动力试验的装置与伪静力试验的装置相似。

3.4.2 结构动力特性试验

结构动力特性是反映结构本身所固有的动力性能。它的主要包括结构的自振频率（natural frequency of vibration）、阻尼系数（damping coefficient）和振型（mode of vibration）等一些基本参数，也称动力特性参数或振动模态参数，这些特性是由结构形式、质量分布、结构刚度、材料性质、构造连接等因素决定，与外荷载无关。

测量结构动力特性参数是结构动力试验的基本内容，在研究建筑结构或其他工程结构的抗震、抗风或抵御其他动荷载的性能和能力时，都必须要进行结构动力特性试验，了解结构的自振特性。

在结构抗震设计中，为了确定地震作用的大小，必须了解各类结构的自振周期。同样，对于已建建筑的震后加固修复，也需要了解结构的动力特性，建立结构的动力计算模型，才能进行地震反应分析。

测量结构动力特性，了解结构的自振频率，可以避免和防止动荷载作用所产生的干扰与结构产生共振或迫振现象。在设计中可以使结构避开干扰源的影响，同样也可以设法防止结构自身动力特性对仪器设备的工作产生干扰，可以帮助寻找采取相应的措施进行防震、隔震或消震。

结构动力特性试验可以为检测、诊断结构的损伤积累提供可靠的资料和数据。由于结构受荷载作用，特别是受地震荷载作用后，结构受损开裂使结构刚度发生变化，刚度的减弱使结构自振周期变长，阻尼变大。由此，可以从结构自身固有特性的变化来识别结构物的损伤程度，为结构的可靠度诊断和剩余寿命的估计提供依据。

结构的动力特性可按结构动力学的理论进行计算。但由于实际结构的组成、材料性质和构造连接等因素，经简化计算得出的理论数据往往会有一定误差，对于结构阻尼系数一般只能通过试验来加以确定。因此，结构动力特性试验就成为动力试验中的一个极为重要的组成部分，引起人们的关注和重视。

结构动力特性试验以研究结构自振特性为主，由于它可以在小振幅试验下求得，不会使结构出现过大的振动和损坏，因此经常可以在现场进行结构的实物试验。当然随着对结构动力反应研究的需要，目前较多的结构动力试验，特别是研究地震、风振反应的抗震动力试验，也可以通过试验室内的模型试验来测量它的动力特性。

结构动力特性试验的方法主要有人工激振法和环境随机振动法。人工激振法又可分为自由振动法和强迫振动法。

1. 频率

结构自振频率常用的测量方法分为两大类：一为人工激振法；一为随机荷载激振法。人工激振法又有自由振动法和强迫振动法之分。

自由振动法的原理是：试验时通过激励产生自由振动，将测振传感器布置在结构可能产生最大振幅的部位，通过测量仪器的记录，可以得到结构的有阻尼自由振动曲线。根据记录纸带速度的时间坐标，量取振动波形的周期，由此求得结构的自振频率。

强迫振动法也称共振法，一般都采用惯性式机械离心激振器对结构施加周期性的简谐振动，由结构动力学可知，当干扰力的频率与结构自振频率相等时，结构产生共振。利用激振器可以连续改变激振频率的这一特点，试验中结构产生共振时振幅出现极大值，这时激振器的频率即是结构的自振频率，由共振曲线的振幅最大值（峰值点）对应的频率，即可相应得到结构的第一频率（基频）和其他高阶频率。

由于阻尼的存在，结构实际的自振频率稍低于其峰值点的频率，但因阻尼值很小，所以，实际使用时不作考虑。

随机荷载激振法是测量结构自振频率的另一种方法。随机荷载激振检测在我国已经普遍应用，特别在大型结构方面应用更多，比如大跨度桥梁结构、高层或超高层结构的检测等。

随机荷载激振的测试原理不难理解，即在随机动荷载（风振动、大地脉冲振动、车辆行驶振动、地面噪声振动等及其各种振动的随机混合）的作用下，结构产生动态反应，用模拟技术或数字技术将结构产生的动态反应记录下来，再依靠谱分析理论和计算机手段对记录信号进行分析与处理，从而得到结构的动态参量。

2. 振型

结构振动时，结构上各点的位移、速度和加速度都是时间的函数。在结构某一固有频率下，结构振动时各点的位移之间呈现出一定的比例关系，如果这时沿结构各点将其位移连接起来，即形成一定形式的曲线，这就是结构在对应某一固有频率下的一个不变的振动形式，称为对应该频率时的结构振型。为此要测定结构振型时必须对结构施加一激振力，并使结构按某一阶固有频率振动，当测得结构此时各点位移值并连成变形曲线，即可得到对应于该频率下的结构振型。

对于单自由度体系，对应于一个基本频率只有一个主振型。对于多自由度体系就可以有几个固有频率和相应的若干个振型。对应于基本频率的振型即为主振型或第一振型，对应于相应高阶频率的振型称之为高阶振型，即第二、第三振型等。

在布置激振器或施加激振力时，为易于得到需要的振型，要使激振力作用在振型曲线上位移较大的部位，应注意防止将激振力作用在振型曲线的“节”点处，即是在某一振型上结构振动时位移为“零”的不动点。为此需要在试验前通过理论计算进行初步分析，对可能产生的振型大致做到心中有数，然后决定激振力的作用点来安装激振器。

为了实测结构的振型曲线，需要沿结构高度或跨度方向连续布置水平或垂直方向的测振传感器。与静力试验一样，为了能将各测点的位移值连接形成振型曲线，一般至少要布置五个测点。对于整体结构试验，经常在各层楼面及屋面上布置测点，对于高层建筑和高耸构筑物，测点的数量只要满足能获得完整的振型曲线即可。

试验时按振动记录曲线取某一固有频率下结构振动时各测点同一时刻的位移值的连线，以获得相应频率下的结构振型曲线。这时各测点仪器必须严格同步。在量取各点位移值时必须注意振动曲线的相位，以确定位移值的正负。

对于采用自由振动时，多数用初位移或初速度法在结构可能产生最大位移值的位置进行激振，随后在自由振动状态下测取结构振型，一般情况下自由振动法只能测得结构的基频与第一主振型。

3. 阻尼

结构阻尼常用人工激振法测量。在研究结构振动问题中，阻尼对振动效应会产生很大影响，它与结构形式、材料性质、构造连接和支座等各种因素有关。在自由振动中，计算振幅

（位移）时需要考虑阻尼的影响；在强迫振动中，当动荷载的干扰频率接近结构的自振频率时，阻尼在振幅（位移）计算中起着更为重要的作用，因为阻尼的变化对振幅值的大小有着明显的影响。在结构抗震研究中，阻尼的大小对结构体系的地震反应也有直接影响，一般希望结构的阻尼越大越好，因为结构体系的阻尼大时，结构的弹性反应越小，它能很快地耗散地震荷载产生的能量。

确定阻尼可以采用自由振动法或者强迫振动法，自由振动法确定阻尼的原理简述如下。

单自由度自由振动运动方程

$$m\ddot{x}+c\dot{x}+kx=0 \tag{3-5}$$

$$\ddot{x}+2\lambda\dot{x}+\omega^2x=0 \tag{3-6}$$

$$x=Ae^{-nt}\sin(\omega't+a) \tag{3-7}$$

$$x=Ae^{-\xi\omega t}\sin(\omega't+a) \tag{3-8}$$

式中 λ——衰减系数，$\lambda=\dfrac{c}{2m}$；

ξ——结构阻尼比，$\xi=\dfrac{n}{w}$；

ω'——有阻尼时的圆频率，$\omega'=\omega\sqrt{1-\xi^2}$；

ω——不考虑阻尼时的圆频率，$\omega=\sqrt{\dfrac{k}{m}}$。

根据振动记录曲线（见图3-17），在 t_n 时刻的振幅为 $x_n=Ae^{-\xi\omega t_n}$，经过一个周期 T 后，在 t_{n+1} 时刻的振幅为 $x_{n+1}=Ae^{-\xi\omega t_{n+1}}$。则相邻周期振幅之比为

$$\frac{x_n}{x_{n+1}}=\frac{Ae^{-\xi\omega t_n}}{Ae^{-\xi\omega t_{n+1}}}=e^{-\xi\omega(t_n-t_{n+1})}=e^{\xi\omega(t_{n+1}-t_n)}=e^{\xi\omega T} \tag{3-9}$$

上式中周期 $T=\dfrac{2\pi}{w'}$，对上式两边取对数

$$\ln\frac{x_n}{x_{n+1}}=\ln e^{\xi\omega T}=\xi\omega T=\xi\omega\cdot\frac{2\pi}{\omega'}\approx 2\pi\xi \tag{3-10}$$

所以阻尼比 ξ 为

$$\xi=\frac{1}{2\pi}\ln\frac{x_n}{x_{n+1}} \tag{3-11}$$

利用上式就可以由实测振动图形所得的振幅变化来确定阻尼比 ξ。

在式（3-11）中 $\ln\dfrac{x_n}{x_{n+1}}$ 又称为对数衰减率。令 $\eta=nT=\ln\dfrac{x_n}{x_{n+1}}=2\pi\xi$，则结构的阻尼系数为

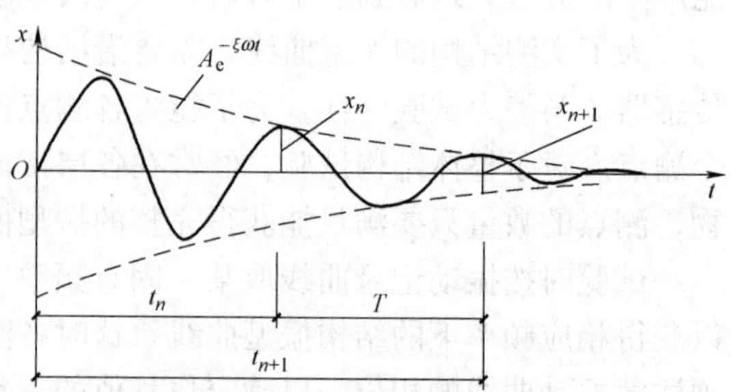

图3-17 有阻尼自由振动记录曲线

$$c=2mn=2m\frac{2\pi\xi}{T}=2m\omega\xi \tag{3-12}$$

在整个衰减过程中，λ 值不一定是常数，有可能发生变化，即在不同的波段可以求得不同的 λ 值。所以在实际工作中经常取振动图中 n 个整周期进行计算，以求得平均衰减系数。

按强迫振动的共振曲线同样可以确定结构的阻尼，其原理将在后面章节介绍。

3.4.3 结构动力荷载试验

结构动力荷载试验可以分为周期性荷载试验和非周期性荷载试验两类。

周期性动力加载的方法有偏心激振器、电液伺服加载器和单向周期性振动台等。

非周期性动力荷载试验的方法主要有模拟地震振动台试验、人工地震（人工爆破）试验和天然地震试验。

1. 周期性动力荷载试验的加载制度

(1) 强迫振动共振加载　强迫振动共振加载按加载方法的不同，它又可分为稳态正弦激振和变频正弦激振。

稳态正弦激振是在结构上作用一个按正弦变化的单方向的力。它的频率可以精确地保持为某一数值，这时对它所激起的结构振动进行测量。然后将频率调到另一数值上，重复测量。通过测量结构在各个不同频率下结构振动的振幅，可以得到结构的共振曲线。这种加载制度的目的是使激振频率固定在一段足够长的时间内，以便使全部的瞬态运动消除并建立起均匀的稳态运动。

变频正弦激振是测量结构多阶振型的试验方法之一，由于上述稳态正弦激振要求激振频率能在一段时间内保持固定不变，在实际工作中有较大的困难，满足这种要求要有比较复杂的控制设备，因此人们采用了连续变化频率的正弦激振方法。

采用一个偏心激振器激振，通过控制系统使其转速由小到大，达到比试验结构的任何一阶自振频率均要高的速度，然后关闭电源，让激振器的转速自由下降，对结构进行“扫频”。如果激振器的摩擦很小，则自由下降的时间相对会长些，并在结构各个自振频率由共振而形成较大振幅的时间也就长一些。

(2) 有控制的逐级动力反应测试试验　对于在试验室内进行的足尺或模型等结构构件的动力荷载测试试验，当采用电液伺服加载器或单向周期性振动台进行加载时，可以利用加载控制设备实现对结构进行有控制的逐级动力荷载测试。

采用电液伺服加载器对结构进行直接加载的试验中，除了控制力或控制位移的加载制度外，还可以控制加载的频率，这样对于直接对比静动试验的结果，以及更准确地研究应变速率对结构强度和变形能力的影响，是非常有意义的。

单向周期性振动台试验时，对于机械式振动台，由于激振方式主要是利用偏心质量的惯性力，所以加载制度性质与上述强迫振动的共振加载性质是一样的。当用电磁式或液压式振动台进行试验时，加载制度主要由输入控制设备的信号特性来确定，即振动幅值、加速度值和振动频率等来确定。

2. 非周期性动力荷载试验的加载设计

非周期性动力反应测试试验，有三种试验方法，一种是模拟地震振动台试验，另一种是人工地震试验，第三种是天然地震试验。

(1) 模拟地震振动台动力荷载测试试验的荷载设计　模拟地震振动台试验是在试验室内进行的，通过输入加速度、速度或位移等随机的物理量，使振动台台面产生运动，它是一种人工再现地震的试验方法。与结构静力试验一样，模拟地震振动台试验的荷载设计和试验方法的拟定也是非常重要的。如果荷载选得太大，则试件可能很快进入塑性阶段甚至破坏倒塌，这就难以完整地量测和观察到结构的弹性和弹塑性阶段的全过程，甚至还可能发生安全事故。如果荷载太小，则可能达不到预期的目的，产生不必要的重复，影响试验进展，而且多次加载还可能对构件产生损伤积累。为了获得较为系统的试验资料，必须周密地进行荷载设计。

在进行结构抗震动力试验时，振动台台面的输入一般都选用加速度，主要是加速度输入时与计算动力荷载时的方程式相一致，便于对试验结构进行理论计算和分析。此外加速度输入时的初始条件比较容易控制，由于现有强震观测记录中加速度的记录比较多，便于按频谱需要进行选择。

（2）人工地震模拟动力荷载测试试验的荷载设计　人工地震试验是利用人工引爆炸药产生地面运动以模拟地震动力作用的试验。没有室内振动试验技术的年代，人们采用地面或地下炸药爆炸的方法产生地面运动的瞬时动力效应，以此模拟某一烈度或某一确定性天然地震对结构的影响，称之为“人工地震”。

在现场安装炸药并引爆后，地面运动的基本特点是：①地面运动加速度峰值随装药量的增加而增大并且离爆心距离越近而越高；②地面运动加速度持续时间离爆心距离越远越长。这样，要使人工地震接近天然地震，而又能对结构或模型产生类似于天然地震作用的效果，必然要求装药量大，离爆心距离远，才能取得较好的效果。

（3）天然地震的荷载设计　对于天然地震，则是在频繁发生地震的地区等待天然地震对结构的动力影响。这种方法的特点是结构受地震作用的工作状态比其他试验方法更接近于真实，由于地震本身就是一种随机振动，所以不存在加载制度的设计问题。

3.4.4 结构疲劳试验

对于直接承受重复荷载的结构，如吊车梁和有悬挂吊车的屋架等，一般都要进行结构疲劳（fatigue）测试。因为结构物或构件在重复荷载作用下达到破坏时的应力比其静力强度要低得多，这种现象称为疲劳。结构疲劳检测的目的就是要了解在重复荷载作用下结构的疲劳性能及其变化规律，确定结构的疲劳极限值（包括疲劳极限荷载和疲劳极限强度）。

当疲劳应力小于某一值后，荷载次数增加不再引起破坏，这个疲劳应力值称为疲劳极限。对于承受重复荷载的结构，其控制断面的工作应力必须低于疲劳极限 σ_{np}。

对于鉴定性疲劳检测，在控制疲劳次数内测取得抗裂性及开裂荷载、裂缝宽度及其发展、最大挠度及其变化幅度、疲劳极限值的有关数据，同时应满足设计规范规定的强度、刚度、抗裂性的要求。对于研究性疲劳检测，检测项目按研究目的和要求确定。

结构疲劳测试的时间长，振动量大，通常是脆性破坏，事先没有预兆，所以对试件的安装严格要求做到以下两点：①试件、千斤顶、分配梁等严格对中，并使试件平衡，用砂浆找平时，不宜铺厚，以免厚砂浆层被压酥；②架设预防试件脆性破坏的安全墩。

具体的疲劳检测将在后续章节介绍。

3.5 观测量测设计

在进行结构试验时，为了对结构物或试件在荷载作用下的实际工作有全面的了解，为了真实而正确地反映结构的工作，这就要求利用各种仪器设备量测出结构反应的某些参数，为结构分析工作提供科学依据。因此在正式试验前，应拟定测试方案。

测试方案通常包括内容有：按整个试验目的要求，确定试验测试的项目；按确定的量测项目要求，选择测点位置；综合整体因素选择测试仪器和测定方法。

结构试验的量测技术（measuring technique of structural testing）是指通过一定的测量仪器或手段，直接或间接地取得结构性能变化的定量数据。只有取得了可靠的数据，才能对结构性能作出正确的结论，达到试验目的。由于测量数据的获得是结构试验的最终结果，因此，量测技术与设备对试验的成败具有“一锤定音”的效果，值得试验人员反复推敲。

一般来说，土木工程试验中的量测系统基本上由结构（单元）、敏感元件（感受装置）、变换器（传感器）、控制装置及指示记录系统组成。

敏感元件是从被测物接受能量，并输出一定测量数值的元件。但这一测量数值总会受到测量装置本身的干扰，好的测量装置能使这种干扰减少到最低程度。敏感元件所输出的信号是一些物理量，如位移、电压等。测力计的弹簧装置、电阻应变仪中的应变片等都是一种敏感元件。

变换器又叫传感器、换能器、转换器等，它的作用是将被测参数变换成电量，并把转换后的信号传送到控制装置中进行处理。根据能量转换形式的不同，又可将传感器分成电阻式、电感式、压电式、光电式、磁电式等。

控制装置的作用是对传感器的输出信号进行测量计算，使之能够在显示器上显示出来。控制装置中最重要的部分就是放大器，这是一种精度高、稳定性好的微信号高倍放大器。有时在控制装置中还包括振荡电路（如静态电阻应变仪）、整流回路等。

指示记录系统是用来显示所测数据的，一般分为模拟显示和数字显示两种。前者常以指针或模拟信号表示，如 $x-y$ 函数记录仪、磁带记录器；后者用数字形式显示，是比较先进的指示记录系统。

测量技术的发展是一个从简单到复杂、从单一学科到多学科互相渗透的过程。从起初的机械式量测仪器，是利用杠杆、齿轮、螺杆、弹簧、滑轮、指针、刻度盘等，将被测量值进行放大，转化为长度的变化，再以刻度的形式显示出来；随着电子技术的日新月异，结构试验越来越多地应用电测仪器，这些仪器能够将各种试验参数转变为电阻、电容、电压、电感等电量参数，然后加以测量，这种量测技术通常又被称为“非电量的电测技术”。目前，量测仪器的发展趋势主要体现在数字化与集成化两个方面，许多仪器均属声、光、电联合使用的复合式设备。

结构试验的主要测量参数包括外力（支座反力、外荷载）、内力（钢筋的应力、混凝土的拉、压力）、变形（挠度、转角、曲率）、裂缝等。相应的量测仪器包括荷重传感器、电阻应变仪、位移计、读数显微镜等。这些设备按其工作原理可分为机械式、电测式、光学式、复合式、伺服式；按仪器与试件的位置关系可分为附着式与手持式、接触式与非接触式、绝对式与相对式；按设备的显示与记录方式又可分为直读式与自动记录式、模拟式和数字式。

无论测量仪器的种类有多少，其基本性能指标主要包括以下几个方面：

（1）刻度值 A（最小分度值）　仪器指示装置的每一刻度所代表的被测量值，通常也表示该设备所能显示的最小测量值（最小分度值）。在整个量测范围内 A 可能为常数，也可能不是常数。例如，千分表的最小分度值为0.001mm，百分表则为0.01mm。

（2）量程 S　仪器的最大测量范围即量程，在动态测试（如房屋或桥梁的自振周期）中又称作动态范围。例如，千分表的量程是1.0mm，某静态电阻应变仪的最大测量范围是50，000με等。

（3）灵敏度K　被测物理量单位值的变化引起仪器读数值的改变量叫做灵敏度，也可用仪器的输出与输入量的比值来表示，数值上它与精度互为倒数。例如，电测位移计的灵敏度=输出电压/输入位移。

（4）测量精度　表示量测结果与真值符合程度的量称为精度或准确度，它能够反映仪器所具有的可读数能力或最小分辨率。从误差观点来看，精度反映了量测结果中的各类误差，包括系统误差与偶然误差，因此，可以用绝对误差和相对误差来表示测量精度，在结构试验中，更多的用相对于满量程的百分数来表示测量精度。很多仪器的测量精度与最小分度值是用相同的数值来表示的。例如，千分表的测量精度与最小分度值均为0.001mm。

（5）滞后量H　当输入由小增大和由大减小时，对于同一个输入量将得到大小不同的输出量。在量程范围内，这种差别的最大值称为滞后量H，滞后量越小越好。

（6）信噪比　仪器测得的信号中信号与噪声的比值，称作信噪比，以杜比（dB）值来表示。这个比值越大，测量效果越好，信噪比对结构的动力特性测试影响很大。

（7）稳定性　指仪器受环境条件干扰影响后其指示值的稳定程度。

3.5.1　观测项目的确定

结构在荷载作用下的各种变形可以分为两类：一类是反映结构整体工作状况，如梁的挠度、转角、支座偏移等，叫做整体变形，又叫基本变形；另一类是反映结构的局部工作状况，如应变、裂缝、钢筋滑移等，叫做局部变形。

在确定试验的观测项目时，首先应该考虑整体变形，因为整体变形能够概括结构工作的全貌，可以基本上反映出结构的工作状况。对梁来说，首先就是挠度，转角的测定往往用来分析超静定连续结构。

对于某些构件，局部变形也是很重要的。例如，钢筋混凝土结构的裂缝出现，能直接说明其抗裂性能；再如，在作非破坏试验进行应力分析时，截面上的最大应变往往是推断结构极限强度的最重要指标。因此只要条件许可，根据试验目的，也经常需要测定一些局部变形的项目。

总的来说，破坏性试验本身能够充分地说明问题，观测项目和测点可以少些；非破坏性试验的观测项目和测点布置则必须满足分析和推断结构工作状况的最低需要。表3-3～表3-5列举了一些结构试验中的测试内容，以供参考。

表3-3　结构静力试验中常用参量汇总表

结构名称	结构分类	
	混凝土等非金属结构	金属结构
梁	1. 荷载、支座反力； 2. 支座位移、最大位移、位移曲线、曲率、转角、裂缝； 3. 混凝土应变、钢筋应变、箍筋应变、梁截面应力分布； 4. 破坏特征	1.（同左）； 2.（同左）； 3. 跨中及支座截面应力分布； 4.（同左）
板	（参考上）	—

（续）

结构名称	结构分类	
	混凝土等非金属结构	金属结构
柱	1. 荷载； 2. 支座位移、水平弯曲位移、裂缝； 3. 混凝土应变、钢筋应变、箍筋应变、柱截面应力分布； 4. 破坏特征	1.（同左）； 2.（同左）； 3. 跨中及柱头截面应力分布； 4.（同左）
墙	1. 荷载； 2. 支座位移、平面外位移曲线、曲率、转角、裂缝； 3. 混凝土应变、纵横钢筋应变、纵横截面应力分布、剪切应变； 4. 破坏特征	—
屋架	1. 荷载、支座反力； 2. 支座位移、整体最大位移、裂缝； 3. 上下弦杆以及腹杆混凝土应变、钢筋应变、箍筋应变、屋架端头以及节点混凝土剪切应力分布； 4. 破坏特征	1.（同左）； 2.（同左）； 3. 上下弦杆以及腹杆混凝土应变、屋架端头以及节点处剪切应力分布； 4.（同左）
排架	1. 荷载； 2. 支座位移、最大位移、位移曲线、曲率、转角、裂缝； 3. 混凝土应变、钢筋应变、箍筋应变、梁截面应力分布； 4. 破坏特征	1.（同左）； 2.（同左）； 3. 构件截面应力分布； 4.（同左）
桥	1. 荷载； 2. 支座位移、最大位移、位移曲线、裂缝； 3. 根据测试目的确定测试构件及其应力（应变）的分布点； 4. 破坏特征	1.（同左）； 2.（同左）； 3.（同左）； 4.（同左）

表 3-4 结构伪静力试验中常用参量汇总表

分类	检测内容
杆件	1. 荷载、支座反力； 2. 支座位移、最大位移、曲率、转角、裂缝； 3. 杆件截面应力分布； 4. 滞回曲线，破坏特征
节点	1. 荷载； 2. 支座位移、转角、裂缝； 3. 根据测试目的确定节点应力（应变）的分布点； 4. 滞回曲线，破坏特征
结构	1. 荷载、支座反力； 2. 支座位移、最大位移、曲率、转角、裂缝； 3. 根据测试目的确定结构的测试部位及其应力（应变）的分布点； 4. 滞回曲线，破坏特征

表 3-5 结构拟动力试验、振动台试验的常用参量汇总表

分类	检测内容
杆件	1. 输入的加速度（或速度、或位移）时程曲线； 2. 输出的加速度（或力、或速度、或位移、或应变）时程曲线； 3. 裂缝开展状况，结构破坏特征

3.5.2 测点的选择与布置

利用仪器仪表对试件的各类反应进行测量时，由于一个仪表只能测量一个测试点，因此，测量结构物的力学性能往往需要利用较多数量的测量仪表。一般来说，量测的点位越多越能了解结构物的应力和变形情况。但是在满足试验目的的前提下，测点还是宜少不宜多，这样不仅可以节省仪器设备，避免人力浪费，而且使试验工作重点突出，精力集中，提高效率和保证质量。在测量工作之前，应该利用已知的力学和结构理论对结构进行初步估算，然后合理地布置测量点位，力求减少试验工作量而尽可能获得必要的数据资料。这样，测点的数量和布置必须是充分合理，同时是足够的。

对于一个新型结构或科研的新课题，由于对它缺乏认识，可以采用逐步逼近由粗到细的办法，先测定较少点位的力学数据，经过初步分析后再补充适量的测点，再分析再补充，直到能足够了解结构物的性能为止。有时也可以作一些简单的试验进行定性后再决定测量点位。测点的位置必须要有代表性，以便于分析和计算。

在测量工作中，为了保证测量数据的可靠性，还应该布置一定数量的校核性测点，由于在试验量测过程中部分测量仪器工作不正常，发生故障，以及很多偶然因素影响量测数据的可靠性，因此不仅在需要知道应力和变形的位置上布置测点，也要求在已知应力和变形的位置上布点。这样就可以获得两组测量数据，前者称为测量数据，后者称为控制数据或校核数据。如果控制数据在量测过程中是正常的，可以相信测量数据是比较可靠的；反之，则测量数据的可靠性就差了。

测点的布置应有利于试验时操作和测读，不便于观测读数的测点，往往不能提供可靠的结果。为了测读方便，减少观测人员，测点的布置宜适当集中，便于一人管理若干个仪器。不便于测读和不便于安装仪器的部位，最好不设测点；如必须安装，要妥善考虑安全措施，或者选择特殊的仪器或测定方法来满足测量的要求。

3.5.3 仪器的选择与测读的原则

1. 仪器的选择

在选择仪器时，必须从试验实际需要出发，使所用仪器能很好地符合量测所需的精度与量程要求，但是防止盲目选用高准确度和高灵敏度的精密仪器。一般的试验，要求测定结果的相对误差不超过5%，同时，应使仪表的最小刻度值小于5%的最大被测值。

仪器的量程应该满足最大测量值的需要。若在试验中途调整，必然会导致测量误差增大，应当尽量避免。为此，仪器最大被测值宜小于选用仪表量程的80%，一般以量程的1/5～2/3 范围为宜。

选择仪表时必须考虑测读方便省时，必要时须采用自动记录装置。

为了简化工作，避免差错，量测仪器的型号规格应尽可能一致，种类越少越好。有时为了控制观测结果的正确性，常在校核测点上使用另一种类型的仪器。

动力试验使用的仪表，尤其应注意仪表的线性范围、频响特性和相位特性等，要满足试验量测的要求。

2. 读数的原则

在进行测读时，一般原则是全部仪器的读数必须同时进行，至少也要基本上同时。

目前如能使用多点自动记录应变仪进行自动巡回检测，则对于进入弹塑性阶段的试件跟踪记录尤为合适。

观测时间一般应选在载荷过程中的加载间歇时间内的某一时刻。测读间歇可根据荷载分级粗细和荷载维持时间长短而定

每次记录仪器读数时，应该同时记下周围的环境温度。

重要的数据应边做记录，边做初步整理，同时算出每级荷载下的读数差，与预计的理论值进行比较。

3.6　应变测量

应变测量（measurement of strain）是结构试验中的基本测量内容，主要包括钢筋局部的微应变和混凝土表面的变形测量。另外，由于直接测定构件截面的应力目前还没有较好的方法，因此，结构或构件的内力（钢筋的拉压力）、支座反力等参数实际上也是先测量应变，然后再通过 $\sigma=E\varepsilon$ 或 $F=EA\varepsilon$ 转化成应力或力，或由已知的 σ-ε 关系曲线查得应力。由此可见，应变测量在结构试验测量内容中具有极其重要的地位，它往往是测量其他物理量的基础。

应变测量的方法和仪表很多，主要有电测与机测两类。机测是指机械式仪表，如双杠杆应变仪、手持应变仪。机械式仪表适用于各种建筑结构在长时间过程中的变形，无论是构件制作过程中变形的测量，还是结构在试验过程中变形的观察，均可采用，特别适用于野外和现场作业条件下结构变形的测试。机测法简单易行，适用于现场作业或精度要求不高的场合。电测法步骤较多，但精度更高、适用范围更广。因此，目前大多数结构试验，特别是在试验室内进行的试验，基本上均采用电测法进行应变测量。

3.6.1　测量电路

通过前面章节应变片原理的分析可知：电阻值的变化量往往非常小。那么，如何通过测量电路将这样小的电阻变化值进行放大，就成为测量电路设计的关键问题。事实上，电阻应变仪的测量电路一般均采用惠斯顿电桥来解决这个矛盾。

1. 偏位法

图3-18所示是惠斯顿电桥的基本桥路，输出电压 U_{BD} 与输入电压 U 之间的关系如下

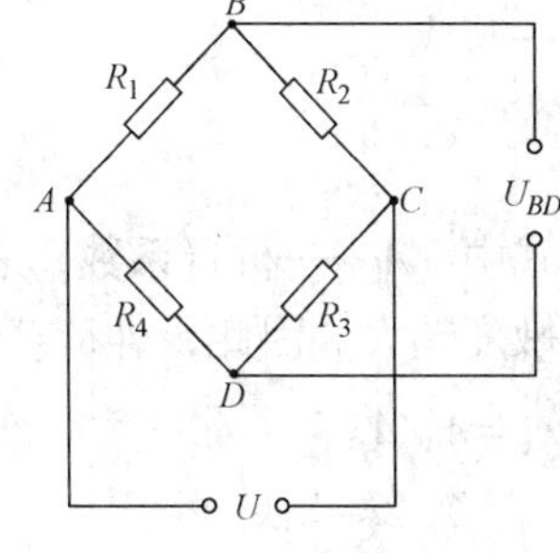

图3-18　惠斯顿电桥

$$U_{BD}=U_{BA}-U_{DA}=U\frac{R_1}{R_1+R_2}-U\frac{R_4}{R_4+R_3}=U\frac{R_1R_3-R_2R_4}{(R_1+R_2)(R_3+R_4)} \tag{3-13}$$

当 $R_1R_3=R_2R_4$ 时，输出电压 $U_{BD}=0$，称为电桥平衡。如果某一个桥臂的电阻发生了变化，则输出电压 $U_{BD}\neq0$，称为电桥不平衡。例如，当 AB 桥上的电阻从平衡时的阻值 R_1 变化到 $R_1+\Delta R_1$ 时，根据上式，有

$$U_{BD}=U_{BA}-U_{DA}=U\frac{R_1+\Delta R_1}{R_1+\Delta R_1+R_2}-U\frac{R_4}{R_4+R_3}\approx U\frac{R_2R_4}{(R_1+R_2)(R_3+R_4)}\frac{\Delta R_1}{R_1} \tag{3-14}$$

如果 AB 桥路上的电阻不是在应变仪的测量电路中，而是放在被测构件上，那么上式又可写成

$$U_{BD} \approx U\frac{R_2R_4}{(R_1+R_2)(R_3+R_4)}K\varepsilon \tag{3-15}$$

由此可见，输出电压 U_{BD}与构件的应变成线性关系，知道了输出电压 U_{BD}，也就可以求出构件的应变值。由于 4 个桥路（AB、BC、CD、DA）中只有 AB 桥路作为工作片接在被测试件上，因此，这种接法又称 1/4 电桥（quarter-bridge circuit）；同理，接 2 个应变片（R_1，R_2为工作片），则称为半桥接法（half-bridge circuit）；接 4 个应变片（R_1，R_2，R_3，R_4）均为工作片，则称为全桥接法（full-bridge circuit）。

对于全桥测量，设 4 个桥臂的电阻变化量分别为 ΔR_1、ΔR_2、ΔR_3、ΔR_4，且变化前电桥平衡，则

$$U_{BD} = U\frac{R_2R_4}{(R_1+R_2)(R_3+R_4)}\left(\frac{\Delta R_1}{R_1}-\frac{\Delta R_2}{R_2}+\frac{\Delta R_3}{R_3}-\frac{\Delta R_4}{R_4}\right) \tag{3-16}$$

式（3-16）中忽略了分母中 ΔR_i 项及分子中 ΔR_i^2 的高阶小量。此时，如果 4 个应变片的规格相同，则有

$$U_{BD} = \frac{1}{4}UK(\varepsilon_1-\varepsilon_2+\varepsilon_3-\varepsilon_4) \tag{3-17}$$

式（3-17）说明：4 个桥臂都工作时，输出电压和 4 个桥臂的电阻应变率有关，应变仪的总读数应变等于 $\varepsilon_1-\varepsilon_2+\varepsilon_3-\varepsilon_4$。

同理，对半桥测量，可写成

$$U_{BD} = \frac{U}{4}\left(\frac{\Delta R_1}{R_1}-\frac{\Delta R_2}{R_2}\right) = \frac{1}{4}UK(\varepsilon_1-\varepsilon_2) \tag{3-18}$$

由式（3-18）可见，电桥的相邻桥臂电阻变化的符号相反，成相减输出；相对桥臂符号相同，成相加输出。这种利用桥路的不平衡输出进行测量的方法称为直读法或偏位法（method of offset circuitry）。偏位法一般用于动态应变（即应变仪测量信号与时间有关）的测量。

另外，如果各电阻应变片的阻值 R 相同，且电阻的变化值 ΔR 也相同，那么，公式可统一写成

$$U_{BD} = \frac{1}{4}AUK\varepsilon \tag{3-19}$$

式中 A——桥臂系数，表示电桥对输入电压 U 的提高倍数。A 越大，则说明该种桥路的灵敏度越大。因此，外荷载作用下的实际应变 ε_t，应该是实测应变 ε_0 与桥臂系数 A 之比，即 $\varepsilon_t=\varepsilon_0/A$。

2. 零位法

偏位法的输出电压易受电源电压不稳定的干扰，零位法（method of offset nulling circuitry）正是为了克服这个问题而提出的。

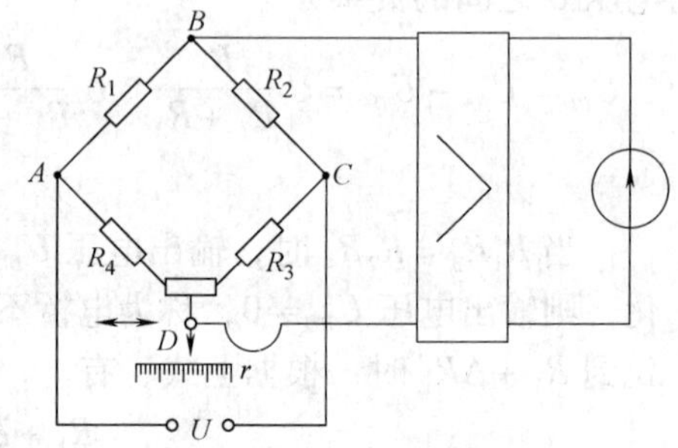

图 3-19 零位法测量电路

如图 3-19 所示，若在电桥的两臂之间接入一个可变电阻，当试件受力电桥失去平衡后，调节可变电阻，使 R_3 增加 Δr，R_4减少 Δr，电桥将重新平衡，根据平衡条件

$$(R_1+\Delta R_1)(R_4-\Delta r)=R_2(R_3+\Delta r) \tag{3-20}$$

若 $R_1=R_2=R'$、$R_3=R_4=R''$，并忽略 Δr^2 的高阶小量，则式（3-20）可转化为

$$\varepsilon=\frac{1}{K}\frac{\Delta R_1}{R_1}=2\frac{\Delta r}{KR''} \tag{3-21}$$

式（3-21）说明了电桥重新平衡时的可变电阻值 Δr 与试件的应变 ε 成线性关系，此时电流计起指示电桥平衡与否的作用，故可以避免偏位法测量电压不稳的缺点。此法称零位法测定，零位法一般用于静态应变（即应变仪测量信号与时间无关）的测量。

3. 电阻应变片的温度补偿

在一般情况下，试验环境的温度总是变化的，即温度变化总是伴随着载荷作用在应变片和试件上。当温度变化时，由温度产生的虚假应变（视应变）是不能忽略的，必须消除，主要是利用惠斯顿电桥桥路的特性进行的，称为温度补偿（compensating for temperature）。

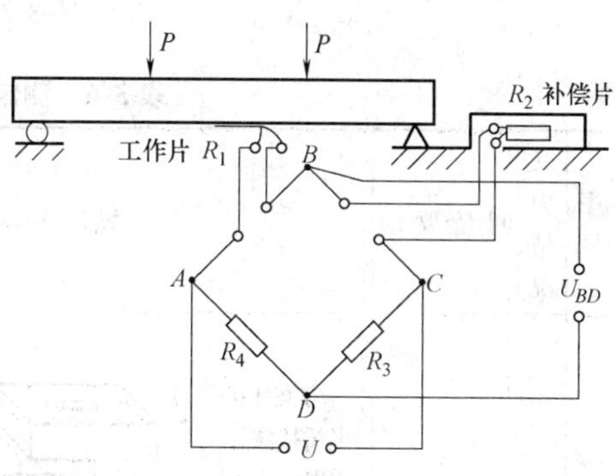

图 3-20 温度补偿示意图

如图 3-20 所示，在电桥 BC 臂上接一个与工作片 R_1 阻值相同的应变片 R_2，$R_2=R_1=R$（温度补偿片），将 R_2 贴在一个与试件材料相同，并置于试件附近的位置，因为 R_1、R_2 具有同样的温度变化条件，但 R_2 不受外力作用，因此 $\Delta R_2=\Delta R_{\varepsilon t}$（由温度产生的阻值变化），而 ΔR_1 既受外力作用又受温度影响，故有 $\Delta R_1=\Delta R_s+\Delta R_{\varepsilon t}$。根据公式有

$$U_{BD}=\frac{U}{4}\left(\frac{\Delta R_s+\Delta R_{\varepsilon t}}{R}-\frac{\Delta R_{\varepsilon t}}{R}\right)=\frac{U}{4}\frac{\Delta R_s}{R}=\frac{UK}{4}\varepsilon \tag{3-22}$$

可见，温度产生的视应变将通过惠斯顿电桥自动得到消除。由此进一步可知：如果试件上的两个工作片阻值相同（$R_2=R_1=R$），并且应变的符号相反，则式（3-22）可写成

$$U_{BD}=\frac{U}{4}\left(\frac{\Delta R_s+\Delta R_{\varepsilon t}}{R}-\frac{-\Delta R_s+\Delta R_{\varepsilon t}}{R}\right)=\frac{U}{2}\frac{\Delta R_s}{R}=\frac{UK}{2}\varepsilon \tag{3-23}$$

即 $R_2=R_1$ 互为温度补偿片。但这种方法一般不适用于混凝土等非匀质材料或非对称截面的匀质材料试件的测量。

以上的这种温度补偿称为桥路补偿。该方法的优点是方法简单、经济易行，在常温下效果较好。其缺点是在温度变化大的条件下，补偿效果差；另外，很难做到补偿片与工作片所处的温度完全一致，因而影响补偿效果。

目前除桥路补偿外，还有用温度自补偿应变片的方法来解决温度的影响，但主要用于机械类试验中，土木工程结构试验中较少采用。

3.6.2 实用桥路

根据具体的试验条件，并结合材料力学的有关知识，可以通过合理地选择接桥方法，以便获得更大、更灵敏的电桥输出值。

接桥方法的原则是：在满足特殊要求的条件下，选择测量电桥输出电压较高、桥臂系数大，能实现温度互补且便于分析的接桥方法。电测法的一般过程如图 3-21 所示，几种常见

的接桥方法见表 3-6。

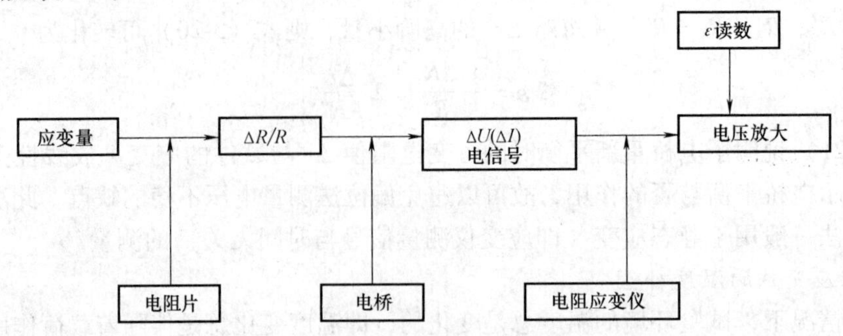

图 3-21 电测法的一般流程

表 3-6 测定各种荷载的布片和接桥方法

序号	受力情况	测量要求	贴片及桥接方式	输出电压	实际应变 ε 与应变仪读数 $\varepsilon_{仪}$ 的关系	特点
1	拉伸或压缩	(1)测轴向力产生的应变，或测轴向力；(2)消除竖直平面内弯矩的影响；(3)补偿温度效应	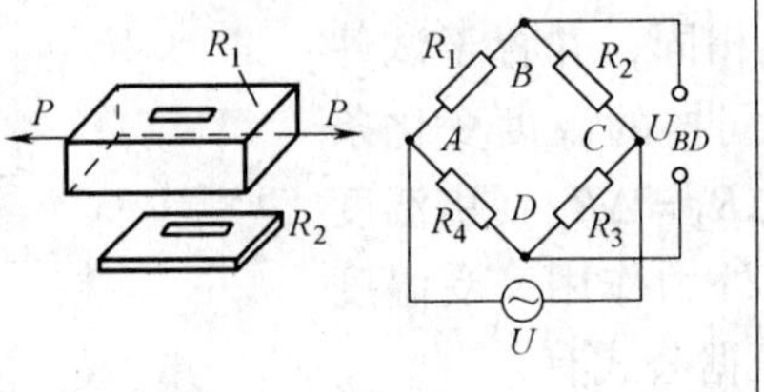 方案1：半桥接法，单臂工作，另设温度补偿片 R_2 a)	$U_{BD}=\frac{1}{4}UK\varepsilon$	$\varepsilon=\varepsilon_{仪}$	不易消除由于偏心荷载作用引起的弯曲影响
2			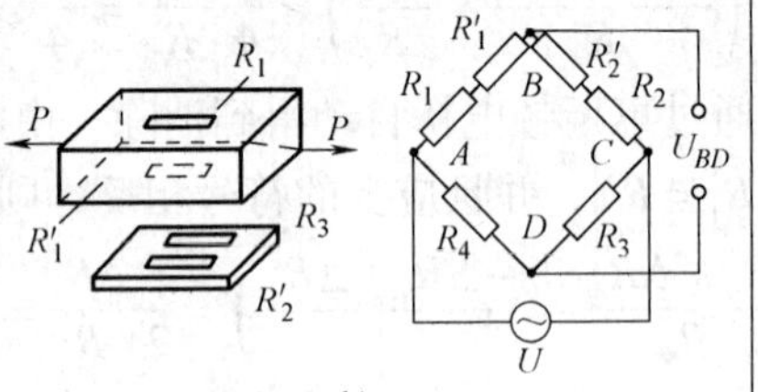 方案2：半桥接法，单臂串联工作，另设温度补偿片 b)	$U_{BD}=\frac{1}{4}UK\varepsilon$	$\varepsilon=\varepsilon_{仪}$	因有平均作用能消除偏心荷载作用引起的弯曲影响
3			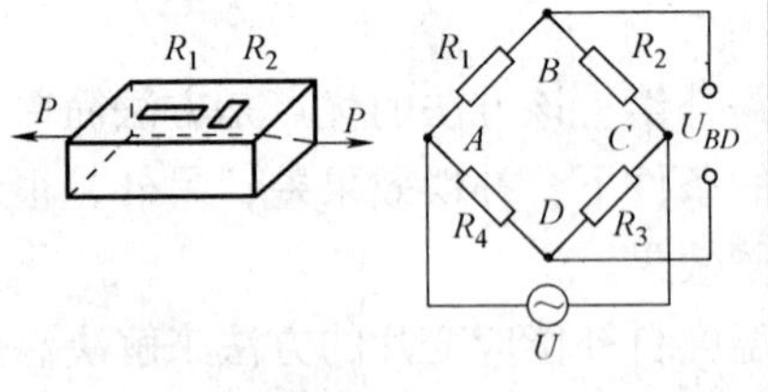 方案3：半桥接法，双臂工作，不另设补偿片 c)	$U_{BD}=\frac{1+\mu}{4}UK\varepsilon$	$\varepsilon=\frac{\varepsilon_{仪}}{1+\mu}$	输出电压提高到 $(1+\mu)$ 倍，不能消除偏心荷载作用引起的弯曲影响
4			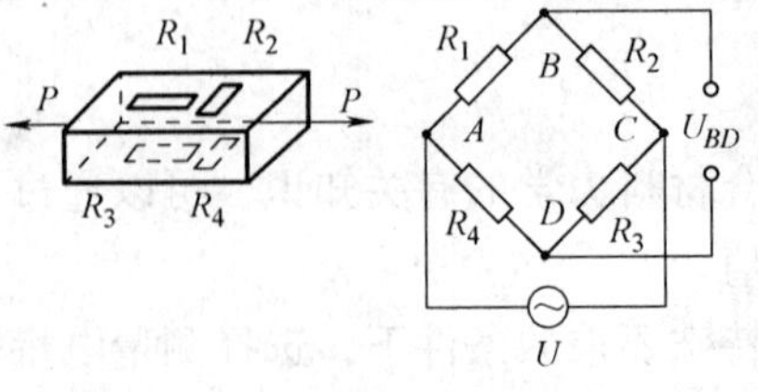 方案4：全桥接法，四臂工作，不另设温度补偿片 d)	$U_{BD}=\frac{1+\mu}{2}UK\varepsilon$	$\varepsilon=\frac{\varepsilon_{仪}}{2(1+\mu)}$	输出电压提高到 $2(1+\mu)$ 倍，因有平均作用能消除弯曲影响

（续）

序号	受力情况	测量要求	贴片及桥接方式		输出电压	实际应变 ε 与应变仪读数 $\varepsilon_{仪}$ 的关系	特点
5	弯曲	（1）测弯矩产生的应力或测弯矩；（2）消除轴力的影响；（3）补偿温度效应	方案1：半桥接法，双臂工作，不另设温度补偿片	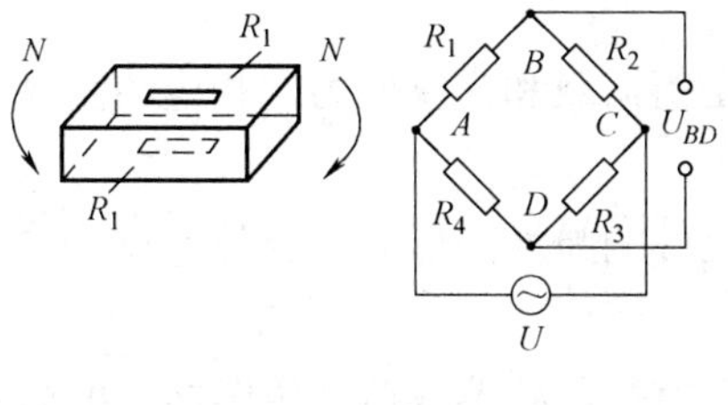 e)	$U_{BD}=\frac{1}{2}UK\varepsilon$	$\varepsilon=\frac{\varepsilon_{仪}}{2}$	输出电压提高1倍，能消除轴向拉（压）影响
6			方案2：全桥接法，四臂工作，不另设温度补偿片	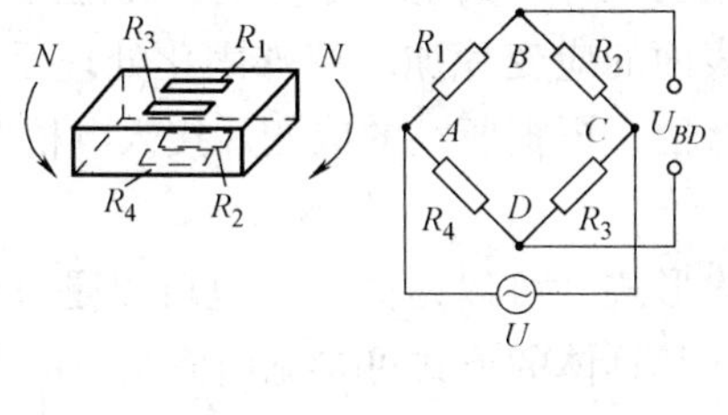 f)	$U_{BD}=UK\varepsilon$	$\varepsilon=\frac{\varepsilon_{仪}}{4}$	输出电压提高到4倍，能消除拉（压）影响
7	拉弯扭	（1）只测拉应变；（2）消除弯曲应变和扭转应变	方案：全桥接法，四臂工作，不另设温度补偿片	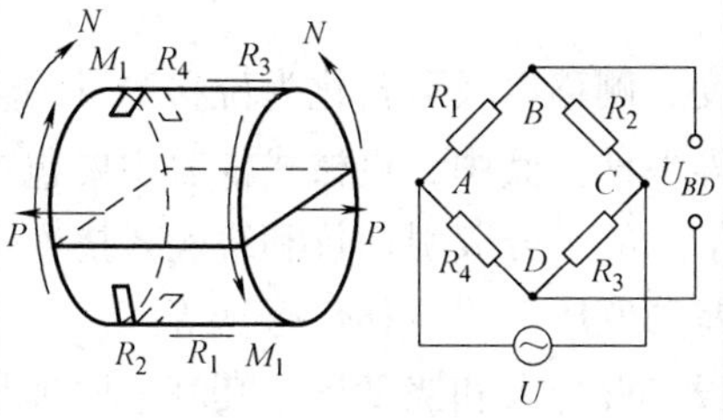 g)	$U_{BD}=\frac{1+\mu}{2}UK\varepsilon$	$\varepsilon=\frac{\varepsilon_{仪}}{2(1+\mu)}$	输出电压提高到2(1+μ)倍，因有平均作用能消除弯曲影响
8		（1）只测弯曲应变；（2）消除拉应变和扭转应变	方案：半桥接法，双臂工作，不另设温度补偿片	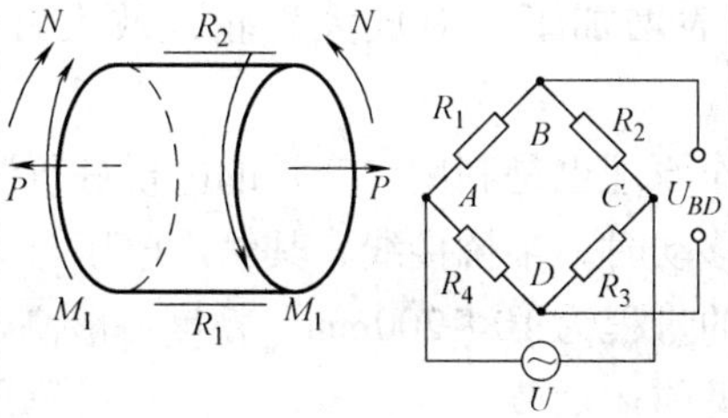 h)	$U_{BD}=\frac{1}{2}UK\varepsilon$	$\varepsilon=\frac{\varepsilon_{仪}}{2}$	输出电压提高1倍，能消除轴向拉（压）影响
9		（1）只测扭转应变；（2）消除拉应变	方案：全桥接法，四臂工作，不另设温度补偿片	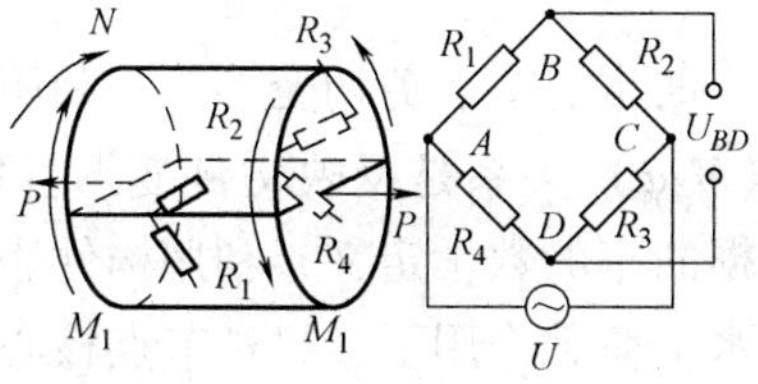 i)	$U_{BD}=UK\varepsilon$	$\varepsilon=\frac{\varepsilon_{仪}}{4}$	输出电压提高到4倍，能消除拉伸和弯曲影响

3.7 其他参数测量

3.7.1 力的测量

结构静力试验中的力，主要是指荷载和支座反力。相应的测量方法也可分机械式与电测式两种。

机械式测力仪器是利用弹性元件的弹性变形与所受外力成一定比例关系而制成的，如环箍式拉力计、环箍式压力计等。

电测式仪器又称电子测力计、负荷传感器或荷载传感器。根据荷载性质不同，负荷传感器的形式有拉伸型、压缩型和通用型三种。其基本原理是：弹性元件把被测力的变化转变为应变量的变化，粘贴在传感器内表面的应变片加以特殊固化处理后，则能感受到此应变量，因而可将其转换成电阻的变化；然后，再把所贴的应变片接入电桥线路中，则电桥的输出变化就正比于被测力的变化。

传感器的弹性元件有多种结构形式，可以是圆柱，也可以是方柱；根据载荷量的大小，可以是实心柱，也可以是空心柱。其具体的形式可参见前面章节的介绍。

3.7.2 位移的测量

结构的位移主要指构件的挠度、侧移以及可转化为位移测量的转角等参数。测量位移的仪器有机械式、电子式及光电式等多种。其中，机械式仪表主要包括建筑结构试验中常用的接触式位移计，以及桥梁试验中常用的千分表引伸仪和绕丝式挠度计。电子式仪表包括广泛采用的滑线电阻式位移传感器和差动变压器式位移传感器等。

接触式位移计主要包括千分表、百分表和挠度计。其基本原理是：测杆上下运动时，测杆上的齿条就带动齿轮，使长、短针同时按一定比例关系转动，从而表示出测杆相对于表壳的位移值。与百分表相比，千分表增加了一对放大齿轮或放大杠杆，因此灵敏度提高了10倍。

滑线电阻式位移传感器的工作原理也是利用应变片的电桥进行测量。测杆通过触头可调节滑线电阻的阻值，当测杆向下移动时，半桥接线，其输出电压与应变成正比，即与位移也成正比。这种滑线电阻式位移计的量程为10~200mm，精度一般高于百分表2~3倍。

常用的接触式位移计及性能见前述章节。

3.7.3 其他测量

其他常用的测量内容包括转角、曲率、节点剪切变形等。利用两个百分表就可以测出构件的转角。受弯构件的弯矩-曲率（M-φ）关系是反映构件变形性能的主要指标，当构件表面变形符合二次抛物线时，可以根据曲率的数学定义，利用构件表面两点的挠度差，近似计算测区内构件的曲率。框架结构在水平荷载作用下，梁柱节点核心区将产生剪切变形，这种剪切变形可以用核心区角度的改变量来表示，并通过用百分表或千分表测量核心区对角线的改变量来间接求得。

3.7.4 裂缝的检测

对于钢筋混凝土结构试验来说，裂缝的出现与分布特征具有重要意义。目前，裂缝观察主要靠肉眼或借助于放大镜。在试验前可先用石灰浆均匀地刷在试件表面并待其干燥；试件受荷后，便会在石灰涂层表面留下裂缝，这种裂缝实际上就显示出了混凝土表面的开裂过程，这种简单的方法即为白色涂层法。除此之外，目前比较先进的方法还有裂纹扩展片法、脆漆涂层法、光弹贴片法等。测量裂缝宽度常用读数显微镜，它是由物镜、目镜、刻度分划板组成的光学系统。

3.8 结构试验与材料力学性能的关系

一个结构或构件的受力和变形特点，除受荷载等外界因素影响外，还取决于组成这个结构或构件的材料内部抵抗外力的性能。可见，建筑材料的性能直接影响到结构或构件的质量，因此对于结构材料性能的检验与测定是结构试验中的一个重要的组成部分，在正式试验之前，测定结构材料的实际物理力学性能（physical mechanical property），对于在结构试验前或试验过程中正确估计结构的承载力和实际工作状况，以及在试验后整理试验数据，分析、处理试验结果等工作中都有非常重要的意义。

测定项目通常有强度（strength）、变形性能（behavior of inflection）、弹性模量（modulus of elasticity）、泊松比（Poisson′s ratio）、应力-应变关系（relationship of stress-strain）等。

测定的方法有直接测定法（direct mensuration）和间接测定法（indirect mensuration）两种。

直接测定法就是在制作结构或构件时留下材料并按规定制作成标准试件，然后在试验机上用规定的标准试验方法通过加荷试验进行测定。直接试验法是最普通和最基本的测定方法，这时要求材料应该尽可能与结构试件的工作情况相同，对钢筋混凝土结构来说，应该使其材性、级配、龄期、养护条件和加荷速度等保持一致，同时必须注意，如果采用的试件尺寸和试验方法有别于标准试件时，则应将试验结果按规定换算到标准试件的结果，就是在制作结构构件的同时，留出足够组数的标准试件，配合试验研究工作的需要，测定相应的参数。

间接试验法也称为非破损试验法，对于已建结构的生产鉴定性试验，由于结构的材料力学性能随时间发生变化，为判断结构的目前实际承载能力，在没有同条件试块的情况下，必须通过对结构各部位现有材料的力学性能检测来决定。非破损试验是采用某种专用设备或仪器，直接在结构上测量与材料强度有关的另一物理量，如硬度、回弹值、声波传播速度等，通过理论关系或经验公式间接测得材料的力学性能。半破损试验是在结构或构件上进行局部微破损或直接取样的方法，推算出材料的强度，由试验所得到的力学性能直接鉴定结构构件的承载力。

3.8.1 混凝土材料物理力学性能测定

这里就混凝土的应力-应变曲线（stress-strain curve）的测定方法作简单介绍。混凝土是一种弹塑性材料，应力-应变关系比较复杂，标准棱柱体抗压的应力-应变全过程曲线（见

图 3-22）对混凝土结构的某些方面研究，如长期强度、延性和疲劳强度试验等都具有十分重要的意义。

测定全过程曲线的必要条件是：试验机应有足够的刚度，使试验机加载后所释放的弹性应变与试件的峰值点 C 的应变之和不大于试件破坏时的总应变值。否则，试验机释放的弹性应变能产生的动力效应会把试件击碎，曲线只能测至 C 点，在普通试验机上进行测定就是这种情况。

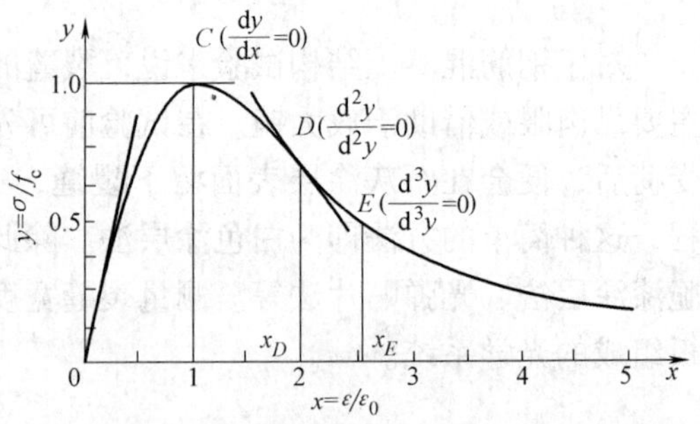

图 3-22 普通混凝土轴压 σ-ε 曲线

目前，最有效的方法是采用刚度足够大的电液伺服试验机，以等应变控制方法加载。若在普通液压试验机上试验，则应增设刚性装置，以吸收试验机所释放的动力效应能。刚性元件要求刚度常数大，一般不小于 100kN/mm；允许变形大，能适应混凝土曲线下降段的巨大应变。增设刚性装置后，试验后期荷载仍不应超过试验机的最大加载能力。刚性装置可用弹簧或同步液压加载器等。

另外，混凝土在大厚度和大体积结构中，或浇筑在其他物体内，实际上是在复合应力状态下工作。当其在三向受压工作时，主应力比、强度、极限变形等也将大大改变。为了正确认识这些性能，需要在三轴应力试验机上进行测定。三轴应力试验机有两个液压系统，一个施加水平轴向压力，一个施加垂直轴向压力，试验机技术要求与其他压力试验机基本相同。

3.8.2 钢材物理力学性能测定

钢材力学性能一般采用拉伸试验测定。拉伸试验是在试验机上拉伸试样，试样在不断增加拉力的作用下被拉长，同时测量应力和应变。低碳钢典型的应力-应变曲线如图 3-23 所示。

这些曲线是通过读出试验机上连续的读数并记录下这些数据得到的。安装在试验机上的电子传感器也可以记录下这些数据并将它们传送到记录点。从应力-应变曲线可以得到钢材的很多信息：

1）弹性模量。在应力-应变曲线上，屈服点下面的直线部分的倾斜度表示材料的拉伸弹性模量，倾斜度越大，材料的刚度越大。

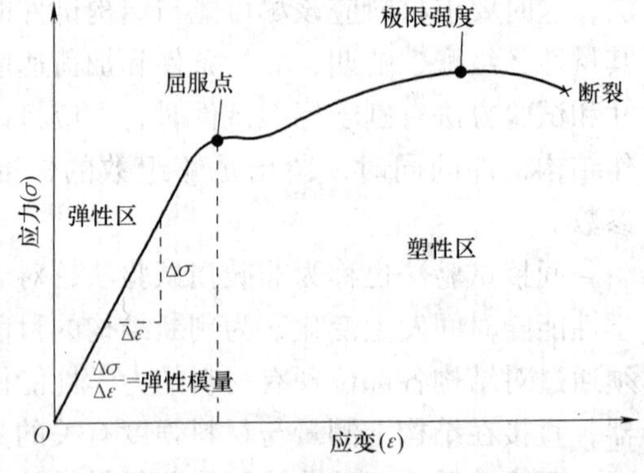

图 3-23 低碳钢典型的应力-应变曲线

2）弹性极限。金属材料在所有的载荷从试样上撤除后，在不出现永久拉伸量时所能承受的最大应力，在弹性极限范围内，任何应变都很小并且都可以恢复。

3）比例极限。在应力-应变曲线中直线部分（即应力-应变成比例情况下），材料所能承受的最大应力。在实际应用中，弹性极限和比例极限由同一个应力产生。

4）屈服强度。当应力小于该点的数值时，材料不会发生永久的伸长，应力可以从零增加到屈服强度点。应力超过该点数值时，材料会发生永久伸长。

5）极限拉伸强度，是钢材遭受破坏前所承受的最大应力。

3.9 荷载反力设备

3.9.1 支座

结构试验中的支座是支撑结构、正确传力和模拟实际荷载图式的设备，通常由支墩和铰支座组成。

支墩在现场多用砖块临时砌成，支墩上部应有足够大的、平整的支承面，最好在砌筑时铺设钢板。支墩本身的强度必须要进行验算，支承底面积要按地基耐力来复核，保证试验时不致发生沉陷或过度变形，在试验室内可用钢或钢筋混凝土制成专用设备。

支座按受力性质不同有嵌固端支座和铰支座之分。铰支座一般均用钢材制作，按自由度不同分为滚动铰支座、固定铰支座和嵌固端支座三种形式，如图3-24所示；按形状不同分为轴铰支座和球铰支座；按活动方向不同分为单向铰支座和双向铰支座。铰支座设计的基本要求：

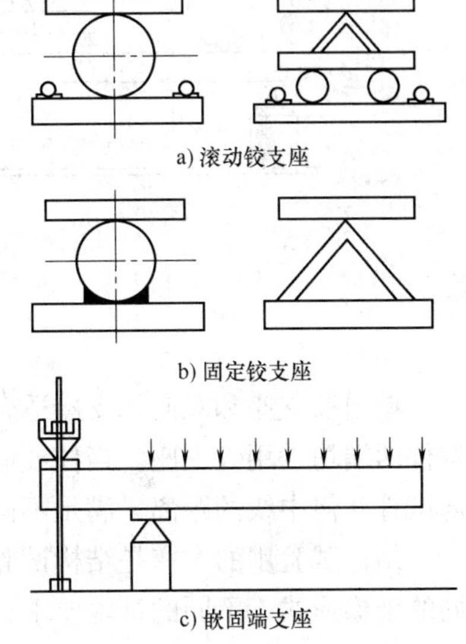

图3-24 支座的形式和构造

（1）必须保证结构在支座处能自由转动和结构在支座处能正确地传递力 如果结构在支承处没有预埋支承钢垫板，则在试验时必须另加垫板。其宽度一般不得小于试件支承处的宽度，支承垫板的长度 l 可按下式进行计算

$$l=\frac{R}{bf_c} \tag{3-24}$$

式中 R——支座反力（N）；

b——构件支座宽度（mm）；

f_c——结构试件材料的抗压强度设计值（N/mm^2）。

（2）铰支座处的上下垫板要有一定刚度 垫板厚度 d 可按下式计算

$$d=\sqrt{\frac{2f_c a^2}{f}}\ \mathrm{mm} \tag{3-25}$$

式中 f_c——抗压强度设计值（N/mm^2）；

f——垫板钢材的强度设计值（N/mm^2）；

a——滚轴中心至垫板边缘的距离（mm）。

（3）滚轴强度的要求 滚轴的直径可参照表3-7选用，并按下式进行强度验算

$$\sigma=0.418\sqrt{\frac{RE}{rb}} \tag{3-26}$$

式中 E——滚轴材料的弹性模量（N/mm^2）；

r——滚轴半径（mm）。

表 3-7 滚轴直径选用表

滚轴受力/(kN/mm)	<2	2~4	4~6
滚轴直径 d/mm	40~60	60~80	80~100

(4) 滚轴的长度　滚轴的长度一般取等于试件支承处截面宽度 b。

对于梁、桁架等平面结构，通常按结构变形情况可选用图 3-25 所示的一种固定铰支座及一种活动铰支座组成；对于板、壳结构，则按其实际支承情况选用各种铰支座进行组合，常常是四角支承或四边支承，既可以选用滚球铰支座，也可以选用滚轴铰支座。沿周边支承时，滚球支座的间距不宜超过支座处的结构高度的 3~5 倍，滚珠直径至少 30 mm。为了保证板壳的全部支承面在一个平面内，防止某些支承处脱空，影响试验结果，应将各支承点设计成上下可做微调的支座。

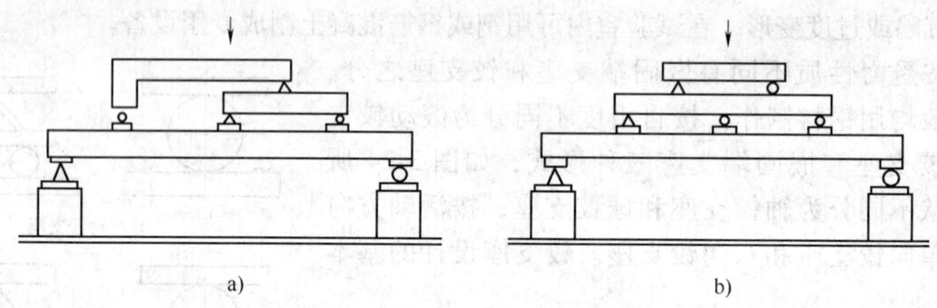

图 3-25 分配梁设置示意图

a) 正确的设置形式 b) 错误的设置形式

单向铰支座和双向铰支座适合于为了求得纵向弯曲系数试验值的柱或墙板试验，试验时构件两端均采用铰支座。当柱或墙板在进行偏心受压试验时，可以通过调节螺钉来调整刀口与试件几何中线的距离，满足不同偏心距的要求。

结构试验用的支座是结构试验装置中模拟结构受力和边界条件的重要组成部分，对于不同的结构形式，不同的试验要求，就要求有不同形式与构造的支座与之相适应，这也是在结构试验设计中需要着重考虑和研究的一个重要问题。

3.9.2 分配梁

分配梁是将一个集中力分解成若干个小的集中力的装置。为了传力准确以及计算方便，分配梁不用多跨连续梁形式，均为单跨简支形式。单跨简支分配梁一般为等比例分配，即将 1 个集中力分配成为 2 个 1:1 的集中力，它们的数值是分配梁的两个支座反力。分配梁的层次一般不宜大于 3 层。如需要不等比例分配时，比例不宜大于 1:4，并且须将荷载分配比例大的一端设置在靠近固定支座的一端，以保证荷载的正确分配、传递和试验的安全。分配梁自身必须满足强度和刚度的试验要求。竖向荷载分配梁设置如图 3-25 所示。

当试验需要施加若干个水平荷载时，分配梁是可选方案之一。由于施加水平荷载的分配梁是水平向放置的，所以需要专门设计分配梁支撑架，并使分配梁的位置和高度能够调节，以保证荷载的传递路线明确，荷载分配正确。

3.9.3 荷载架

1. 竖向荷载架

竖向荷载架是施加竖向荷载的反力设备，主要由立柱、横梁以及地脚螺栓组成。竖向荷载架都用钢材制成，其特点是制作简单、取材方便，可按钢结构的柱与横梁设计，组成Ⅱ形支架，横梁与柱的连接采用精制螺栓或圆销，如图3-26a所示。这类支承机构的强度刚度都较大，能满足大型结构构件试验的要求，支架的高度和承载能力可按试验需要设计，成为试验室内固定在大型试验台座上的荷载支承设备。

2. 水平荷载架

为了适应结构抗震试验研究的要求，进行结构抗震的静力和动力试验时，需要给结构或模型施加模拟地震荷载的低周反复水平荷载。水平荷载架是施加水平荷载的反力设备，主要由三角架、压梁以及地脚螺栓组成。水平荷载架也用钢材制成，压梁把三角架用地脚螺栓固定在地面试验台座上，靠摩擦力传递水平力（见图3-26b）。

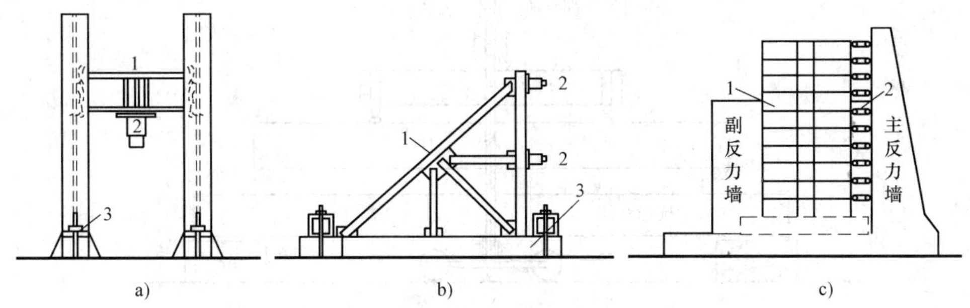

图3-26 荷载架示意图

a）竖向荷载架 b）水平荷载架 c）钢筋混凝土反力墙

a）1—横梁 2—千斤顶 3—地脚螺栓 b）1—三角架 2—千斤顶 3—压梁

c）1—试件 2—液压加载器

为了使这类支承机构随着试验需要在试验台座上移位，最近有单位设计了新型的荷载架，它的特点是一套电力驱动机使Ⅱ形或三角形支架接受控制能前后运行，Ⅱ形支架的横梁可上下移动升降，液压加载器可连接在横梁上，这样整个荷载架就相当于一台移动式的结构试验机。当试件在台座上安装就位后，荷载架即可按试件位置需要调整位置，然后用立柱上的地脚螺栓固定机架，即可进行试验加载，这种新型荷载支架的制成和应用，大大减轻了试验安装与调整的工作量。

3. 反力墙

水平荷载架的刚度和承载能力较小，为了满足试验要求，近年来国内外大型结构试验室都建造了大型的反力墙（见图3-26c），用以承受和抵抗水平荷载所产生的反作用力。反力墙的变形要求较高，一般采用钢筋混凝土、预应力钢筋混凝土的实体结构或箱形结构，在墙体的纵横方向按一定距离间隔布置锚孔，以便按试验需要在不同的位置上固定水平加载的液压加载器。

在试验台座的左右两侧设置两座反力墙，可以在试件的两侧对称施加荷载，也可在试验台座的端部和侧面建造在平面上构成直角的主、副反力墙，这样可以在 x、y 两个方向同时对试件加载，模拟 x、y 两个方向的地震荷载。

有的试验室为了提高反力墙的承载能力，将试验台座建在低于地面一定深度的深坑内，这样在坑壁四周的任意面上的任意部位均可对结构施加水平推力。

3.9.4 结构试验台座

1. 抗弯大梁式台座和空间桁架式台座

在预制构件厂和小型结构试验室中，由于缺少大型的试验台座，可以采用抗弯大梁式或空间桁架式台座来满足中小型构件试验或混凝土制品检验的要求。

抗弯大梁台座本身是一刚度极大的钢梁或钢筋混凝土大梁，其构造见图 3-27 所示，当用液压加载器加载时，所产生的反作用力通过Ⅱ形荷载架传至大梁，试验结构的支座反力也由台座大梁承受，使之保持平衡。

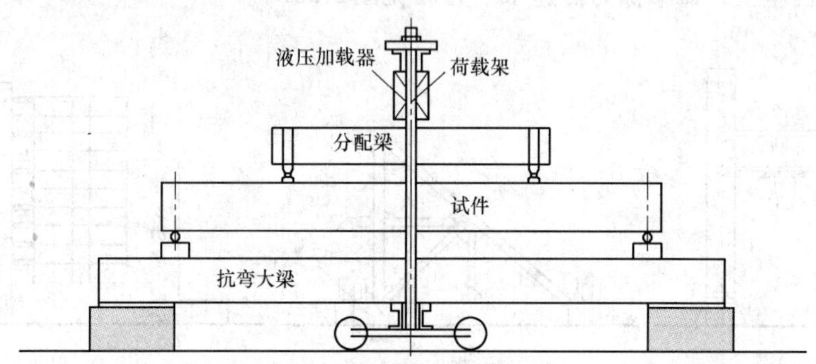

图 3-27 抗弯大梁台座的荷载试验装置

抗弯大梁台座由于受大梁本身抗弯强度与刚度的限制，一般只能试验跨度为 7m 以下，宽度为 1.2m 以下的板和梁。

空间桁架台座一般用以试验中等跨度的桁架及屋面大梁。通过液压加载器及分配梁可对试件进行为数不多的集中荷载加载使用，液压加载器的反作用力由空间桁架自身进行平衡，如图 3-28 所示。

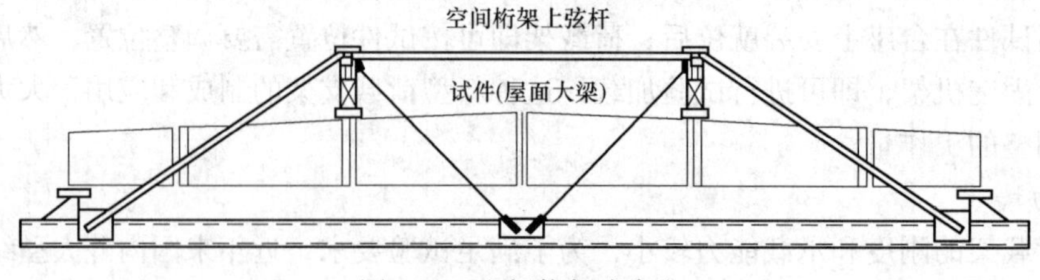

图 3-28 空间桁架式台座

2. 地面试验台座

在试验室内地面试验台座是永久性的固定设备，用以平衡施加在试验结构物上的荷载所产生的竖向反力或水平向反力。

试验台座的长度可达十几米，宽度也可到达十余米，台座的承载能力一般在 200 ~ 1000kN/m^2。台座的刚度极大，所以受力后变形极小，能在台面上同时进行几个结构试验，而不考虑相互的影响，试验可沿台座的纵向或横向进行。

台座设计时在其纵向和横向均应按各种试验组合可能产生的最不利受力情况进行验算与配筋，以保证它有足够的强度和整体刚度。用于动力试验的台座还应有足够的质量和耐疲劳强度，防止引起共振和疲劳破坏，尤其要注意局部预埋件和焊缝的疲劳破坏。如果试验室内同时有静力和动力台座，则动力台座必须有隔振措施，以免试验时引起相互干扰。

地面试验台座有板式和箱式之分。

（1）板式试验台座 通常把结构为整体的钢筋混凝土或预应力钢筋混凝土的厚板，由结构的自重和刚度来平衡结构试验时施加荷载的试验台座称为板式试验台座。按荷载支承装置与台座连接固定的方式与构造形式的不同，可分为槽式和地脚螺栓式两种形式。

1）槽式试验台座。槽式试验台座是目前用得较多的一种比较典型的静力试验台座，其构造特点是沿台座纵向全长布置几条槽轨，该槽轨是用型钢制成的纵向框架式结构，埋置在台座的混凝土内，如图 3-29a 所示。槽轨的作用是锚固加载架，以平衡结构物上的荷载所产生的反力。如果加载架立柱用圆钢制成，可直接用两个螺母固定于槽内，如加载架立柱由型钢制成，则在其底部设计成钢结构柱脚的构造，用地脚螺钉固定在槽内。在试验加载时，要求槽轨的构造应该和台座的混凝土部分有很好的联系，不至拔出。这种台座的特点是加载点位置可沿台座的纵向任意变动，不受限制，以适应试验结构加载位置的需要。

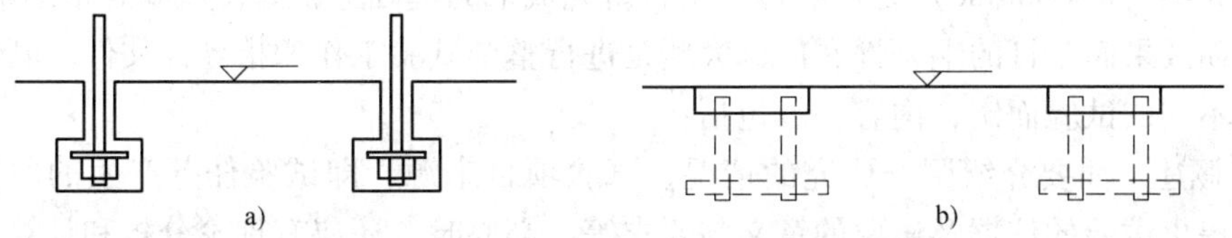

图 3-29 两种板式试验台
a）槽式 b）地脚螺栓式

2）地脚螺栓式试验台座。其特点是在台面上每隔一定间距设置一个地脚螺栓，螺栓下端锚固在台座内，其顶端伸出台座表面特制的圆形孔穴，但略低于台座表面标高，使用时通过用套筒螺母与荷载架的立柱连接，平时可用圆形盖板将孔穴盖住，保护螺栓端部，防止脏物落入孔穴。其缺点是螺栓受损后修理困难，此外由于螺栓和孔穴位置已经固定，试件安装的位置受到限制。图 3-29b 所示为地脚螺栓式试验台座的示意图。这类试验台座不仅可以用于静力试验，还可以安装结构疲劳试验机后进行结构构件的动力疲劳试验。

（2）箱式试验台座 箱式试验台座的规模较大，由于台座本身构成箱形结构，所以它比其他形式的台座具有更大刚度，如图 3-30 所示。在箱形结构的顶板上沿纵横两个方向按一定间距留有竖向贯穿的孔洞，便于沿孔洞连线的任意位置加载。台座结构本身是试验室的地下室，可供进行长期荷载试验或特种试验使用，大型的箱式试验台座可同时作为试验室房屋的基础。

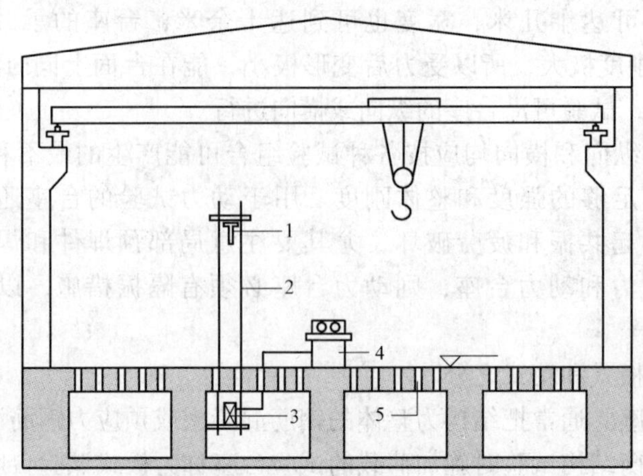

图 3-30 箱式试验台座示意图

1—试验试件 2—荷载架 3—液压加载器 4—液压操作台 5—台座孔

3.10 试验大纲和报告

结构试验的技术性文件一般包括试验大纲、试验记录和试验报告三个部分。

3.10.1 试验大纲

试验大纲（test outline）是在取得了调查研究成果的基础上，为使试验有条不紊地进行，以取得预期效果而制订的纲领性文件；大纲是进行整个试验工作的指导性文件。其内容的详略程度视不同的试验而定，内容一般包括：

（1）概述 简要介绍调查研究的情况、试验项目来源，即试验任务产生的原因、渠道和性质，提出试验的依据及试验的意义与要求等。必要时，还应有理论分析和计算。试验研究目的，即通过试验最后应得出的数据，如破坏荷载值、设计荷载下的内力分布和挠度曲线、荷载-变形曲线等，弄清楚试验研究目的，就能确定试验目标。

（2）试件的设计及制作要求 包括设计依据、理论分析和计算；试件的规格和数量；制作施工图及对原材料；施工工艺的要求等。对鉴定试验，也应阐明原设计要求、施工或使用情况等。试验数量按结构或材质的变异性与研究项目间的相关条件，按数理统计规律求得，宜少不宜多。一般鉴定性试验为避免尺寸效应，根据加载设备能力和试验经费情况，应尽量接近实体。

（3）试件安装与就位 包括就位的形式（正位、卧位或反位）、支承装置、边界条件模拟，保证侧向稳定的措施和安装就位的方法及机具等。

（4）加载方法与设备 包括荷载种类及数量、加载设备装置、荷载图式及加载制度等。

（5）测量方法和内容 本项也称为观测设计，主要说明观测项目、测点布置和量测仪表的选择、标定、安装方法及编号图、测量顺序规定和补偿仪表的设置等。

（6）辅助试验 结构试验往往要做一些辅助试验，如材料物理力学性能的试验，某些探索性小试件、小模型及节点的试验等。本项应列出试验内容，阐明试验目的及要求、试验种类、试验个数、试件尺寸、制作要求和试验方法等。

（7）安全措施　包括人身和设备、仪表等方面的安全防护措施，安全装置、脚手架、技术安全规定等。

（8）试验进度计划　包括时间与劳动任务的对应关系、经费使用计划，即试验经费的预算计划。

（9）试验组织管理　一个试验，特别是大型试验，参加试验人数多，牵涉面广，必须严密组织，加强管理。试验组织管理包括技术档案资料、原始记录管理、人员组织和分工、任务落实、工作检查、指挥调度以及必要的交底和培训工作。

（10）附录　包括所需器材、仪表、设备及经费清单，观测记录表格，加载设备、量测仪表的率定结果报告和其他必要文件、规定等。记录表格的设计应使记录内容全面，方便使用，其内容除了记录观测数据外，还应有测点编号、仪表编号、试验时间、记录人签名等栏。

3.10.2 试验记录

除试验大纲外，每一项结构试验从开始到最终完成都需要有一系列的写实性技术文件，主要有：

1）试件施工图及制作要求说明书。

2）试件制作过程及原始数据记录，包括各部分实际尺寸及瑕疵情况。

3）自制试验设备加工图样及设计资料。

4）加载装置及仪器仪表编号布置图。

5）仪表读数记录表，即原始记录表格。

6）量测过程记录，包括照片、测绘图以及录像资料等。

7）试件材料及原材料性能测定数值的记录。

8）试验数据的整理分析及试验成果总结，包括整理分析所依据的计算公式、整理后的数据图表等。

9）试验工作日志。

以上文件都是原始资料，在试验工作结束后均应整理装订归档保存。

3.10.3 试验报告

试验报告是全部试验工作的集中反映，是一个很重要的技术文件，它概括了其他文件的主要内容。编写试验报告，应力求精简扼要。试验报告有时也不单独编写，而作为整个研究报告中的一部分。

试验报告内容一般包括试验目的、试验对象的简介和考察、试验方法及依据、试验过程及问题、试验成果处理与分析、技术结论、附录。

本章小结

1. 在试验前需要完成充足的准备工作，即试验组织与程序。具体内容包括：调查研究、收集资料；制定试验大纲；准备试件；对所需材料的物理力学性能进行测定；准备试验设备与试验场地；试件的安装就位；加载设备和量测仪表安装；试验控制特征值的计算等工作。

2. 正确的选择静载试验的加载方法及量测方案，对顺利地完成试验工作和保证试验的质量有很大的影响。通常结构静载试验的加载程序分为预加载、正式加载（加正常使用荷载）、卸载三个阶段；而在正式加载阶段则需要进行荷载分级，同时考虑满载时间及空载时间以保证结构变形充分。对于动载试验，需要确定加载的方法，加载制度，以及结构动力特性测试的原理。

3. 量测方案则根据受力结构的变形特征和控制界面上的变形参数来制定。根据试验的目的和要求，确定观测项目，选择量测区段，布置测点位置；按照确定的量测项目，选择合适的仪表；根据试验方案、加载程序确定试验观测方法。

4. 电测法是目前结构工程试验中应变测量的主要方法。它主要由电阻应变计、电阻应变仪及其测量桥路共同组成。测量桥路是用来将微小的、由应变所产生的电信号进行放大的方法。可分为 1/4 桥路、半桥和全桥三种常用的接桥方法。

5. 本章还介绍了常见的位移、力、转角、曲率、裂缝等测量方法、测量装置，以及材料性能试验的作用、试验大纲和试验报告的内容。

思 考 题

3-1 结构工程的量测系统基本上由哪些方面构成？请指出测量仪器的主要技术指标有哪些？其物理意义是什么？

3-2 某试验拟用 3 个集中荷载代替简支梁设计承受的均布荷载，试确定集中荷载的大小及作用点，画出等效内力图。

3-3 什么是结构的动力特性？结构动力特性包括哪些参数？测定方法有哪几种？这些方法各适用于什么情况下的动力特性测试以及所能测定的参数是什么？

3-4 什么是试验大纲？为什么要制订试验大纲？试验大纲和试验报告的内容包括哪些？

3-5 为什么在试验前要做准备工作？试验前的准备工作主要有哪些？

3-6 静载试验的加载程序分为几个阶段？在各阶段应注意哪些事项？为什么要采用分级加（卸）载？

3-7 试验量测方案主要考虑哪些问题？测点的布置与选择的原则是什么？

3-8 电测应变为什么要温度补偿？温度补偿的方法有哪几种？

3-9 什么是全桥测量和半桥测量？电桥的输出特性是什么？

3-10 请介绍常用的荷载反力设备。

4

第 4 章 建筑结构静力试验

本章介绍了受弯梁、压杆和柱、屋架、薄壳和网架等常见的静力试验，以及结构性能评定的方法。

4.1 概述

结构直接作用中，经常起主导的是静力荷载（static loading）。因此，结构静力试验（structural static test）成为结构试验中最基本和最大量的试验。例如，对结构的强度、刚度及稳定等问题的试验研究，就常常只做静力试验。相对动力试验而言，结构静力试验所需的技术与设备也比较简单，容易实现，这也是静力试验被经常应用的原因之一。

结构静力试验项目是多种多样的，其中应用最多、最基本的试验是单调加载静力试验（monotonic loading static test）。单调加载静力试验是指在短时间内对试验对象进行平稳连续地施加荷载，荷载从“零”开始一直加到结构构件破坏，或在短时期内平稳地施加若干次预定的重复荷载后，再连续增加荷载直到结构构件破坏。

单调加载静力试验主要用于研究结构承受静荷载作用下构件的承载力、刚度、抗裂性等基本性能和破坏机制。通过单调加载静力试验可以研究各种基本作用单独或组合作用下构件的荷载和变形的关系。对于混凝土构件尚有荷载与开裂的相关关系及反映结构构件变形与时间关系的徐变问题。对于钢结构构件则还有局部或整体失稳问题。对于框架、屋架、壳体、折板、网架、桥梁、涵洞等由若干基本构件组成的扩大构件，在实际工程中除了有必要研究与基本构件相类似的问题外，还有构件间相互作用的次应力、内力重分布等问题。对于整体结构通过单调加载静力试验能揭示结构空间工作、整体刚度、非承重构件和某些薄弱环节对结构整体工作的影响等方面的某些规律。

4.2 受弯构件的试验

4.2.1 试件的安装和加载方法

单向板（one way slab）和梁是受弯构件中的典型构件，也是土木工程中的基本承重构件。预制板和梁等受弯构件一般都是简支的，在试验安装时多采用正位试验（correct position test），其一端采用铰支承，另一端采用滚动支承。为了保证构件与支承面的紧密接触，在支墩与钢板、钢板与构件之间应用砂浆找平，对于板一类宽度较大的试件，要防止支承面产生翘曲。

板一般承受均布荷载（uniform load），试验加载时应将荷载施加均匀。梁所受的荷载较大，当施加集中荷载（concentrated load）时可以用杠杆重力加载，更多的则采用液压加载器通过分配梁加载，或用液压加载系统控制多台加载器直接加载。

构件试验时的荷载图式（loading chart）应符合设计规定和实际受载情况。为了试验加载的方便或受加载条件限制时，可以采用等效加载图式，使试验构件的内力图形与实际内力图形相等或接近，并使两者最大受力截面的内力值相等。在受弯构件试验中经常利用几个集中荷载来代替均布荷载，采用等效荷载试验能较好地满足 M 与 V 值的等效，但试件的变形（刚度）不一定满足等效条件，应考虑修正。

4.2.2 试验项目和测点布置

钢筋混凝土梁板构件的生产鉴定性试验一般只测定构件的承载力、抗裂度和各级荷载作用下的挠度及裂缝开展情况。对于科学研究性试验，除了承载力、抗裂度、挠度和裂缝观测外，还需测量构件某些部位的应变，以分析构件中应力的分布规律。

应变到应力的换算应根据试件材料的应力-应变关系和应变测点的布置进行，如材料属于线弹性体，可以按照材料力学的有关公式（见表4-1）进行，公式中的弹性模量 E 和泊松比 ν 应考虑采用实际测定的数值，如没有实际测定值时，也可以采用有关资料提出的数值。

表4-1 测点应变换算应力的计算公式

受力状态	测点布置	主应力 σ_1，σ_2 及 σ_1 和0°轴线的夹角 θ
单向受力	a)	$\sigma_1 = E\varepsilon_1$ $\theta = 0$
平面应力	b)	$\sigma_1 = \frac{E}{1-\nu^2}(\varepsilon_1 + \nu\varepsilon_2)$ $\sigma_2 = \frac{E}{1-\nu^2}(\varepsilon_2 + \nu\varepsilon_1)$ $\theta = 0$
	c)（45°，45°）	$\left.\begin{matrix}\sigma_1\\\sigma_2\end{matrix}\right\} = \frac{E}{2}\left[\frac{\varepsilon_1+\varepsilon_3}{1-\nu} \pm \frac{1}{1+\nu}\sqrt{2(\varepsilon_1-\varepsilon_2)^2 + 2(\varepsilon_2-\varepsilon_3)^2}\right]$ $\theta = \frac{1}{2}\arctan\left(\frac{2\varepsilon_2-\varepsilon_1-\varepsilon_3}{\varepsilon_1-\varepsilon_3}\right)$
	d)（60°，60°）	$\left.\begin{matrix}\sigma_1\\\sigma_2\end{matrix}\right\} = \frac{E}{2}\left[\frac{\varepsilon_1+\varepsilon_2+\varepsilon_3}{1-\nu} \pm \frac{1}{1+\nu}\sqrt{2[(\varepsilon_1-\varepsilon_2)^2+(\varepsilon_2-\varepsilon_3)^2+(\varepsilon_3-\varepsilon_1)^2]}\right]$ $\theta = \frac{1}{2}\arctan\left[\frac{\sqrt{3}(\varepsilon_2-\varepsilon_3)}{2\varepsilon_1-\varepsilon_2-\varepsilon_3}\right]$

（续）

受力状态	测点布置	主应力 σ_1,σ_2 及 σ_1 和0°轴线的夹角 θ
平面应力	2 3 60° 60° 1 4 e)	$\begin{matrix}\sigma_1\\\sigma_2\end{matrix}=\frac{E}{2}\left[\frac{\varepsilon_1+\varepsilon_4}{1-\nu}\pm\frac{1}{1+\nu}\sqrt{(\varepsilon_1-\varepsilon_4)^2+\frac{4}{3}(\varepsilon_2-\varepsilon_3)^2}\right]$ $\theta=\frac{1}{2}\arctan\left[\frac{2(\varepsilon_2-\varepsilon_3)}{\sqrt{3}(\varepsilon_1-\varepsilon_4)}\right]$ 核对公式：$\varepsilon_1+3\varepsilon_4=2(\varepsilon_2+\varepsilon_3)$
	4 45° 3 45° 2 45° 1 f)	$\begin{matrix}\sigma_1\\\sigma_2\end{matrix}=\frac{E}{2}\left[\frac{\varepsilon_1+\varepsilon_2+\varepsilon_3+\varepsilon_4}{2(1-\nu)}\pm\frac{1}{1+\nu}\sqrt{(\varepsilon_1-\varepsilon_4)^2+(\varepsilon_4-\varepsilon_2)^2}\right]$ $\theta=\frac{1}{2}\arctan\left(\frac{\varepsilon_2-\varepsilon_4}{\varepsilon_1-\varepsilon_3}\right)$ 核对公式：$\varepsilon_1+\varepsilon_3=\varepsilon_2+\varepsilon_4$
三向应力 （主方向已知）	2 1 3 g)	$\sigma_1=\frac{E}{(1+\nu)(1-2\nu)}[(1-\nu)\varepsilon_1+\nu(\varepsilon_2+\varepsilon_3)]$ $\sigma_2=\frac{E}{(1+\nu)(1-2\nu)}[(1-\nu)\varepsilon_2+\nu(\varepsilon_3+\varepsilon_1)]$ $\sigma_3=\frac{E}{(1+\nu)(1-2\nu)}[(1-\nu)\varepsilon_3+\nu(\varepsilon_1+\varepsilon_2)]$

1. 挠度的测量

梁的挠度值是测量数据中最能反映其综合性能的一项指标，其中最主要的是测定梁跨中最大挠度值 f_{max} 及弹性挠度曲线。为了求得梁的真正挠度 f_{max}，试验者必须注意支座沉陷（support subside）的影响。对于图4-1a所示的梁，试验时由于荷载的作用，其两个端点处支座常常会有沉陷，以致使梁产生刚性位移，因此，如果跨中的挠度是相对地面进行测定的话，则同时还必须测定梁两端支承面相对同一地面的沉陷值，所以最少要布置三个测点，如图4-1b所示。对于宽度较大的（大于600mm）梁，必要时应考虑在截面的两侧布置测点，所需仪器的数量也就需要增加一倍，此时各截面的挠度取两侧仪器读数之平均值。如欲测定梁平面外的水平挠曲同样可按上述原则布点。

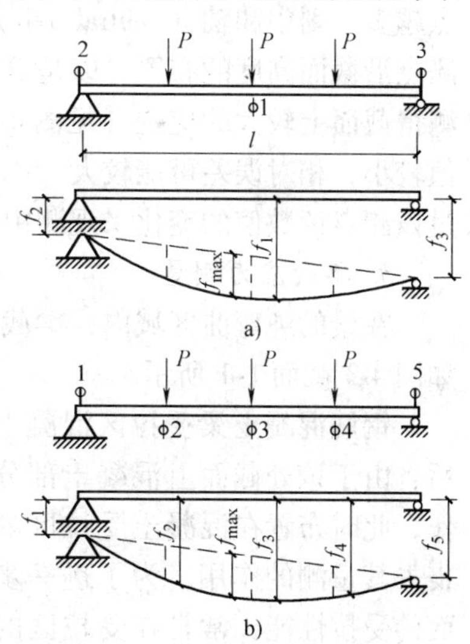

图4-1 梁的挠度测点布置图

对于宽度较大的单向板，一般均需在板宽的两侧布点，当有纵肋的情况下，挠度测点可按测量梁挠度的原则布置于肋下。对于肋形板的局部挠曲，则可相对于板肋测定。对于预应力混凝土受弯构件，量测结构整体变形时，还需考虑构件在预应力作用下的反拱值（arch invert number）。

2. 应变测量

梁是受弯构件，试验时要测量由于弯曲产生的应变，一般在梁承受正负弯矩最大的截面或弯矩有突变的截面上布置测点。对于变截面梁，有时也需在截面突变处设置测点。

需要注意的是，支座下的巨大作用力可能或多或少地引起周围地基的局部沉陷，因此，安装仪器的表架必须离开支座墩一定距离。只有在永久性的钢筋混凝土台座上进行试验时，上述地基沉陷才可以不予考虑。但此时两端部的测点可以测量梁端相对于支座的压缩变形，从而可以比较准确地测得梁跨中的最大挠度 f_{max}。对于跨度较大（大于6m）的梁，为了保证量测结果的可靠性，并求得梁在变形后的弹性挠度曲线，测点应增加至5～7个，并沿梁的跨间对称布置。如果只要求测量弯矩引起的最大应力，则只需在截面上、下边缘纤维处安装应变计（strain gauge）即可。为了减少误差，上、下纤维上的仪表应设在梁截面的对称轴上（见图4-2a），或是在对称轴的两侧各设一个仪表，取其平均应变值。

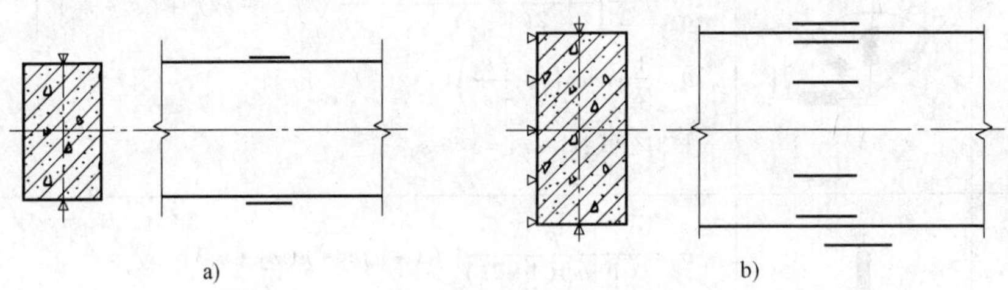

图4-2　测量梁截面应变分布的测点布置图

a）测量截面最大纤维应变　b）测量中和轴的位置与应变分布规律

对于钢筋混凝土梁，由于材料的非弹性性质，梁截面上的应力分布往往是不规则的。为了求得截面上应力分布的规律和确定中和轴的位置，就需要增加一定数量的应变测点，一般情况下沿截面高度至少需要布置五个测点，如果梁的截面高度较大，还需增加测点数量。测点越多，则中和轴（neutral axis）位置确定越准确，截面上应力分布的规律也越清楚。应变测点沿截面高度的布置可以是等距的，也可以是不等距的，采用外密里疏，以便比较准确地测得截面上较大的应变（见图4-2b）。对于布置在靠近中和轴位置处的仪表，由于应变读数值较小，相对误差可能较大，以致不起作用。但是，在受拉区混凝土开裂以后，经常可以通过该测点读数值的变化来观测中和轴位置的上升与变动。

3. 单向应力测量

在梁的纯弯曲区域内，梁截面上仅有正应力，在该处截面上可仅布置单向的应变测点，如图4-3截面1-1所示。

钢筋混凝土梁受拉区混凝土开裂以后，由于该处截面上混凝土部分退出工作，此时布置在混凝土受拉区的仪表就丧失其量测的作用。为了进一步探求截面的受拉性能，常常在受拉区的钢筋上也布置测点以便量测钢筋的应变。由此可获得梁截面上内力重分布（internal forces redistribution）的规律。

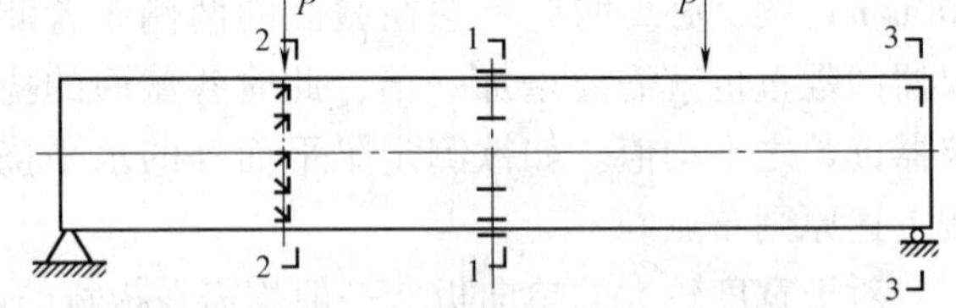

图4-3　钢筋混凝土梁测量应变的测点布置图

截面1-1—测量纯弯曲区域内正应力的单向应变测点

截面2-2—测量剪应力与主应力的应变网络测点（平面应变）

截面3-3—梁端零应力区校核测点

4. 平面应力测量

在荷载作用下的梁截面2-2上（见图4-3）既有弯矩作用，又有剪力作用，为平面应力状态，为了求得该截面上的最大主应力及剪应力的分布规律，需要布置直角应变网络，通过三个方向上应变的测定，求得最大主应力的数值及作用方向。

抗剪测点应设在剪应力较大的部位。对于薄壁截面的简支梁，除支座附近的中和轴处剪应力较大外，还可能在腹板与翼缘的交接处产生较大的剪应力或主应力，这些部位宜布置测点。当要求测量梁沿长度方向的剪应力或主应力的变化规律时，则在梁长度方向宜分布较多的剪应力测点。有时为测定沿截面高度方向剪应力的变化，则需沿截面高度方向设置测点。

5. 钢箍和弯筋的应力测量

对于钢筋混凝土梁来说，为研究梁斜截面的抗剪机理，除了混凝土表面需要布置测点外，通常在梁的弯起钢筋或箍筋上布置应变测点（见图4-4），这里较多采用预埋或试件表面开槽的方法来解决设点的问题。

6. 翼缘与孔边应力测量

对于翼缘较宽较薄的T形梁，其翼缘部分受力不一定均匀，以致不能全部参加工作，这时应该沿翼缘宽布置测点，测定翼缘上应力分布情况（见图4-5）。

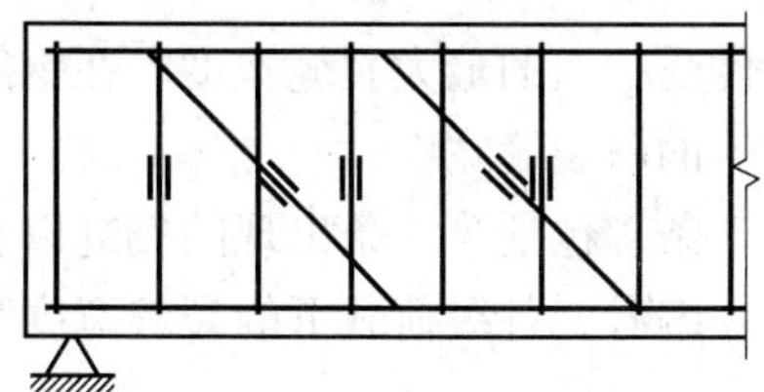

图4-4　钢筋混凝土梁弯起钢筋和钢箍的应变测点布置图

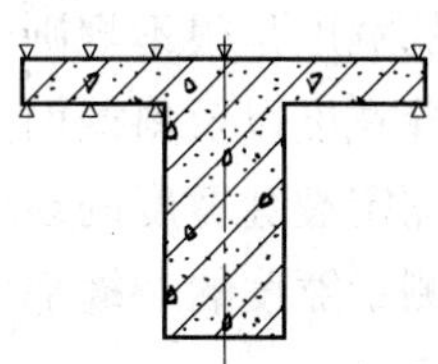

图4-5　T形梁翼缘的应变测点布置图

7. 校核测点

为了校核试验的正确性及便于整理试验结果时进行误差修正，经常在梁的端部凸角上的零应力处设置少量测点，如图4-3中截面3-3，以检验整个量测过程是否正确。

8. 裂缝测量

在钢筋混凝土梁试验时，经常需要测定其抗裂性能。一般垂直裂缝产生在弯矩最大的受拉区段，因此在这一区段连续设置测点，如图4-6a所示。这对于选用手持式应变仪测量时最为方便，它们各点间的间距按选用仪器的标距决定。如果采用其他类型的应变仪（如千分表，杠杆应变仪或电阻应变计），由于各仪器的不连续性，为防止裂缝正好出现在两个仪器的间隙内，通常将仪器交错布置（见图4-6b）：在梁底部的两侧交替错开布置。裂缝未出现前，仪器的读数是逐渐变化的；如果构件在某级荷载作用下开始开裂时，则跨越裂缝测点的仪器读数将会出现较大的跃变，此时相邻测点仪器读数可能变小，有时甚至会出现负值，而荷载应变曲线会产生突然转折的现象。混凝土的微细裂缝，常常不能光凭肉眼所能察觉，如果发现上述现象，即可判明已开裂。至于裂缝的宽度，则可根据裂缝出现前后两级荷载所产生的仪器读数差值来表示。当裂缝用肉眼可见时，其宽度可用最小刻度为0.01mm及0.05mm的读数放大镜测量。

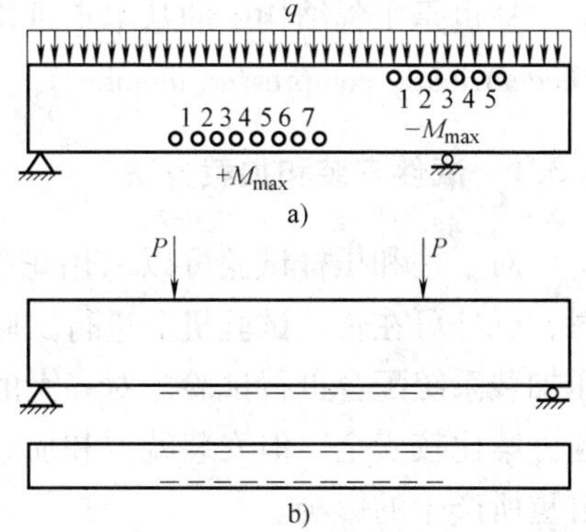

图4-6　钢筋混凝土受拉区抗裂测点布置

斜截面上的主拉应力裂缝，经常出现在剪力较大的区段内；对于箱形截面或工字形截面的梁，由于腹板很薄，则在腹板的中和轴或腹板与翼缘相交接的腹板上常是主拉应力（principal tensile stress）较大的部位，因此，在这些部位可以设置观察裂缝的测点，如图4-7所示。由于混凝土梁的斜裂缝约与水平轴成45°，则仪器标距方向应与裂缝方向垂直。有时为了进行分析，在测定斜裂缝的同时，也可同时设置测量主应力或剪应力的应变网络。

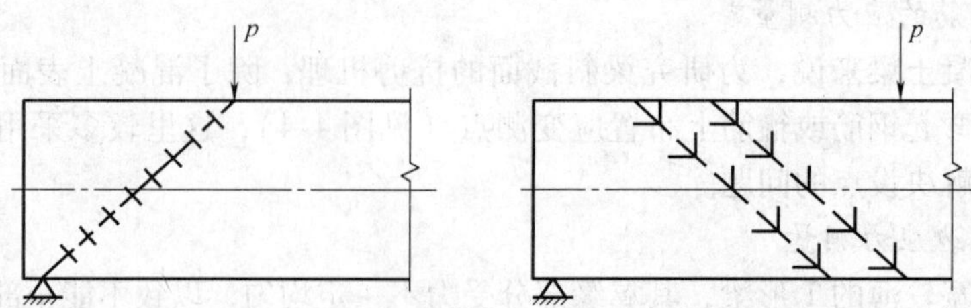

图4-7 钢筋混凝土斜截面裂缝测点布置图

裂缝长度上的宽度是很不规则的，通常应测定构件受拉面的最大裂缝宽度、在钢筋水平位置上的侧面裂缝宽度以及斜截面上由主拉力作用产生的斜裂缝宽度。

每一构件中测定裂缝宽度的裂缝数目一般不少于3条，包括第一条出现的裂缝以及开裂最大的裂缝。凡测量宽度的裂缝部位应在试件上标明并编号，各级荷载下的裂缝宽度数据应记在相应的记录表格上。

每级荷载下出现的裂缝均须在试件上标明，即在裂缝的尾端注出荷载级别或荷载数量。以后每加一级荷载后裂缝长度扩展，需在裂缝新的尾端注明相应荷载。由于卸载后裂缝可能闭合，所以应紧靠裂缝的边缘1~3 mm处平行画出裂缝的位置起向。

试验完毕后，根据上述标注在试件上的裂缝绘出裂缝展开图。

4.3 压杆和柱的试验

柱也是工程结构中的基本承重构件，在实际工程中钢筋混凝土柱大多数属偏心受压构件（eccentrically compressed member）。

4.3.1 试件安装和加载方法

对于柱和压杆试验可以采用正位或卧位试验的安装加载方案。有大型结构试验机条件时，试件可在长柱试验机上进行试验，也可以利用静力试验台座上的大型荷载支承设备和液压加载系统配合进行试验。对高大的柱子正位试验时安装和观测均较费力，这时改用卧位试验方案比较安全，但安装就位和加载装置往往又比较复杂，同时在试验中要考虑卧位时结构自重所产生的影响。

在进行柱与压杆纵向弯曲系数的试验时，构件两端均应采用比较灵活的可动铰支座形式，一般采用构造简单效果较好的刀口支座。如果构件在两个方向有可能产生屈曲时，应采用双刀口铰支座，也可采用圆球形铰支座，但制作比较困难。

中心受压柱安装时一般先对构件进行几何对中，将构件轴线对准作用力的中心线。几何对中后再进行物理对中，即加载达20%~40%的试验荷载时，测量构件中央截面两侧或四个侧面的应变，并调整作用力的轴线，以达到各点应变均匀为止。对于偏压试件，也应在物理对中后，沿加力中线量出偏心距离，再把加载点移至偏心距的位置上进行试验。对钢筋混凝土结构由于材质的不均匀性，物理对中一般比较难于满足，因此实际试验中仅需保证几何对中即可。

要求模拟实际工程中柱子的计算图式及受载情况时，试件安装和试验加载的装置将更为复杂，图4-8所示为跨度36m、柱距12m、柱顶标高27m，具有双层桥式起重机重型厂房斜腹杆双肢柱的1/3模型试验柱的卧位试验装置。柱顶端为自由端，底端用两组垂直螺杆与静力试验台座固定，以模拟实际柱底固接的边界条件。上下层起重机轮产生的作用力 P_1、P_2 作用于牛腿，通过大型液压加载器（1000～2000kN的液压千斤顶）和水平荷载支承架进行加载。在柱端用液压加载器及竖向荷载支承架对柱子施加侧向力。在正式试验前先施加一定数量的侧向力，用以平衡和抵消试件卧位后的自重和加载设备重量产生的影响。

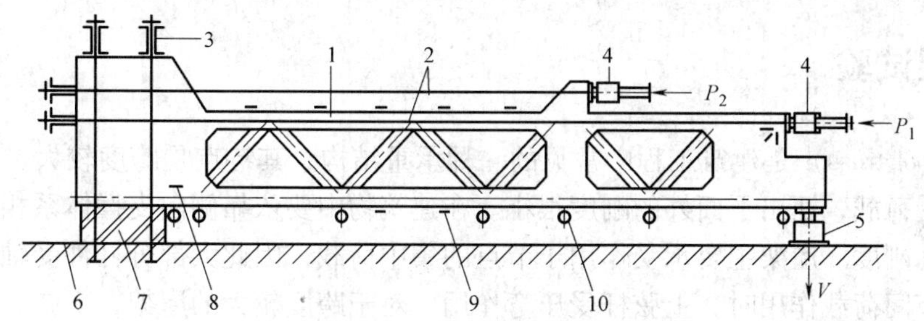

图4-8 双肢柱卧位试验

1—试件 2—水平荷载支承架 3—竖向支承架 4—水平加载器 5—垂直加载器 6—试验台座 7—垫块 8—倾角仪 9—电阻应变计 10—挠度计

4.3.2 试验项目和测点设置

压杆与柱的试验一般测量其破坏荷载、各级荷载下的侧向挠度值及变形曲线，了解控制截面或区域的应力变化规律以及裂缝开展情况。图4-9所示为偏心受压短柱试验时的测点布置。试件的挠度由布置在受拉边的百分表或挠度计进行量测，与受弯构件相似，除了量测中点最大挠度值外，可用侧向五点布置法量测挠度曲线，对于正位试验的长柱其侧向变形可用经纬仪（theodolite）观测。

受压区边缘布置应变测点，可以单排布点于试件侧面的对称轴线上或在受压区截面的边缘两排对称布点。为验证构件平截面变形的性质，沿压杆截面高度布置5～7个应变测点。受拉区钢筋应变同样可以用内部电测方法进行测量。

为了研究偏心受压构件的实际压应力图形，可以利用环氧水泥-铝板测力块组成的测力板进行直接测定，见图4-10。测力板用环氧水泥块模拟有规律的“石子”组成。它由四个测力块和八个填块用1∶1水泥砂浆嵌缝做成，尺寸100mm ×

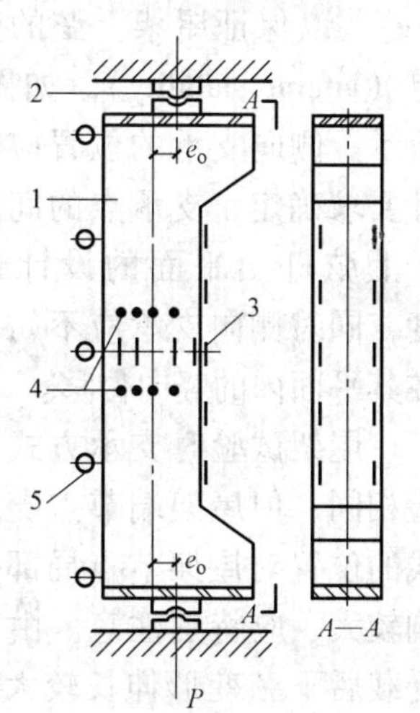

图4-9 偏压短柱试验测点布置图

1—试件 2—铰支座 3—应变计 4—应变仪测点 5—挠度计

100mm×20mm。测力块是由厚度为1mm的H型铝板浇筑在掺有石英砂的环氧水泥中制成，尺寸22mm×25mm×30mm，事先在H型铝板的两侧粘贴2mm×6mm规格的应变计两片，相距13mm，焊好引出线。填充块的尺寸、材料与制作方法与测力块相同，但内部无应变计。

测力板先在100mm×100mm×300mm的轴心受压棱柱体中进行加载标定，得出每个测力块的应力-应变关系，然后从标定试件中取出，将其重新浇筑在偏压试件内部，测量中部截面压应力分布图形。

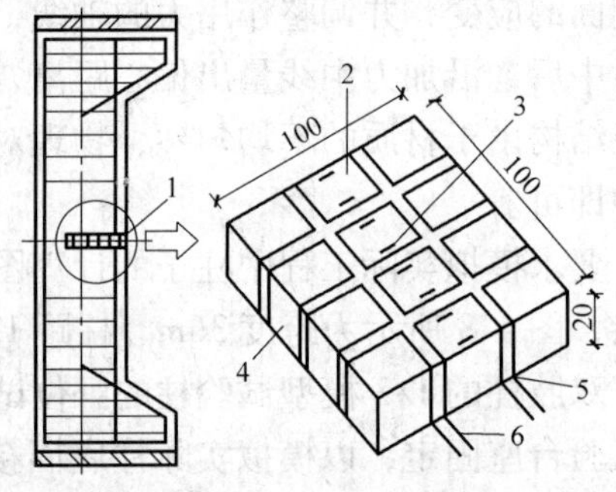

图4-10 量测区压应力图形的测力板

1—测力板 2—测力块 3—贴有应变计的铝板 4—填充块 5—水泥砂浆 6—应变计引出线

4.4 屋架试验

屋架（roof truss）是建筑工程中常见的一种承重结构。其特点是跨度较大，但只能在自身平面内承受荷载，而出平面外的刚度很小。在建筑物中要依靠侧向支撑体系相互联系，形成足够的空间刚度。屋架主要承受作用于节点的集中荷载，因此大部分杆件受轴力作用。当屋架上弦有节间荷载作用时，上弦杆受压弯作用。对于跨度较大的屋架，下弦一般采用预拉应力杆，因而屋架在施工阶段就必须考虑到试验的要求，配合预应力施工张拉进行量测。

4.4.1 试件的安装和加载方法

屋架试验一般采用正位试验，即在正常安装位置情况下支承及加载。由于屋架出平面刚度较弱，安装时必须采取专门措施，设置侧向支承（lateral bracing），以保证屋架上弦的侧向稳定（lateral stability）。如图4-11所示。侧向支承的位置应根据设计要求确定，支承点的间距应大于上弦杆出平面的设计计算长度，同时侧向支承应不妨碍屋架在其平面内的竖向位移。

屋架试验时支承方式与梁试验相同，但屋架端节点支承中心线的位置对屋架节点局部受力影响较大，应特别注意。由于屋架受载后下弦变形伸长较大，以致滚动支座的水平位移往往较大，所以支座上的支承垫板应留有充分余地。

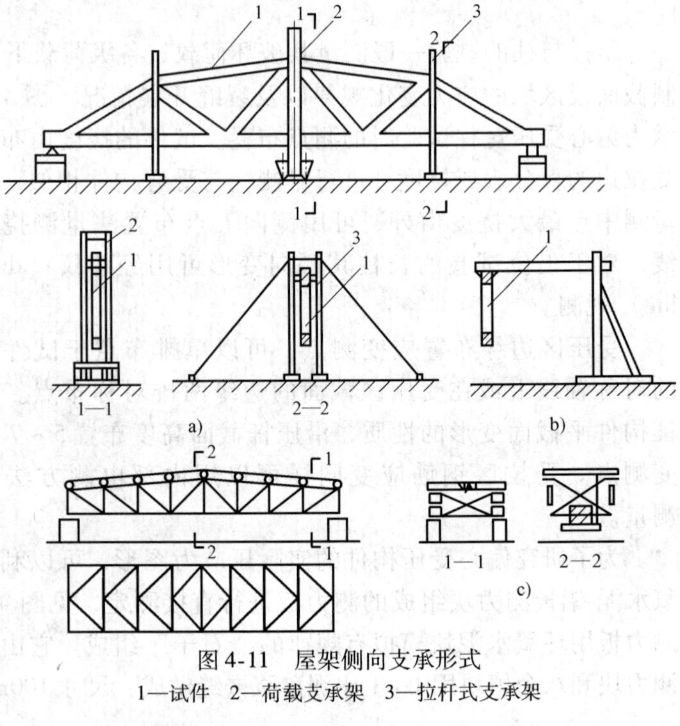

图4-11 屋架侧向支承形式

1—试件 2—荷载支承架 3—拉杆式支承架

屋架试验的加载方式可以采用重力直接加载（当两榀屋架成对正位试验时），由于屋架大多是在节点承受集中荷载，一般借助杠杆重力加载。为使屋架对称受力，施加杠杆吊篮应使相邻节点荷载相间地悬挂在屋架受载平面前后两侧。由于屋架受载后的挠度较大（特别当下弦钢筋应力达到屈服时），因此在安装和试验过程中应特别注意，以免杠杆倾斜太大产生对屋架的水平推力和吊篮着地而影响试验的继续进行。在屋架试验中由于施加多点集中荷载，所以采用同步液压加载是最理想的方案，但也需要液压加载器活塞有足够的有效行程，适应结构挠度变形的需要。

当屋架的试验荷载无法与设计图式相符时，同样可以采用等效荷载的原则代替，但应使需要试验的主要受力构件或部位的内力接近设计情况，并应注意荷载改变后可能引起的局部影响，防止产生局部破坏。近年来由于同步异荷液压加载系统的研制成功，对于屋架试验中要加几组不同集中荷载的要求，已经可以实现。

有些屋架有时还需要做半跨荷载的试验，这时因为对于某些杆件来说，受半跨荷载可能比全跨荷载作用时更为不利。

4.4.2 试验项目和测点布置

屋架试验测试的内容，应根据试验要求及结构形式而定。对于常用的各种预应力钢筋混凝土屋架试验，一般试验测量的项目有：

1）屋架上下弦杆的挠度。

2）屋架主要杆件的内力。

3）屋架的抗裂度及承载能力。

4）屋架节点的变形及节点刚度对屋架杆件次应力（secondary stress）的影响。

5）屋架端节点的应力分布。

6）预应力钢筋张拉应力和对相关部位混凝土的预应力。

7）屋架下弦预应力钢筋对屋架的反拱作用。

8）预应力锚头的工作性能。

上述项目中有的在屋架施工过程中即应进行测量，如预应力钢筋的张拉应力及其对混凝土的预压应力值、预应力反拱值、锚头工作性能等，这就要求试验根据预应力施工工艺的特点作出周密的考虑，以期获得比较完整的数据来分析屋架的实际工作。

在屋架试验的观测设计中，利用结构与荷载对称性特点，经常在半榀屋架上考虑测点布置与安装主要仪表，而在另半榀屋架上仅布置若干对称测点，作为校核之用。

1. 屋架挠度和节点位移的测量

屋架跨度较大，测量其挠度的测点宜适当增加。如屋架只承受节点荷载时，测定上下弦挠度的测点只要布置在相应的节点之下；对于跨度较大的屋架，其弦杆的节间往往很大，在荷载作用下可能使弦杆承受局部弯曲，此时还应测量该杆件中点相对其两端节点的最大位移。当屋架的挠度值较大时，需用大量程的挠度计或者用具有毫米刻度的标尺通过水准仪（water level）进行观测。与测量梁的挠度一样，必须注意到支座的沉陷与局部受压引起的变形。如果需要量测屋架端节点的水平位移及屋架上弦平面外的侧向水平位移，这些都可以通过水平方向的百分表或挠度计进行量测，图4-12所示为挠度测点布置。

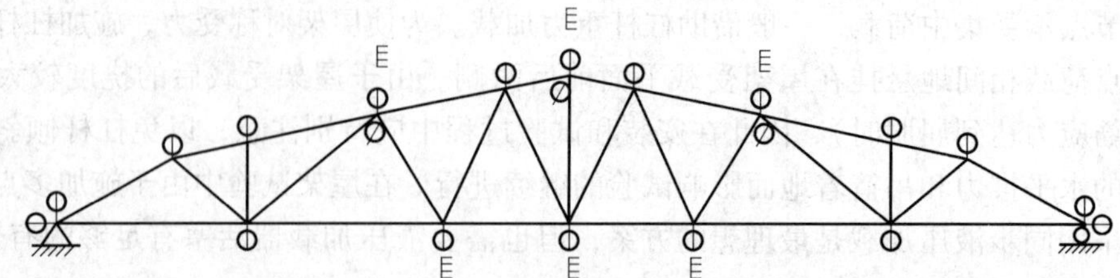

图 4-12 屋架试验挠度测点布置图

⦶—测量屋架上、下弦节点挠度及端节点水平位移的百分表或挠度计

⌀—测量屋架上弦出平面水平位移的百分表或挠度计

E—钢尺或米厘纸尺，当挠度或变位较大以及拆除挠度计后用以测量挠度

2. 屋架杆件内力测量

当研究屋架实际工作性能时，常常需要了解屋架杆件的受力情况，因此要求在屋架杆件上布置应变测点来确定杆件的内力值。一般情况，在一个截面上引起法向应力的内力最多是三个，即轴向力 N、弯矩 M_x 及 M_y，对于薄壁杆件则可能有四个，即增加扭矩。

分析内力时，一般只考虑结构的弹性工作。这时，在一个截面上布置的应变测点数量只要等于未知内力数，就可以用材料力学的公式求出全部未知内力数值，应变测点在杆件截面上的布置位置如图 4-13 所示。

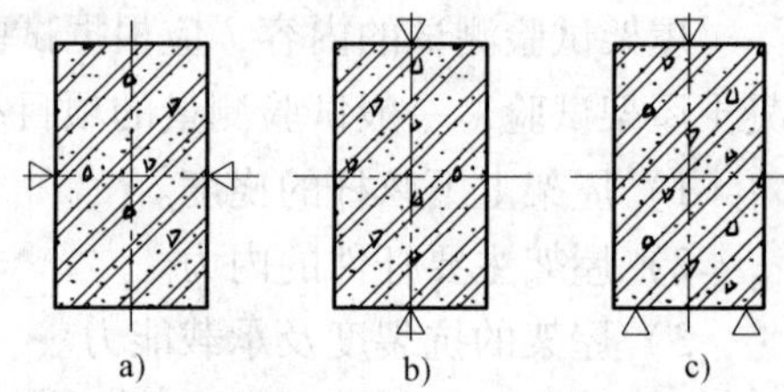

图 4-13 屋架杆件截面上应变测点布置图

a）只有轴力 N b）轴力 N 和弯矩 M_x 作用

c）轴力 N 和弯矩 M_x、M_y 作用

一般钢筋混凝土屋架上弦杆直接承受的荷载，除轴向力外，还可能有弯矩作用，属压弯构件，截面内力主要由轴向力 N 和弯矩 M 组成。为了测量这两项内力，一般按图 4-13b，在截面对称轴上下纤维处各布置一个测点。屋架下弦主要为轴力 N 作用，一般只需在杆件表面布置一个测点，但为了便于核对和使所测结果更为精确，经常在截面的中和轴（见图 4-13a）位置上成对布置测点，取其平均值计算内力 N。屋架的腹杆主要承受轴力作用，布点可与下弦一样。

如果用电阻应变计测量弹性均质杆件或钢筋混凝土杆件开裂前的内力，除了可按上述方法求得全部内力值外，还可以利用电阻应变计测量电桥的特性及电阻应变计与电桥连接方式的不同，使量测结果直接等于某一个内力所引起的应变。

为了正确求得杆件内力，测点所在截面位置应经过选择，屋架节点在设计理论上均假定为铰接，但钢筋混凝土整体浇捣的屋架，其节点实际上是刚接的，由于节点的刚度，以致在杆件中邻近节点处还有次弯矩作用，并由此在杆件截面上产生应力。因此，如果仅希望求得屋架在承受轴力或轴力和弯矩组合影响下的应力并避免节点刚度影响时，测点所在截面要尽量离节点远一些。反之，假如要求测定由节点刚度引起的次弯矩，则应该把应变测点布置在紧靠节点处的杆件截面上。

应该注意，在布置屋架杆件的应变测点时，决不可将测点布置在节点上，因为该处截面的作用面积不明确。

4.4.3 屋架端部节点的应力分析

屋架的端部节点应力状态比较复杂，这里不仅是上下弦杆相交点，屋架支承反力也作用于此，对于预应力钢筋混凝土屋架，下弦预应力钢筋的锚头也直接作用在节点端。另外，由于构造和施工上的原因，经常引起端部节点的过早开裂或破坏。因此，往往需要通过试验来研究其实际工作状态。为了测量端部节点的应力分布规律，要求布置较多的三向应变网络测点（见图4-14），一般用电阻应变计组成。从三向小应变网络各点测得的应变量，通过计算或图解法求得端部节点上的剪应力、正应力及主应力的数值与分布规律。为了量测上下弦杆交接处豁口应力情况，可沿豁口周边布置单向应变测点。

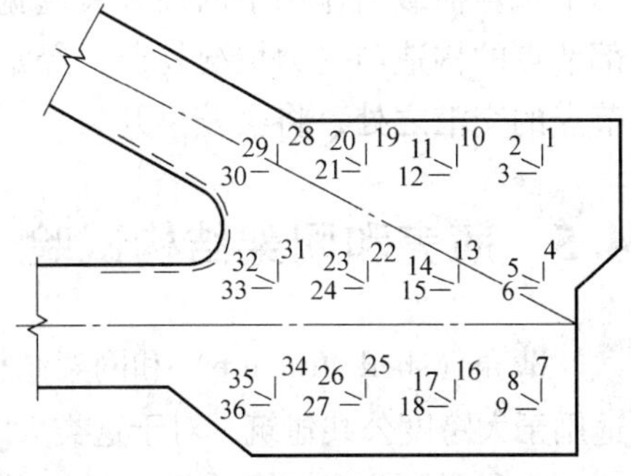

图4-14 屋架端部节点上应变测点布置图

4.4.4 预应力锚头性能测量

对于预应力钢筋混凝土屋架，有时还需要研究预应力锚头的实际工作和锚头在传递预应力时对端部节点的受力影响。特别是采用后张自锚预应力工艺时，为检验自锚头的锚固性能与锚头对端部节点外框混凝土的作用，在屋架端节点的混凝土表面沿自锚头长度方向布置若干应变测点，测量自锚头部位端部节点混凝土的横向受拉变形。如图4-15中所示的横向应变测点，如果按图示布置纵向应变测点时，则可以同时测得锚头对外框混凝土的压缩变形。

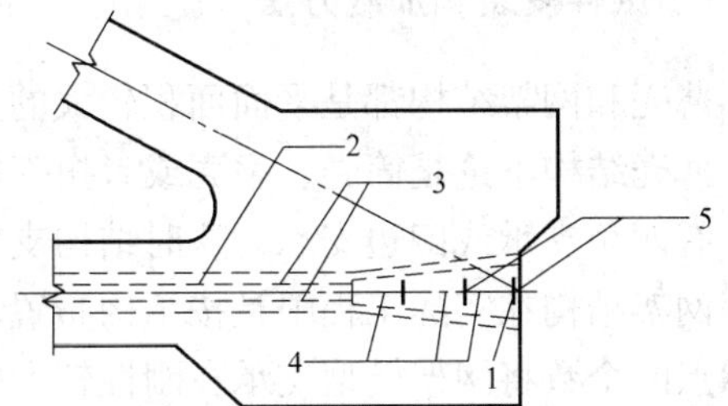

图4-15 屋架端部节点自锚头部位测点布置图

1—混凝土自锚锚头 2—屋架下弦预应力钢筋预留孔
3—预应力钢筋 4—纵向应变测点 5—横向应变测点

4.4.5 屋架下弦预应力钢筋张拉应力测量

为了测量屋架下弦的预应力钢筋在施工张拉和试验过程中的应力值以及预应力的损失情况，需在预应力钢筋上布置应变测点。测点位置通常布置在屋架跨中及两端部位；如果屋架跨度较大，则在1/4跨度的截面上可增加测点；有需要时，预应力钢筋上测点位置可与屋架下弦杆上的测点部位相一致。在预应力钢筋上经常采用事先粘贴电阻应变计的办法测量其应力变化，但必须注意防止电阻应变计受损。比较理想的做法是在成束钢筋中部放置一段短钢管使贴片的钢筋位置相互固定，这样便可将连接应变计的导线束，通过钢筋束中断续布置的短钢管从锚头端部引出。有时为了减少导线在预应力孔道内的埋设长度，可从测点就近部位的杆件预留孔将导线束引出。

如果屋架预应力钢筋采用先张法（pretensioning type）施工，则上述量测准备工作均需在施工张拉前到预制构件厂或施工现场就地进行。

4.4.6 裂缝测量

预应力钢筋混凝土屋架的裂缝测量，通常要实测预应力杆件的开裂荷载值；测量使用状态下试验荷载值作用下的最大裂缝宽度及各级荷载作用下的主要裂缝宽度。在屋架中由于端部节点的构造与受力情况复杂，经常会产生斜裂缝，应引起注意。此外腹杆与下弦拉杆以及节点的交汇之处，将会较早开裂。

4.5 薄壳和网架结构试验

薄壳（shell structure）和网架结构（grid structure）是工程结构中比较特殊的结构，一般适用于大跨度公共建筑，对于这类大跨度新结构的应用，一般都须进行大量的试验研究工作。

在科学研究和工程实践中，这种试验一般按照结构实际尺寸用缩小为1/200～1/50的大比例模型作为试验对象，但材料、杆件、节点基本上与实物类似，可将这种模型当作缩小到若干分之一的实物结构直接计算，并将试验值和理论值直接比较。这种方法比较简单，试验出的结果基本上可以说明实物的实际工作情况。

4.5.1 试件安装和加载方法

薄壳和网架结构都是平面面积较大的空间结构。

薄壳结构不论是筒壳、扁壳或者扭壳等，一般均有侧边构件，其支承方式可类似于双向板，有四角支承或四边支承，这时结构支承可由固定铰、活动铰及滚轴等组成。

网架结构在实际工程中是按结构布置直接支承在框架或柱顶，在试验中一般按实际结构支承点的个数将网架模型支承在刚性较大的型钢圈梁上。一般支座均为受压，采用螺栓做成的高低可调节的支座固定在型钢梁上，网架支座节点下面焊上带尖端的短圆杆，支承在螺栓支座的顶面，在圆杆上贴有应变计可测量支座反力，如图4-16所示。

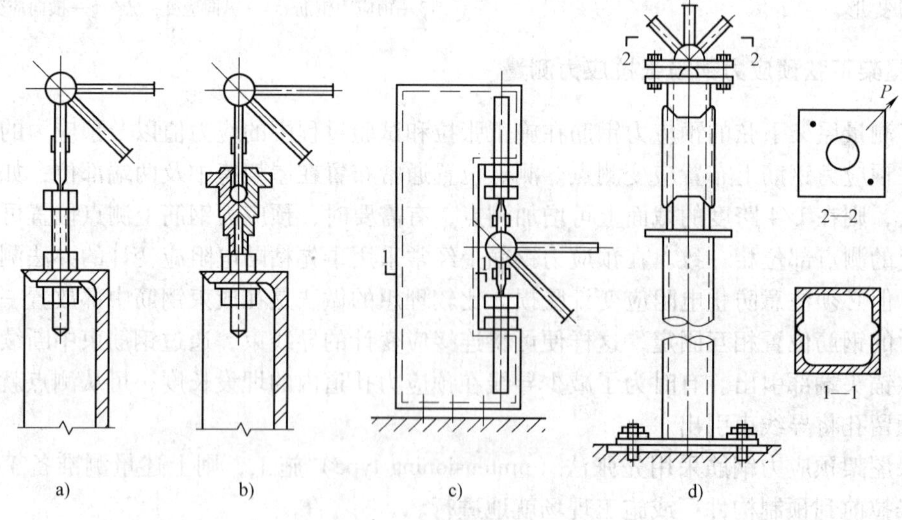

图4-16 网架试验的支座形式与构造

a）带尖端的短圆杆形式 b）钢球铰点支承形式 c）锁形拉压两用支座球面板形式 d）柱上端可调节套管形式

薄壳结构是空间受力体系，在一定的曲面形式下，壳体弯矩很小，荷载主要靠轴向力承受。壳体结构由于具有较大的平面尺寸，所以单位面积上荷载量不会太大，一般情况下可以用重力直接加载，将荷载分垛铺设于壳体表面；也可以通过壳面预留的洞孔直接悬吊荷载（见图4-17），并可在壳面上用分配梁系统施加多点集中荷载。在双曲扁壳或扭壳试验中可用特制的三角加载架代替分配梁系统，在三角架的形心位置上通过壳面预留孔用钢丝悬吊荷重；为适应壳面各点曲率变化，三角架的三个支点可用螺栓调节高度。

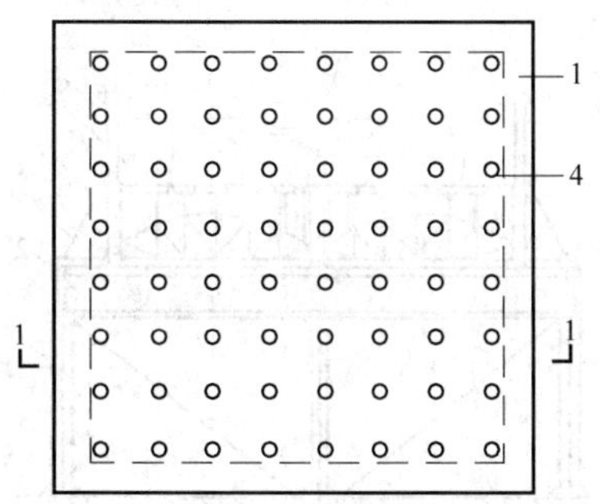

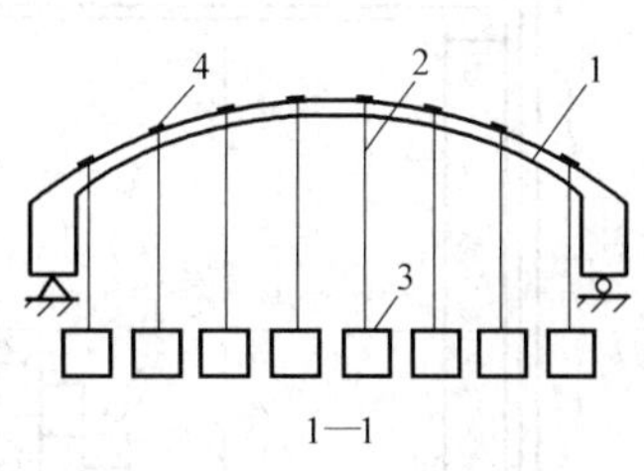

图4-17　通过壳面预留洞孔施加悬吊荷载

1—试件　2—荷重吊杆　3—荷重　4—壳面预留洞孔

为了加载方便，也可以通过壳面预留孔洞设置吊杆而在壳体下面用分配梁系统通过杠杆施加集中荷载。在薄壳结构试验中，也可利用气囊通过空气压力和支承装置对壳面施加均布荷载，有条件时可以通过密封措施，在壳体内部用抽真空的方法，利用大气压差，即利用负压作用对壳面进行加载。这时壳面由于没有加载装置的影响，便于测量和观测裂缝。

如果需要较大的试验荷载或要求进行破坏试验时，则可按图4-18所示用同步液压加载器和荷载支承装置施加荷载，以获得较好效果。

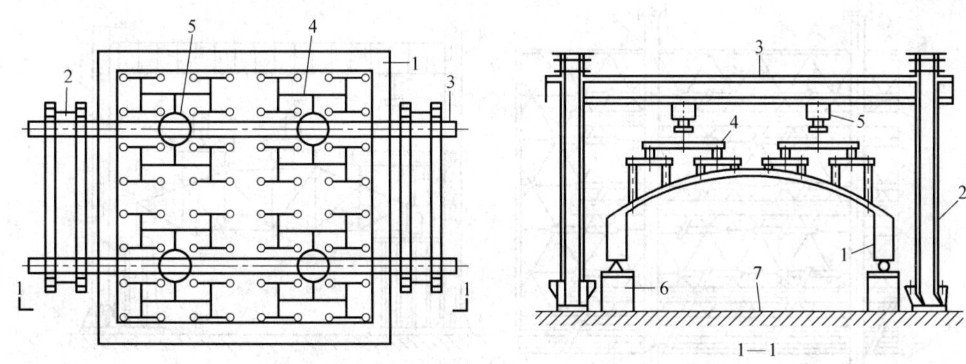

图4-18　用液压加载器进行壳体结构加载试验

1—试件　2—荷载支承架立柱　3—横梁　4—分配梁系统　5—液压加载器　6—支座　7—试验台座

在我国建造的网架结构中，大部分是采用钢结构杆件组成的空间体系，作用于网架上的竖荷载主要通过其节点传递。在较多试验中都用水压加载来模拟竖向荷载，为了使网架承受比较均匀的节点荷载，一般在网架上弦的节点上焊接小托盘，上放传递水压的小木板，木板按网架的网格形状及节点布置形状而定，要求该木板互不联系，以保证荷载传递作用明确，挠曲变形自由。对于变高度网架或上弦有坡度时，可通过连接托盘的竖杆调节高度，使荷载作用点在同一水平，便于用水压加载。在网架四周用薄钢板、铁皮或木板按网架平面体型组成外框，用于专门支柱支承外框的自重，然后在网架上弦的木板上和四周外框内衬以特制的开口大型塑料袋。这样，当试验加载时，水的重量在竖向通过塑料袋、木板直接经上弦节点传至网架杆件，而水的侧向压力由四周的外框承受。由于外框不可直接支承于网架，所以施加荷载的数量可直接由水面的高度来计算，图4-19所示为网壳用水加载时的装置。

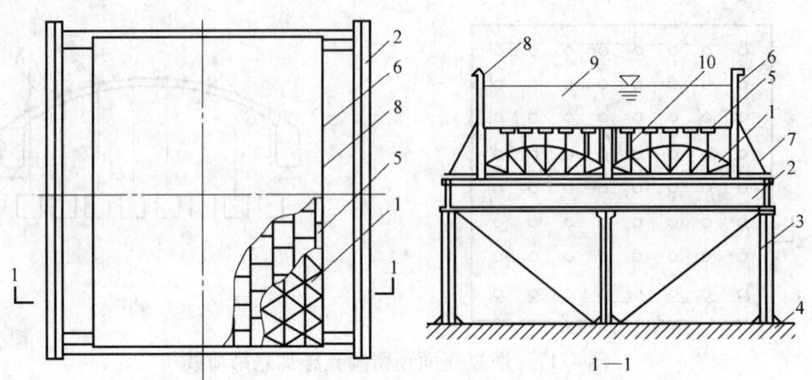

图4-19　钢网架试验用水加载的装置图

1—试件　2—刚性梁　3—立柱　4—试验台座　5—分块式小木板　6—钢板外框　7—支承　8—塑料薄膜水袋　9—水　10—节点荷载传递短柱

同薄壳试验一样，当需要进行破坏试验时，由于破坏荷载较大，可用多点同步液压加载系统经支承于网架节点的分配梁施加荷载，如图4-20所示。

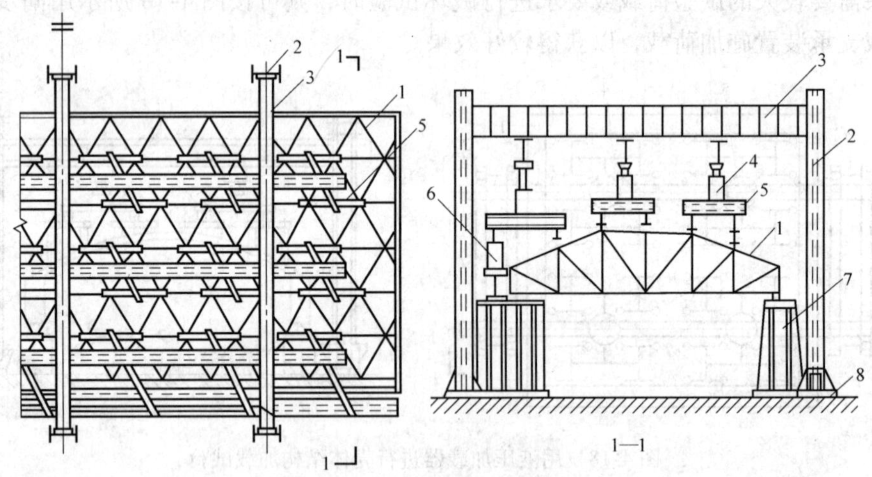

图4-20　用多点同步液压加载器对钢网架加载试验

1—网架　2—荷载支承架立柱　3—横梁　4—液压加载器　5—分配梁系统　6—平衡加载器　7—支座　8—试验台座

4.5.2　试验项目和测点布置

薄壳结构与平面结构不同，它既是空间结构又具有复杂的表面外形，如筒壳、双曲抛物面壳和扭壳等，根据其受力特点，它的测量要比一般平面结构复杂得多。

壳体结构要观测的内容也主要是位移和应变两大类。一般测点按平面坐标系统布置，测点的数量就比较多，如在平面结构中测量挠度曲线按线向五点布置法，在薄壳结构中则为了量测壳面的变形，即受载后的挠曲面，就需要 $5^2=25$ 个测点。为此，可利用结构对称和荷载对称的特点，在结构的 1/2、1/4 或 1/8 的区域内布置主要测点作为分析结构受力特点的依据，在其他对称的区域内则布置适量的测点，进行校核。这样既可减少测点数量，又不影响了解结构受力的实际工作情况，至于校核测点的数量可按试验要求而定。

薄壳结构都有侧边构件，为了校核壳体的边界支承条件，需要在侧边构件上布置挠度计来测量它的垂直位移及水平位移。有时为了研究侧边构件的受力性能，还要测量它的截面应变分布规律，这时完全可按梁式构件测点布置的原则与方法进行。

对于薄壳结构的挠度与应变测量，要根据结构形状和受力特性分别加以研究决定。圆柱形壳体受载后的内力相对比较简单，一般在跨中和 1/4 跨度的横截面上布置位移和应变测点，测量该截面的径向变形和应变分布。图 4-21 所示为圆柱形金属薄壳在集中荷载作用下的测点布置图。利用挠度计测量壳体与侧边构件受力后的垂直和水平变位，测试内容主要有侧边构件边缘的水平位移，壳体中间顶部垂直位移以及壳体表面上 2 及 2′处的法向位移。其中以壳体跨中截面上五个测点最有代表性，此外应在壳体两端部截面布置测点。利用应变仪测量纵向应力，仅布置在壳体曲面之上，主要布置在跨度中央、1/4 跨度处与两端部截面上，其中两个 1/4 跨度处截面和两个端部截面中，分别一个为主要测量截面，另一个与它对称的截面为校核截面。在测量的主要截面上布置 10 个应变测点，校核截面仅在半个壳面上布置五个测点。在跨中截面上因加载点的存在使测点布置困难（轴线 4-4 和 4′-4′），所以在 3/8 及 5/8 跨度处横截面的相应位置上布置补充测点。

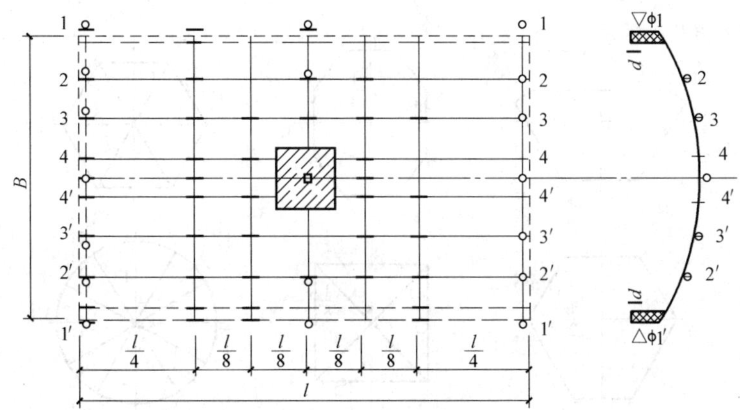

图 4-21　圆柱形金属薄壳在集中荷载作用下的测点布置图

对于双曲扁壳结构（double arch and flat shell structure）的挠度测点，除一般沿侧边构件布置垂直和水平位移的测点外，壳面的挠曲可沿壳面对称轴线或对角线布点测量，并在 1/4 或 1/8 壳面区域内布点（见图 4-22a）。

为了测量壳面主应力的大小和方向，一般均需布置三向应变测点（见图 4-22b）。由于壳面对称轴上剪应力等于零，主应力方向明确，所以只需布置两向应变测点（见图 4-22b）。

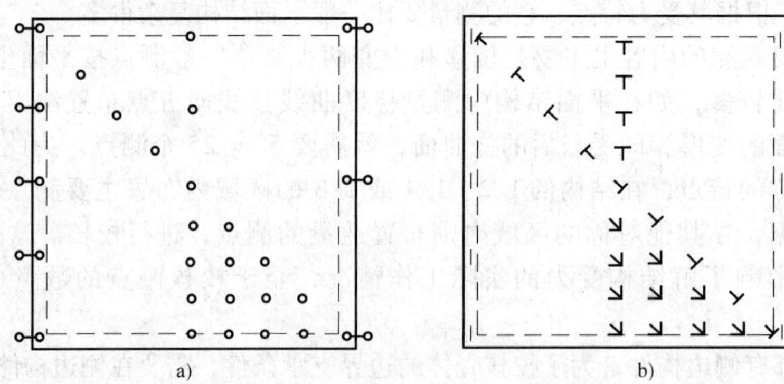

图 4-22 双曲扁壳的测点布置图

a）挠度测点布置 b）应变测点布置

有时为了测量应力在壳体厚度方向的变化规律，则在壳体内表面的相应位置上也对称布置应变测点。

网架结构是杆件体系组成的空间结构，它的形式多样，有双向正交、双向斜交和三向正交等，由于可看作由桁架梁相互交叉组成，其测点布置的特点也类似于平面结构中的桁架。

网架的挠度测点可沿各桁架梁布置在下弦节点，应变测点布置在网架的上下弦杆、腹杆、竖杆及支座竖杆上。由于网架平面体形较大，同样可以利用荷载和结构对称性的特点；对于仅有一个对称轴平面的结构，可在 1/2 区域内布点；对于有两个对称轴的平面，则可在 1/4 或 1/8 区域内布点；对于三向正交网架，则可在 1/6 或 1/12 区域内布点。与壳体结构一样，主要测点应尽量集中在某一区域内，其他区域仅布置少量校核测点（见图 4-23）。

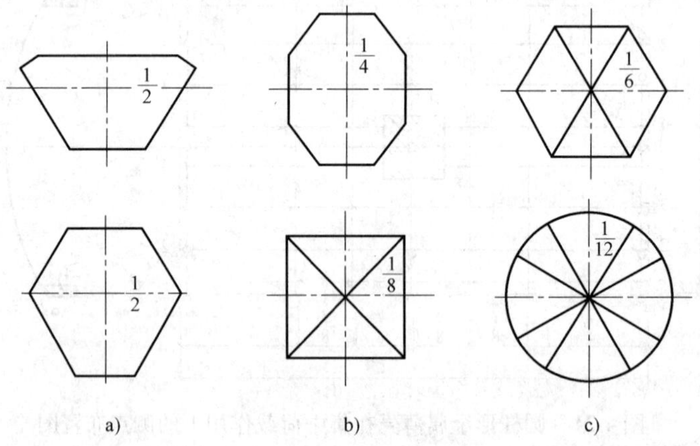

图 4-23 按网架平面体型特点分区布置测点

4.6 结构性能的检验与评定

作为结构性能检验（inspection of structural performance）的预制构件主要是混凝土构件。

被检验的构件必须从外观检查合格的产品中选取，其抽样率为：生产期限不超过3个月的构件抽样率为1/1000，若抽样构件的结构性能检验连续十批次均合格，则抽样率可改为1/2000。该抽样率适用于正规预制构件厂生产的构件。

结构性能检验的方法有两种：一是以结构设计规范规定的允许值作为检验依据；另一种是以构件实际的设计值为依据进行检验。预制构件结构性能检验的项目和检验要求列于表4-2。

表4-2 结构性能检验要求表

构件类型及要求	项目			
	承载力	挠度	抗裂	裂缝宽度
不允许出现裂缝的预应力构件	检验	检验	检验	不检验
允许出现裂缝的构件	检验	检验	不检验	检验
设计成熟、数量较少的大型构件	可不检验	检验	检验	检验
同上,并有可靠实践经验的现场大型异型构件	可免检			

4.6.1 构件承载力检验

为了说明结构构件是否满足承载力极限状态要求，对作为承载力检验的构件应进行破坏性试验，以判定达到极限状态标志时的承载力试验荷载值。

1）当按混凝土结构设计规范的允许值进行检验时，应满足下式要求

$$\gamma_u^0 \geqslant \gamma_0[\gamma_u] \tag{4-1}$$

$$\text{或}\quad S_u^0 \geqslant \gamma_0[\gamma_u]S \tag{4-2}$$

式中 γ_u^0——构件的承载力检验系数实测值，即承载力检验荷载实测值与承载力检验荷载设计值（均含自重）的比值，或表示为承载力荷载效应实测值与承载力检验荷载效应设计值（均含自重）之比值；

γ_0——结构构件的重要性系数；

$[\gamma_u]$——构件的承载力检验系数允许值，与构件受力状态有关，按表4-3采用；

S_u^0——承载力荷载效应实测值；

S——承载力检验荷载效应设计值。

2）当按构件实配钢筋的承载力进行检验时，应满足下式要求

$$\gamma_u^0 \geqslant \gamma_0\eta[\gamma_u] \tag{4-3}$$

$$\text{或}\quad S_u^0 \geqslant \gamma_0\eta[\gamma_u]S \tag{4-4}$$

式中 η——构件的承载力检验修正系数，其计算式为

$$\eta = \frac{R(f_c, f_s, A_s^0, \cdots)}{\gamma_0 S} \tag{4-5}$$

f_c——混凝土类材料的抗力设计值；

f_s——钢材的抗力设计值；

S——荷载效应组合设计值；

$R(\cdot)$——根据实配钢筋面积 A_s^0 确定的构件承载力计算值，应按钢筋混凝土结构设计规范有关承载力计算公式进行计算。

表 4-3 承载力检验指标 $[\gamma_u]$ 值 γ_0

受力情况	轴心受拉、偏心受拉、受弯、大偏心受压							轴心受压、小偏心受压	受弯构件受剪	
标志编号	1			2			3	4	5	6
承载力检验标志	主筋处裂缝宽度达到 1.5mm，或者挠度达到跨度的 1/5			受压区混凝土破坏			受力主筋拉断	混凝土受压破坏	腹部斜裂缝宽度达到 1.5mm 或斜裂缝末端混凝土剪压破坏	斜截面混凝土斜压破坏或受拉主筋端部滑脱，其他锚固破坏
	Ⅰ~Ⅲ级钢筋、冷拉Ⅰ、Ⅱ级钢筋	冷拉Ⅲ~Ⅳ级钢筋	热处理钢筋、钢丝、钢绞线	Ⅰ~Ⅲ级钢筋、冷拉Ⅰ、Ⅱ级钢筋	冷拉Ⅲ~Ⅳ级钢筋	热处理钢筋、钢丝、钢绞线				
$[\gamma_u]$	1.20	1.25	1.45	1.25	1.30	1.40	1.50	1.45	1.35	1.50

结构承载力的检验荷载实测值是根据各类结构达到各自承载力检验标志时作出的。结构构件达到或超过承载力极限状态的标志，主要取决于结构受力状况、受力钢筋的种类和观察到的承载力检验标志。

（1）轴心受拉、偏心受拉、受弯、大偏心受压构件　当采用有明显屈服点的热轧钢筋时，处于正常配筋的上列构件，其极限标志通常是受拉主筋首先达到屈服，进而受拉主筋处的裂缝宽度达到 1.5mm，或挠度达到 1/50 的跨度。对超筋受弯构件，受压区混凝土破坏比受拉钢筋发生屈服早，此时最大裂缝宽度小于 1.5mm，挠度也小于 $l/50$（l 为跨度），因此受压区混凝土压坏是构件破坏的标志。在少筋的受弯构件中，则可能出现混凝土一开裂钢筋即被拉断的情况，此时受拉主筋被拉断是构件破坏的标志。用无屈服台阶的钢筋、钢丝及钢绞线配筋的构件，受拉主筋拉断或构件挠度达到跨度 l 的 1/50 是主要的极限标志。

（2）轴心受压或小偏心受压构件　这类构件主要是柱类构件，当外加荷载达到最大值时，混凝土将被压坏或被劈裂，因此混凝土受压破坏是承载能力的极限标志。

（3）受弯构件的剪切破坏　受弯构件的受剪和偏心受压及偏心受拉构件的受剪，其极限标志是腹筋达到屈服，或斜向裂缝宽度达到 1.5mm 或 1.5mm 以上，沿斜截面混凝土斜压或斜拉破坏。

4.6.2 构件的挠度检验

当按混凝土结构设计规范规定的挠度允许值进行检验时，应满足下列要求

$$a_s^0 \leqslant [a_s] \tag{4-6}$$

$$[a_s] = \frac{M_s}{M_1(\theta - 1) + M_s}[a_f] \tag{4-7}$$

或

$$[a_s] = \frac{Q_s}{Q_1(\theta - 1) + Q_s}[a_f] \tag{4-8}$$

式中　a_s^0、$[a_s]$——在正常使用短期检验荷载作用下，构件的短期挠度实测值和短期挠度允许值；

M_s、M_l——按荷载效应短期组合和长期组合计算的弯矩值；

Q_s、Q_l——荷载短期组合值和长期效应组合值；

θ——考虑荷载长期效应组合对挠度增大的影响系数，对桁架可取 $\theta = 2.0$，其他按规范有关条文取用；

$[a_f]$——构件的挠度允许值，按结构规范有关规定采用。

当按实配钢筋确定的构件挠度值进行检验，或仅作刚度、抗裂或裂缝宽度检验的应满足下列要求

$$a_s^0 = 1.2 a_s^c \text{且} \ a_s^0 \leqslant [a_s] \tag{4-9}$$

式中　a_s^c——在正常使用的短期检验荷载作用下，按实配钢筋确定的构件短期挠度计算值。

4.6.3　构件的抗裂检验

在正常使用阶段不允许出现裂缝的构件，应对其进行抗裂性检验。构件的抗裂性检验应符合下列要求

$$\gamma_{cr}^0 \geqslant [\gamma_{cr}] \tag{4-10}$$

其中

$$\gamma_{cr} = 0.95 \frac{\gamma f_{tk} + \sigma_{pc}}{f_{tk} \sigma_{sc}}$$

式中　γ_{cr}^0——构件抗裂检验系数实测值，即构件的开裂荷载实测值与正常使用短期检验荷载值之比；

$[\gamma_{cr}]$——构件的抗裂检验系数允许值，由设计标准给出；

γ——受压区混凝土塑性影响系数，按现行《混凝土结构设计规范》的有关规定取用；

σ_{sc}——荷载短期效应组合下，抗裂验算边缘的混凝土法向应力；

σ_{pc}——检验时在抗裂验算边缘的混凝土预压应力计算值，应考虑混凝土收缩徐变造成预应力损失 σ_{l5} 随时间变化的影响系数 β，$\beta = 4j(120 + 3j)$，j 为施加预应力后的时间（d）；

f_{tk}——检验时混凝土抗拉强度标准值。

4.6.4　构件裂缝宽度检验

对正常使用阶段允许出现裂缝的构件，应限制其裂缝宽度。构件的裂缝宽度应满足下列要求

$$w_{s,max}^0 \leqslant [w_{max}] \tag{4-11}$$

式中　$w_{s,max}^0$——在正常使用短期检验荷载作用下，受拉主筋处最大裂缝宽度的实测值；

$[w_{max}]$——构件检验的最大裂缝宽度允许值，按现行《混凝土结构设计规范》的有关规定采用。

4.6.5　构件结构性能评定

根据结构性能检验的要求，对被检验的构件，应按表 4-4 所列项目和标准进行性能检验，按下列规定进行评定：

表4-4 复式抽样再检的条件

检验项目	标准要求	二次抽样检验指标	相对放宽
承载力	γ_u^0	$0.95\gamma_u^0$	5%
挠度	a_s^0	$1.10a_s^0$	10%
抗裂	$[\gamma_{cr}]$	$0.95[\gamma_{cr}]$	5%
裂缝宽度	$[w_{max}]$	—	0

1）当结构性能检验的全部检验结果均符合表4-4规定的标准要求时，该批构件的结构性能应评为合格。

2）当第一次构件的检验结果不能全部符合表4-4的标准要求，但能符合第二次检验要求时，可再抽两个试件进行检验。第二次检验时，对承载力和抗裂检验要求降低5%；对挠度检验放宽10%；对裂缝宽度不允许再作第二次抽样，因为原规定已较松，并且可能的放松值就在观察误差范围之内。

3）对第二次抽取的第一个试件检验时，若都能满足标准要求，则可直接评为合格。若不能满足标准要求，但又能满足第二次检验指标时，则应继续对第二次抽取的另一个试件进行检验，检验结果只要满足第二次检验的要求，该批构件的结构性能仍可评为合格。

应该指出，对每一个试件，均应完整地取得三项检验指标。只有三项指标均合格时，该批构件的性能才能评为合格。在任何情况下，只要出现低于第二次抽样检验指标的情况，即当判为不合格。

本章小结

1. 结构工程中常见结构构件静载试验主要有：受弯构件的试验、压杆和柱的试验、屋架试验、薄壳和网架结构试验等。对于不同的静载试验，应当根据结构特点选择合适的试件安装和加载方法，在加载条件受限时还可以采用等效加载图式。

2. 不同的静载试验的试验项目和测点布置有所不同。对于受弯构件的试验除测量承载力、抗裂度、挠度和裂缝外还需测量局部区域单向应力、平面应力、钢筋应力、翼缘与孔边应力等，以分析构件中应力分布。对于压杆与柱的试验一般观测其破坏荷载、各级荷载下的侧向挠度值及变形曲线、控制截面或区域的应力变化规律以及裂缝开展情况。对于屋架则需进行挠度和节点位移测量、杆件内力测量、端节点应力分析、预应力锚头性能测量、预应力筋张拉应力测量。对于薄壳和网架结构则主要的观测内容位移和应变两大类，其测量主要根据结构形状和受力特性来确定。

3. 鉴定性试验主要是通过试验来检验结构构件是否符合结构设计规范及施工验收的要求，并对检验结果作出技术结论。即通过构件承载力检验、构件的挠度检验、构件的抗裂检验、构件裂缝宽度检验四项内容对构件结构性能作出评定。

思考题

4-1 分别叙述受弯构件、压杆、屋架的静力试验项目。

4-2 结构性能检验的一般要求是什么？结构承载力极限的标志有哪些？

4-3 如何测定结构的应力？各类静力试验测量应变时测点布置有何要求？

4-4 叙述各类静力试验前的准备工作。

第 5 章 建筑结构动力试验

5

本章主要介绍了建筑结构动力试验的基本试验内容；动荷载的特性试验方法；结构的动力特性试验和动力反应试验；疲劳试验的试验项目和观测方法。通过本章的学习，读者应了解建筑结构动力试验的基本原理和试验方法。

5.1 概述

工程结构在实际使用过程中除了承受静荷载作用外，还常常承受各种动荷载作用。为了确定动荷载的特性、结构的动力特性以及结构在动荷载作用下的动力反应，一般要进行结构动力试验，动力试验是结构试验工作的一个重要组成部分。

动力试验与静力试验相比，具有一些特殊的规律性。首先，引起结构振动的动荷载是随时间而改变的；其次，结构在动荷载作用下的反应与结构本身动力特性有密切关系。动荷载所产生的动力效应，有时远远大于其相应的静力效应，可能使结构遭受严重破坏。

一般说来，结构动力测试主要包括以下三方面的内容：动荷载特性的测定、结构自振特性的测定、结构在动荷载作用下反应的测定。

结构动力试验主要包括结构的动力特性试验、结构动力反应试验和结构疲劳试验等，如研究铁路或公路桥梁的振动特性、工业厂房中的起重机梁（吊车梁）的疲劳强度与疲劳寿命、大跨结构和高耸结构在风荷载作用下的动力问题。

1. 结构动力特性试验

结构的动力特性是进行结构抗震计算、解决结构共振问题及诊断结构累积损伤的基本依据。因而结构动力特性参数的测试是动力试验的最基本内容。

结构的动力特性包括结构的自振频率、阻尼比、振型等参数。这些参数取决于结构的形式、刚度、质量分布、材料特性及构造连接等因素，而与外载无关。通常，采用人工激励法或环境随机激励法使结构产生振动，同时测量并记录结构的速度响应或加速度响应，再通过信号分析得到结构的动力特性参数。动力特性试验的对象以整体结构为主，可以在现场测试实体（原型）结构的动力特性，也可以在试验室对模型结构进行动力特性试验。

2. 结构的动力反应试验

结构的动力反应试验是测定结构在实际工作时的振动参数（振幅、频率）及性状，如动力机器作用下厂房结构的振动、移动荷载作用下桥梁的振动、地震时建筑结构的动力反应

(强震观测)等。测量得到的这些资料,用来研究结构的工作是否正常、安全,存在何种问题,薄弱环节在何处。

3. 结构疲劳试验

结构疲劳试验的目的就是要了解在重复荷载作用下结构的性能及变化规律。结构构件疲劳试验一般均在专门的疲劳试验机上进行,大部分采用电液伺服疲劳试验机或电磁脉冲千斤顶施加重复或反复荷载,也有的采用偏心轮式振动设备加载。对结构构件的疲劳试验大多采用等幅匀速脉动荷载,借以模拟结构构件在使用阶段不断反复加载和卸载的受力状态。

除上述几种典型的结构动力试验外,在工程实践和科学研究中,根据结构所处的动力学环境,还有强迫振动试验、冲击碰撞试验模拟、地震振动台试验和风洞试验等结构动力试验。工程中的振动形式可以分为确定性振动和随机振动两类:确定性振动是指振动的激励及结构响应可以用确定的函数来描述的有规律振动;随机振动(又称为不确定振动)是指无规则、杂乱无章的振动,其激励及结构响应都难以用确定的函数来描述,需要用概率统计的方法来描述。工程中的大多数情况都是随机振动。

5.2 动荷载的特性试验

对结构进行动力分析和隔振设计时,必须掌握动荷载的特性。

动荷载的特性试验主要包括主振源和动荷载自身参数的测定试验。动荷载的特性包括作用力的大小、方向、频率及其作用规律等。对地震作用、风荷载等特殊动荷载,可用长期观察的历史资料进行分析,确定其作用力的大小和振动规律,一般来说,它具有较大的概括性和代表性,但仍须考虑到具体振源的动力特性可能与统计资料反映的平均结果有显著的不同。

有些动力设备,如往复式机械及各种带有离心力的机械,可以根据机械本身的参数进行动荷载特性计算,但是在很多场合下不能由计算方法获得动荷载特性资料,这时就需要用试验方法来确定。例如,起重机(吊车)行驶时因轨道不平或接头所产生的冲击荷载,液体或气体的压力脉动、风压脉动、冲击波等。

5.2.1 测定主振源的方法

作用在结构上的动荷载常常是很复杂的,一般是由多个振源产生的。首先要找出对结构振动起主导作用即产生危害最大的主振源,然后测定其特性。

结构发生振动,其主振源并不总是显而易见的,这时可以通过下述一些试验方法来测定。在工业厂房内有多台动力机械设备时,可以逐个开动,观察结构在每个振源影响下的振动情况,从中找出主振源,但是这种方法往往由于影响生产而不便实现。也可以分析实测振动波形,根据不同振源将会引起不同规律的强迫振动这一特点,来间接判定振源的某些性质,作为探测主振源的参考依据。

图 5-1 给出了几种典型的振动曲线的记录波形图。其中图 5-1a 是间歇性的阻尼振动曲线,振动曲线上有明显的尖峰和衰减的特点,说明是撞击性振源所引起的振动;图 5-1b 的振动曲线是周期性的简谐振动曲线,这可能是一台机器或多台转速一样的机器运转所引起的

振动；图 5-1c 为频率相差两倍的两个简谐振源引起的合成振动曲线图形；图 5-1d 为三个简谐振源引起的更为复杂的合成振动曲线图形；图 5-1e 的振动曲线的记录波形符合“拍振”的规律，振幅周期性地由小变大，又由大变小。这有两种可能，一种是由两个频率接近的简谐振源共同作用；另外一种是只有一个振源，但其频率和结构的自振频率相近；图 5-1f 的振动曲线记录波形是随机振动的记录图形，它是由随机性动荷载引起的，如液体或气体的压力脉冲。

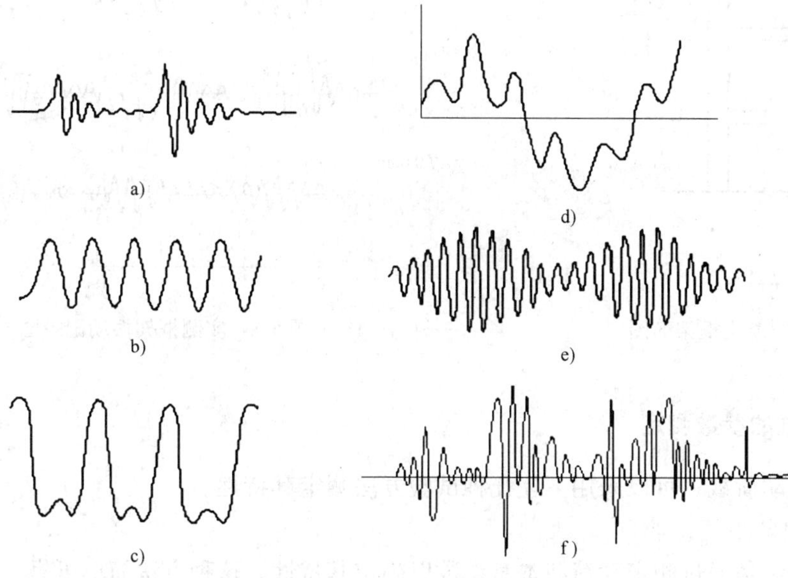

图 5-1　各种振动记录波形图

分析结构振动的频率，可以作为进一步判断主振源的依据。我们知道，结构强迫振动的频率和作用力的频率相同，因此具有这种频率的振源就可能是主振源。对于简谐振动可以直接在振动记录图上量出振动频率，对于复杂的合成振动则需进一步分析合成振动记录图，作出复合振动频谱图，在频谱图上可以清楚地看出合成振动是由哪些频率成分组成的，哪一个频率成分具有较大的幅值，从而判断哪一个振源是主振源。

【例 5-1】　某厂有一个混凝土框架结构，高 17.5m，结构顶部安装了一个 3000N 的化工容器（见图 5-2）。此框架建成投产后即发现水平横向振动很大，人站在上面就能明显地感觉到，但框架本身及其周围并无大的动力设备。振动从何而来一时看不出，于是以探测主振源为目的进行了实测。在框架顶部、中部和地面设置了测振传感器，实测振动记录如图 5-3所示。由图 5-3 可以看出，在框架顶部 17.5m 处、8m 处和地面的振动记录图的形式是一样的，不同的是顶部振动幅值大，人感觉明显，地面振动幅值小，人感觉不出，只能用仪器测出，所记录的振动明显是一个“拍振”。这种振动是由两个频率值接近的简谐振动合成的结果。运用分析“拍振”的方法可得出，组成“拍振”的两个分振动的频率分别是 2.09Hz 和 2.28Hz，相当于 125.4 次/min 和 136.8 次/min。经过调查，原来距此框架 30 多米处是该厂压缩机车间。此车间有六台大型卧式空气压缩机，其中 4 台为 136 转/min，2 台为 125 转/min，因此，可以确定出振源即为大型卧式空气压缩机。

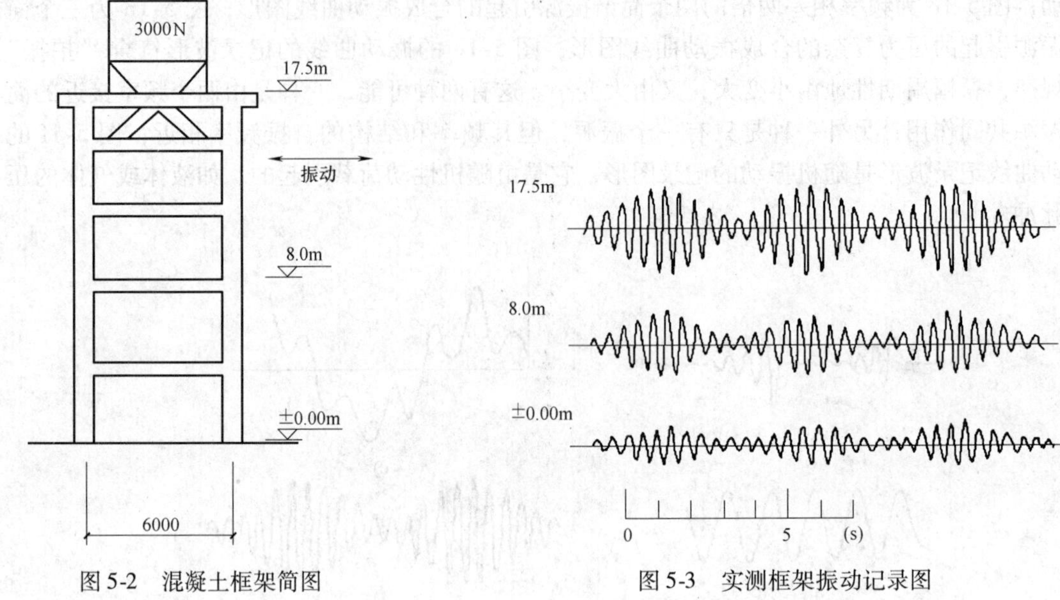

图 5-2 混凝土框架简图

图 5-3 实测框架振动记录图

5.2.2 动荷载的参数测定

对不同的动荷载，可以采用下述几种试验方法测定其特性。

1. 直接测定法

直接测定法是通过测定动荷载本身参数以确定其特性。这种方法简单可靠，并且随着测量技术的不断发展，各种传感器的逐步完善，其应用范围也越来越广。

对一些由往复式运动部件产生的惯性力（如牛头刨床、曲柄连杆机械等）可以用加速度传感器安装在运动部件上，直接测出机器工作时运动部件的加速度变化规律，由于运动部件的质量是已知的，所以惯性力便可得到。

对由某些机械传递到结构上的动荷载，可使用各种测力传感器来测定，将传感器固定在结构物和机器底座之间，开动机器时，传感器就可将产生的惯性力用记录仪器直接记录下来。但用此法测力传感器的刚度应足够大，否则会导致很大的误差。

对于由密封容器或管道内液体或气体的压力运动而产生的动荷载，可以在该容器上安装压力传感器，直接记录容器内液体或气体的压力波动图形，从而得出由此产生的动荷载。

有些机器主设备（如桥式起重机）可以通过测量某一杆件的变形来得到动荷载的大小和规律。但应注意，选取适当的杆件是很重要的，被选的杆件要经过动力特性的测定。

2. 间接测定法

间接测定法是把要测定动力特性的机器安装在有足够弹性变形的专用结构上，结构下面为刚性支座。可以将受弯钢梁或木梁安装在大型基础上作为这种弹性结构。梁的刚度和跨度的选择必须避免与机器发生共振，以保证所测结果的准确度。

试验时，首先将机器安装在梁上，在机器未开动前应先进行结构的静力和动力特性的测定（可采用突加荷载法或突卸荷载法），确定出结构的刚度和惯性力矩、固有振动频率、阻尼比及已知简谐外力作用下的振幅。然后开动机器，用仪器测定并记录结构的振动情况，根据所测数据来确定机器造成的可变外力。

该法的先决条件是振源必须为可移动的，而实际上大部分振源是固定的，因此这种方法比较适合于动力设备制造部门和校准单位在产品检验和标定时采用。

3. 比较测定法

比较测定法是通过比较振源的承载结构（楼板、框架或基础）在已知动荷载作用下的振动情况和待测振源作用下的振动情况，进而得出动荷载的特性数据。

测定时在振源旁边放一台激振器，先开动激振器测定承载结构的动力特性，确定出自振频率、阻尼比以及在已知简谐力作用下随激振器转速改变的强迫振动振幅，再开动待测振源，记录承载结构的振动图形。依据这些记录数据，可求得振源工作时产生的动荷载的特性。用此法也可按如下步骤进行：先开动振源，记录承载结构的振动情况，再开动激振器逐渐调节其频率和作用力的大小，使结构产生同样振动。由于激振器的作用力和频率已知，这样也可以求得振源的动力特性，这种方法对于产生简谐振动的振源效果最好。

【例5-2】　某电石车间电炉的电极是采用液压系统提升的，如图5-4所示。电极重量通过液压缸放在两个混凝土梁上，当生产过程中需要提升或降低电极时，由液压泵通过液压油管向液压缸输油或泄油。在提升电极时发现承载结构的混凝土梁发生振动。由于电极提升速度很慢，按计算不可能产生很大的惯性力，因此需要弄清产生振动的原因，以及动荷载的大小和作用规律。

为了判明振源和测定动荷载大小，在液压缸上安装了电阻应变式压力传感器，并在混凝土梁上布置了拾振器。将压力传感器通过动态电阻应变仪输出的信号以及拾振器通过放大器输出的信号同时输入光线示波器。这时起动液压泵向液压缸输油以提升电极，在示波器上记录下液压变化曲线和承载梁的振动记录曲线（见图5-5）。从记录图上可以看出，当液压缸进油，电极提升的一瞬间，液压缸内的液压发生一个压力脉冲，因而在承载结构上产生一个撞击荷载使梁产生振动。液压缸在进油时产生的压力脉冲类似水管内的水击现象，称为油击。进一步实测试验说明，油击大小与进油速度、阀门形式等因素有关。在特定条件下，可以通过这种方法具体测出油击脉冲的大小，从而为设计提供依据。

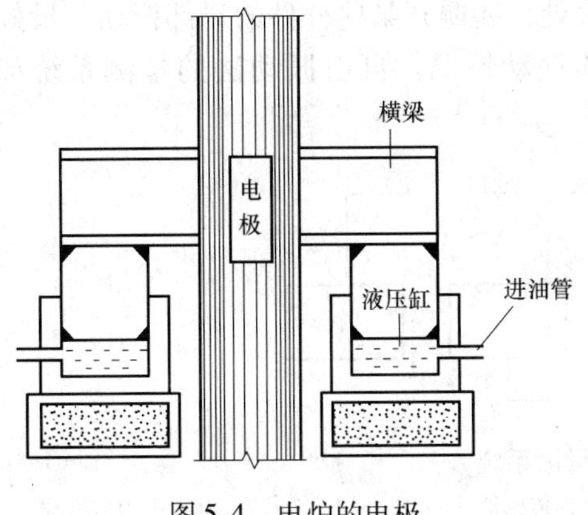

图5-4　电炉的电极

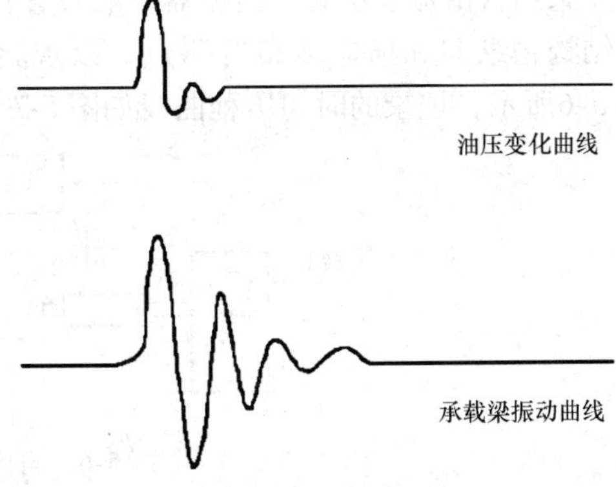

图5-5　实测电极液压缸的液压变化和承载梁振动记录图

5.3 结构的动力特性试验

结构的动力特性包括结构的自振频率、阻尼比、振型等参数。这些参数取决于结构的形式、刚度、质量分布、材料特性及构造连接等因素，而与外载无关。结构的动力特性是进行结构抗震计算、解决结构共振问题及诊断结构累积损伤的基本依据。因而结构动力特性参数的测试是动力试验的最基本内容。

对于比较简单的动力问题，一般只需要考虑结构的基本频率。但对于比较复杂的多自由度体系，有时还须考虑第二、第三甚至更高阶的频率以及相应的振型。结构物的自振频率及相应的振型虽然可由结构动力学原理计算得到。但由于实际结构物的组成和材料性质等因素影响，经过简化计算得出的结构动力特性的理论数值一般误差较大，特别是阻尼系数很难通过计算确定。本节将介绍一些常用的结构动力特性测试方法。

5.3.1 自由振动法

自由振动法（free vibration method）是设法使结构产生自由振动，通过记录仪器记下有衰减的自由振动曲线，由此求出结构的基本频率和阻尼系数。

使结构产生自由振动的办法较多，通常可采用突加荷载和突卸荷载的办法。例如对有桥式起重机（吊车）的工业厂房，可以利用小车突然刹车制动，引起厂房横向自由振动。对体积较大的结构，可对结构预加初位移，试验时突然释放预加位移，从而使结构产生自由振动。

用发射反冲小火箭（又称反冲激振器）的方法可以产生脉冲荷载，也可以使结构产生自由振动，该法特别适宜于烟囱、桥梁、高层房屋等高大建筑物。近年来我国已研制出各种型号的反冲激振器，推力为10～40kN，一些单位用这种方法对高层房屋、烟囱、古塔、桥梁、闸门等做过大量试验，得到较好结果，但使用时要特别注意安全问题。

在测定桥梁的动力特性时，还可以采用载货汽车越过障碍物的办法产生一个冲击荷载，使桥梁产生自由振动。

采用自由振动法时，拾振器一般布置在振幅较大处，要避开某些杆件的局部振动。最好在结构物纵向和横向多布置测点，以观察结构整体振动情况。自由振动法的量测系统如图5-6所示，记录的时间历程曲线如图5-7所示。

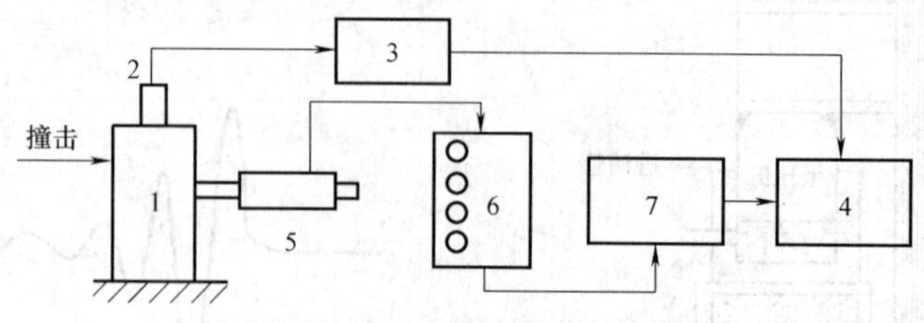

图5-6 自由振动衰减量测系统

1—结构物 2—拾振器 3—放大器 4—光线示波器 5—应变位移传感器 6—应变仪桥盒 7—动态电阻应变仪

从实测得到的结构自由振动曲线记录图上，可以根据时间信号直接测量出基本频率。为了消除荷载影响，最初的1～2个波一般不用。同时，为了提高准确度，可以取若干个波的

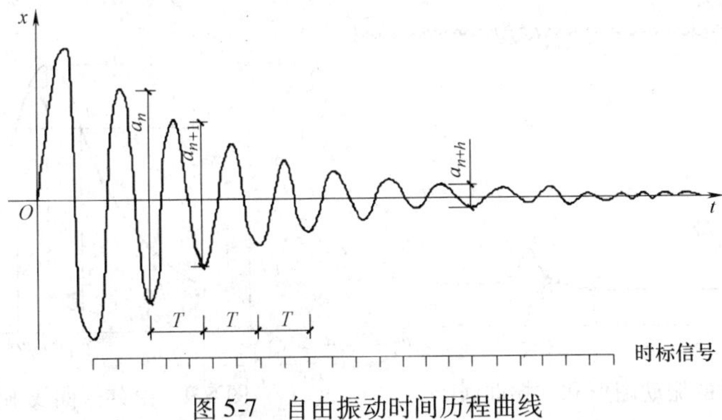

图 5-7　自由振动时间历程曲线

总时间除以波数得出平均数作为基本周期，其倒数即为基本频率。

5.3.2　共振法

共振法（resonance method）是利用专门的激振器对结构施加简谐动荷载，使结构产生恒定的强迫简谐振动，借助对结构受迫振动的测定，求得结构动力特性的基本参数。

机械式激振器的原理已如前述。使用激振器时需将其牢固地安装在结构上，避免发生跳动，否则将影响试验结果。激振器的激振方向和安装位置要根据试验结构的情况和试验目的而定。一般说来，整体结构动荷载试验多为水平方向激振，楼板和梁的动荷载试验多为垂直方向激振。激振器的安装位置应选在所要测量的各个振型曲线都不是节点的部位。试验前最好先对结构进行初步动力分析，做到对所测量的振型曲线的大致形状心中有数。

由结构动力学可知，当干扰力的频率与结构本身自振频率相等时，结构就会出现共振。因此，通过连续改变激振器的频率（频率扫描），可使结构产生共振，所记录的共振时的频率，即为结构的自振频率。工程结构都是具有连续分布质量的系统，严格说来，其自振频率不是一个，而有无限多个。对于一般的动力问题，确定其最低的基本频率是最重要的。有时尚需要确定结构的第二频率、第三频率等，这时也可采用共振法进行动荷载试验，连续改变激振器的频率，使结构发生第一次共振、第二次共振、第三次共振、……，就可得到结构的相应的各阶频率。

图 5-8 所示为对建筑物进行频率扫描试验时所得到的时间历程曲线。在共振频率附近逐渐调节激振器的频率，同时记录结构的振幅，就可作出频率-振幅关系曲线，或称为共振曲线。当使用偏心式激振器时，应注意，转速不同，激振力大小也不一样，激振力与激振器转速的二次方成正比。为了使绘出的共振曲线具有可比性，应把振幅折算为单位激振力作用下的振幅，或把振幅换算为在相同激振力作用下的振幅。通常将实测振幅 A 除以激振器的圆频率 ω^2，以 A/ω^2 为纵坐标，ω 为横坐标绘制共振曲线，如图 5-9 所示。曲线上峰值所对应的频率值即为结构的自振频率。

从共振曲线上也可以得到结构的阻尼系数，具体做法如下：在纵坐标最大值 x_{max} 的 0.707 倍处作一个水平线与共振曲线相交于 A 和 B 两点，其对应横坐标 ω_1 和 ω_2。则阻尼系数 n 为

$$n=\frac{\omega_2-\omega_1}{2} \tag{5-1}$$

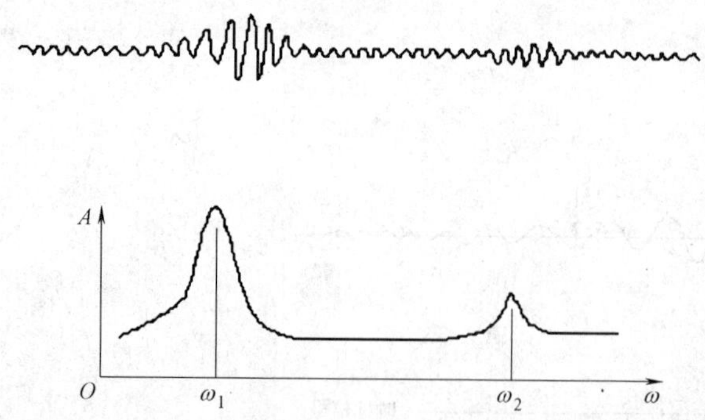

图 5-8 共振时的振动图形和共振曲线

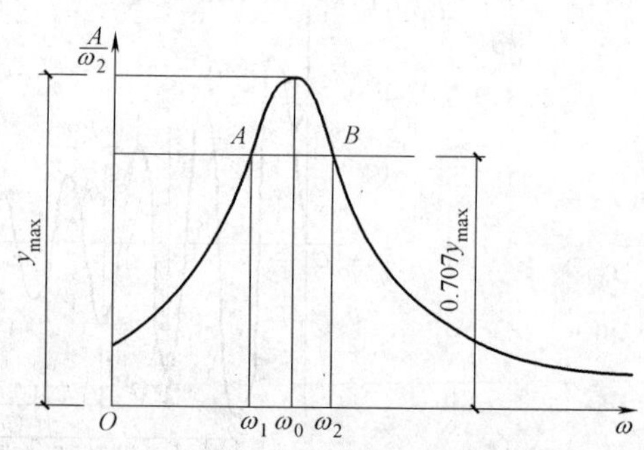

图 5-9 由共振曲线求阻尼系数和阻尼比

临界阻尼比 ξ_c 为

$$\xi_c = \frac{n}{\omega_0} \tag{5-2}$$

由结构动力学可知，结构按某一自振频率振动时形成的弹性曲线称为结构对应于此频率振动的振型。对应于基频、第二频率、第三频率分别有第一振型、第二振型、第三振型。用共振法测量振型时，要将若干个拾振器布置在结构的若干部位。当激振器使结构发生共振时，同时记录结构各部位的振动图，通过比较各点的振幅和相位，即可绘出该频率的振型图。图 5-10 所示为共振法测量某建筑物振型的具体情况。绘制振型曲线图时，要规定位移的正负值。在图 5-10 上规定顶层的拾振器 1 的位置为正，凡与它相位相同的为正，反之则为负。将各点的振幅按一定的比例和正负值画在图上即是振型曲线。

拾振器的布置视结构形式而定，可根据结构动力学原理初步分析或估计振型的大致形式，然后在控制点（变形较大的位置）布置仪器。例如，图 5-11 所示门架在横梁和柱子的中点、四分之一处、柱端点共布置了 1 ~ 6 个测点，这样可较好地连成振型曲线。测量前，对各通道应进行相对校准，使之具有相同的灵敏度。

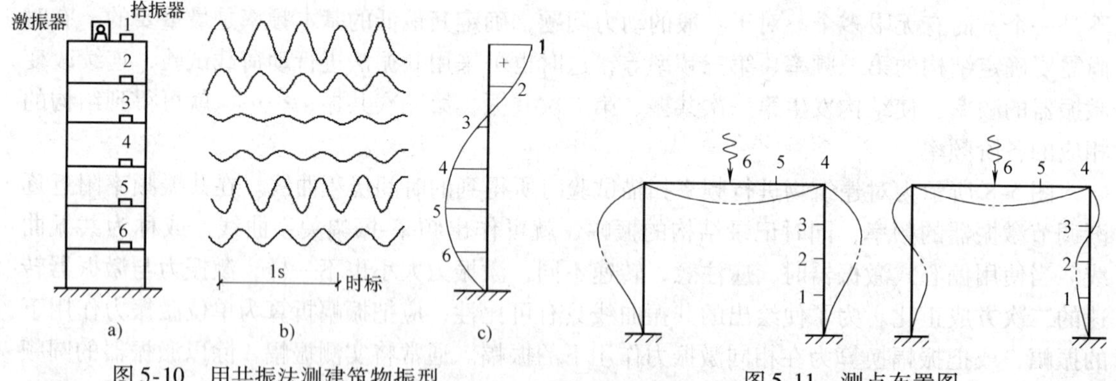

图 5-10 用共振法测建筑物振型

图 5-11 测点布置图

有时由于结构形式比较复杂，测点数会超过已有拾振器数量，这时可以逐次移动拾振器，分几次测量，但必须将一个测点作为参考点。参考点应选在不是节点的部位，在各次测量中位于参考点的拾振器不能移动，并且各次测量的结果都要与参考点的曲线比较相位。

5.3.3 脉动法

建筑物的脉动是一种很微小的振动，脉动源来自地壳内部微小的振动、地面车辆运动、机器运转所引起的微小振动以及风荷载引起的建筑物振动等。利用建筑物的脉动响应来确定其动力特性，俗称脉动试验。利用高灵敏度的传感器、放大记录设备，借助于随机信号数据处理的技术，利用环境激励量测建筑物的响应，分析确定建筑物的动力特性是一种有效而简便的方法。它可以不用任何激振设备，对建筑物没有丝毫损伤，也不影响建筑物内工作的正常进行，在自然环境条件下就可量测建筑物的响应，经过数据分析就可确定其动力特性。

1. 基本假设

在进行脉动试验（fluctuation test）及其数据分析时，可作下述三条假设：

1）假设建筑物的脉动是一种各态历经的随机过程。由于建筑物脉动的主要特征与时间起点的选择关系不大，同时因为它本身的动力特性的存在（建筑物如一个滤波器），因此建筑物的脉动是一个平稳随机过程。实践表明，它可被看做是各态历经的平稳过程。只要有足够长的记录时间，就可以用单个样本函数上的时间平均来描述这个过程的所有样本的平均特性。

2）对于多自由度体系，当有多个激振输入时，在共振频率附近所测得的物理坐标的位移幅值，可以近似地认为就是纯模态的振型幅值。对于多自由度体系，如果假设各阶固有频率 $\omega_i = K_i/M_i$（$i=1, 2, \cdots, n$）之间比较稀疏（此处 K_i 和 M_i 相应为广义刚度和广义质量），对于阻尼比较小的情况，在 $\omega = \omega_i \pm \Delta\omega_i/2$ 这一共振频率附近所测得的信号，可以近似地认为与其主振型成比例，而忽略其他振型的影响，这样就可以采用峰值来确定结构物各阶频率和振型。如果相邻的模态成分耦联，就先要进行分解，不能直接利用峰值来确定结构物各阶频率与振型。

3）假设脉动源的频谱是较平坦的，可以把它近似为有限带宽白噪声，即脉动源的傅里叶谱或者功率谱是一个常数。这样结构物响应的频谱就是结构物的动力特性，不仅可以确定其固有频率，还可以在结构物脉动信号的傅里叶谱或功率谱上利用半功率点确定阻尼比。

2. 测试仪器的要求

结构的动力特性的测量对象涉及面很广，包括高层建筑及一般民用建筑、大跨桥梁及城市立交桥、工业厂房及设备与基础振动等，由于这些建筑物的特点，因此对仪器设备具有较高的要求。包括：

1）应注意下限频率。当前国内高层建筑的高度已经达到400m以上，大跨桥梁主跨达到1000m以上，这些建筑物自振频率很低，即自振周期很长，因此要求传感器及放大器的下限频率很低，甚至是从0Hz开始，才能满足测试要求。

2）要求高灵敏度的传感器。由于是采用自然环境激励，不采用强迫激振器激振，因此振动信号微弱，要求传感器灵敏度高，放大器有足够的增益。

3）要有足够数量的传感器及相应的放大记录设备。由于被测对象高度越来越高，跨度越来越大，因此在测量与分析其动力特性时，会得到较多的频率与振型。如传感器数量不够，则只能分若干次测量，这里存在两个问题。一是需要确定分次测量的共用连接测点。这个测点如果选择得好，可以得到满意的结果；如果选择得不好，正好放在某一振型的节点处，由于在振型节点处的信号很小，因此两个测点的相干就会很不好，做出来的振型就会失真。二是分次测量用的时间较多，分几次测量就要多用几倍的时间，也会相应地增加分析处理的时间。因此，最好能够一次把需要记录的测点同时记录下来，这就要求有较多的传感器及相应的放大记录设备。

3. 传感器的布置原则

一座建筑物，又高又大，从什么部位来拾取它的振动信号才能得到预期的效果，这是一个十分重要的问题。振动信号的拾取需要靠传感器的布点来实现，因此传感器布置在什么部位，就是一个关键的工作，可以从下面几个方面考虑：

（1）找好中心位置布置平移振动测点　一座建筑物，从其振动状态来分析，一般可分为水平振动、扭转振动和垂直振动。为了区别于扭转振动，一般习惯于把水平向振动称为结构的平移振动，也即结构在水平位置上的整体振动。这种振动一般可分为横向振动与纵向振动两种。现在结构物很多是方形或圆形的，因此，设计图上也往往标上 x 坐标轴和 y 坐标轴，在描述结构振动时也常常描述为 x 方向振动和 y 方向振动。在布置平移振动测点时，传感器一般安放在建筑物的刚度中心，这样做的目的是让传感器接收到的信号仅仅是平移振动信号，扭转振动信号不要进来，这样在数据分析处理时便于识别平移振动信号。当然，由于受现场试验条件的限制，有时候不可能在建筑物的刚度中心安放传感器，这就要尽可能地靠近刚度中心，使扭转振动信号尽可能地小些，以突出平移振动信号。在现场试验时，刚度中心不易确定，平面位置的几何中心容易找到，传感器可布置在几何中心。

（2）在建筑物的两侧布置扭转振动测点　建筑物的扭转振动是整个建筑物绕着结构的扭转中心转动，因此它越远离扭转中心，振动也就越大。从 x、y 坐标轴上看，距坐标原点越远，振动幅值就越大。因此，往往把扭转振动的测点布置在建筑物 x 坐标轴或 y 坐标轴最远端，即建筑物的两侧，在同一个楼层中成双成对地布置测点。为了检验楼板的整体刚度如何，在同一楼层内把测点沿着平面的 x 坐标轴或 y 坐标轴布置若干个对称的测点，检查结构的平面刚度，看它是否是绕着扭转中心在作均匀的转动。

（3）在结构突变处布置测点　由于某种需要，结构在某一部位断面突然变化，引起刚度突然变化，或者质量突然变化，这些变化都有可能使结构的振动形态发生变化。在这些变化处，要安放一定数量的传感器，如凸出屋面的塔楼、凸出屋面的高耸结构和旋转餐厅等。结构断面削弱，刚度突变会引起结构振动的鞭梢效应。凸出屋面的子结构与主体结构振动的某一阶频率吻合或者接近时，也都有可能引起结构振动加大，甚至产生明显的鞭梢效应。

（4）在特殊部位处布置测点。在特殊部位布置测点可分为以下几种情况：

1）基础两侧。在建筑物基础两侧布置垂直振动的测点，看看基础是纯粹的垂直振动还是绕着某一位置的上下转动。

2）振动强烈的部位。在振动强烈的部位布置测点，可以了解该处的振动情况。

3）为便于信号识别需要而布置的测点。有时候在分析谱图上出现的频率比较乱，如在伸缩缝两边的结构，测量一边的时候，要考虑在另一边放上一个传感器，会给分析判断带来方便。

4）楼板刚性测量。在同一楼层平面内，沿着一个方向等间隔地放置若干个传感器，记录下振动信号，以便分析判断楼板的刚性。

4. 测点数量和测试步骤的确定

所有建筑物的质量分布都是连续的，从理论上讲都有无限多个自由度的系统，其相应的固有频率也同样有无限多个。在研究一般动力问题时，重要的是找出基本频率，但也不能忽视高阶频率和振型的影响，尤其是对于高层建筑，由于场地土质和结构情况的差异，频率较高的地震波成分或地层卓越周期有可能与坐落于其上的房屋的高振型产生类共振，使结构反应加大，破坏加剧。因此，对高振型的地震荷载也要引起重视，在测量时要视条件而异，尽可能地多得到一些结构的自振频率与振型。

一般把高层建筑的每一个楼层作为一个集中质量的质点来考虑，在楼层的地板上布置测点。高层建筑层数较多，不可能每一层都去摆放传感器。一般来说，横向、纵向及扭转振动应该分析得到各5~6阶的频率、振型及相应的阻尼比，就可以满足抗震设计计算的需要。

从理论上说，结构在某一方向出多少阶频率与振型，只需相应布置多少测点就够了，例如出5阶频率和振型，只需布置5个测点就够了。但是测点太少时，很难捕捉到各阶振型的最大幅值及拐弯的节点位置，因此作出来的振型失真较大，甚至会漏掉某一阶频率及振型。所以，按照经验，如要得到准确的频率及振型曲线，测点的数量要比预期得到的振型个数多1倍。如要得到5阶频率与振型图形，布置10个测点才能得到较好的结果。

测点数量确定以后，按照传感器布置的原则，自下而上按照楼层大致等间隔地安放传感器，也要统一考虑特殊部位的传感器安放。如果一个传感器感应振动的方向是x、y两个方向的，那么一次就可记录下两个方向的振动。一般传感器多为感受某一个方向的振动，因此，可以先统一测定一个方向的振动，等记录完毕后把传感器在平面位置上转动90°再测另一方向的振动。

在量测扭转振动时，把传感器成双成对地布置在楼层的两侧，从平面上看，每一层至少要布置两个，从竖向来看，也要自下而上间隔若干层进行布置，这样传感器的数量就是测平移振动的2倍。这样，就是可以记录下比较完整的扭转振动信号，便于分析，作出来的建筑物振型也比较完整。但是一般仅要求知道扭转振动的频率与建筑物简化成一根杆状时的振型时，为了简化测量，往往先在某两层平面的两侧布置传感器，宜选较高的楼层测试。从楼层两侧两个测点的记录信号中确定扭转振动的频率，它们在相位上应该相差180°。在两个楼层上布置传感器是为了保险起见，万一某个测点信号出现问题，仍可用其他测点分析，然后把传感器自下而上集中布置在建筑物一侧的测点处，从已经得到的扭转频率处得到振型。

某些情况下传感器数量可能受限。例如，由于建筑物越来越高大，测量时需要的传感器数量也越来越多，一次完成量测与记录工作，对测试结果的分析处理会带来很大的方便。但是如果传感器数量不够，也可以分若干次进行量测与记录。以高层建筑为例，可以选择若干个楼层作为基准楼层，其他楼层的测试结果与其进行分析比较。一般的高层建筑可以分成两次或三次测量。由于高层建筑的振动受风的影响较大，一般把顶层作为基准层比较好，另外再在适当高度选取1~2个楼层作为基准层。这几个基准层的测点应一直固定，中间分次测量时不变动。其他楼层可以分几次测量，与这些基准层分析比较，就可得到需要的频率与振型。

5. 布置传感器时的注意事项

（1）测试方向要一致　每一个测点的传感器都要按照测试的方向摆放一致，可以在建筑物内寻找一个参照物，统一方向，如果摆放不一致，传感器感应的振动分量就会有差异，影响分析结果。

（2）传感器相位要一致　传感器振动信号的相位是判断结构动力特性的重要依据，如利用相位差180°来确定同一楼层上该频率是否为扭转振动频率，不同楼层的测点之间利用相位来确定某一阶的频率与振型。因此，安放传感器时，要确保各传感器首尾方向的一致性。

（3）传感器在各个楼层上测点的平面位置要一致　传感器自下而上在每一个楼层上，

测点的平面位置要一致。特别是在量测结构扭转振动时，要严格按照要求去摆放。由于测点离扭转中心的距离不同时，感应到扭转振动的分量是不同的，因此会影响振型的准确性。

（4）传感器要布置在建筑物的主体结构上　传感器如果布置在一些容易产生局部振动的构件上时，传感器会感应到局部振动信号，并且局部振动信号受外界影响大，容易超量程，会影响数据的处理与分析。

（5）传感器要放在安全的地方　量测记录时，传感器不能随意翻看及移动。

（6）传感器附近要防磁、防局部振动。传感器附近不能有强磁场的干扰，以免影响传感器的正常工作。传感器附近不能有强烈的振动。因为建筑物内有人工作，特别是还没有全部完工的建筑物，局部施工的强烈振动会使记录量程超值，影响记录数据的分析处理。

6. 脉动记录的分析

工程结构的脉动是由随机脉动源所引起的响应，也是一种随机过程。随机振动是一个复杂的过程，对某一样本每重复测试一次的结果是不同的，如果单个样本在全部时间上所求得的统计特性与在同一时刻对振动历程的全体所求得的统计特性相等，则称这种随机过程为各态历经的。另外，由于工程结构脉动的主要特征与时间的起点选择关系不大，它在时刻 t_1 到 t_2 这一段随机振动的统计信息与 $t_1+\tau$ 到 $t_2+\tau$ 这一段的统计信息是相关的，并且差别不大，即具有相同的统计特性。因此，工程结构脉动又是一种平稳随机过程。实践证明，对于这样一种各态历经的平稳随机过程，只要有足够长的记录时间，就可以用单个样本函数来描述随机过程的所有特性。

与一般振动问题相类似，随机振动问题也是讨论系统的输入（激励）、输出（响应）以及系统的动态特性三者之间的关系。假设 $x(t)$ 是脉动源为输入的振动过程，结构本身称之为系统，当脉动源作用于系统后，结构在外界激励下就产生响应，即结构的脉动反应 $y(t)$，称为输出的振动过程，这时系统的响应输出必然反映结构的动力特性。

在随机振动中，由于振动时间历程是明显的非周期函数，用傅里叶积分的方法可知这种振动有连续的各种频率成份，且每种频率有它对应的功率或能量，把它们的关系用图线表示，称为功率在频域内的函数，简称功率谱密度函数（power spectral density function）。

在平稳随机过程中，功率谱密度函数给出了某一过程的“功率”在频域上的分布方式，可用它来识别该过程中各种频率成份能量的强弱，以及对于动态结构的响应效果。所以功率谱密度是描述随机振动的一个重要参数，也是在随机荷载作用下结构设计的一个重要依据。在各态历经平稳随机过程的假定下，脉动源的功率谱密度函数与结构反应功率谱密度函数之间存在着关系，可以推知，当已知输入输出时，即可得到传递函数。在测试工作中通过测振传感器测量地面自由场的脉动源 $x(t)$ 和结构反应的脉动信号 $y(t)$ 的记录，将这些符合平稳随机过程的样本由专用信号处理机（频谱分析仪）通过使用具有传递函数功率谱程序进行计算处理，即可得到结构的动力特性-频率、振幅、相位等，运算结果可以在处理机上直接显示，也可用 x-y 记录仪将结果绘制出来。图5-12是利用专用计算机把时程曲线经过傅里叶变换，由数据处理结果得到的频谱图。从频谱曲线上用峰值法很容易定出各阶频率，结构自振频率处必然出现突出的峰值，一般基频处非常突出，而在第二、第三频率处也有相应明显的峰值。

利用模态分析法可以由功率谱得到工程结构的自振频率。如果输入功率谱是已知的，还可以得到高阶频率、振型和阻尼比，但用上述方法研究工程结构动力特性参数需要专门的频谱分析设备及专用程序。

在实践中人们从记录得到的脉动信号图中往往可以明显地发现它反映出结构的某种频率特性。由环境随机振动法的基本原理可知，既然工程结构的基频谱量是脉动信号中最主要的部分，那么在记录里就应有所反映。事实上在脉动记录里常常出现酷似“拍”的现象，在波形光滑之处“拍”的现象最显著，振幅最大，凡有这种现象之处，振动周期大多相同，这一周期往往即是结构的基本周期，如图5-13所示。

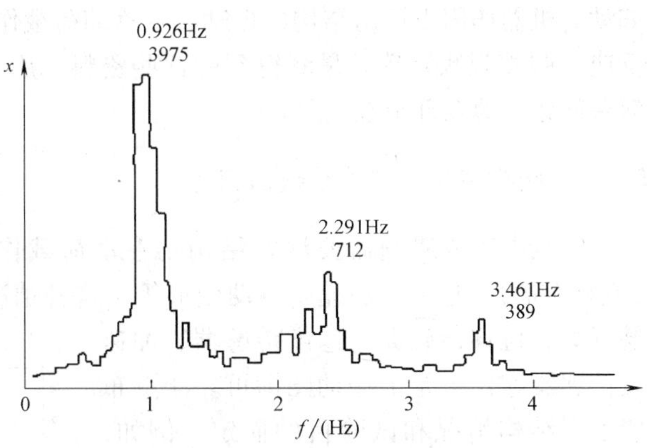

图5-12　经数据处理得到的频谱图

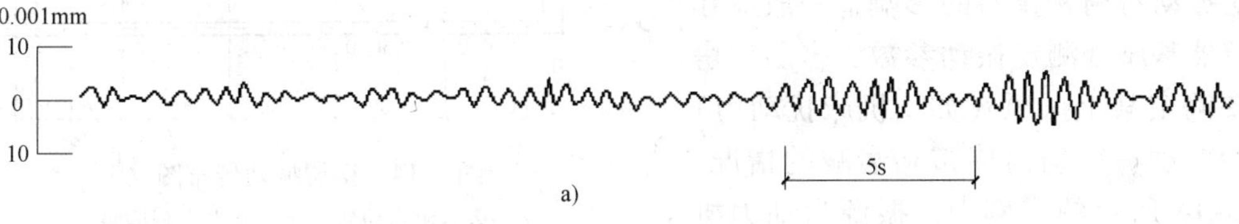

a)

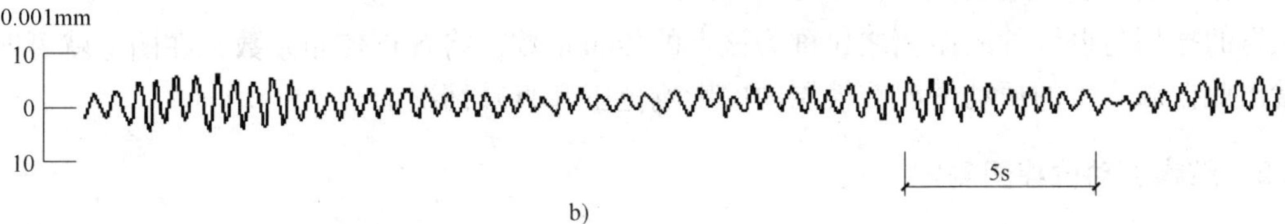

b)

图5-13　脉动信号记录图

a）多层民用房屋的脉动记录　b）混凝土单层厂房的脉动记录

在结构脉动记录中出现这种现象是不难理解的，因为地面脉动是一种随机现象，它的频率是多种多样的，当这些信号输入到具有滤波器作用的结构时，由于结构本身的动力特性，使得远离结构自振频率的信号被抑制，与结构自振频率接近的信号则被放大，这些被放大的信号恰恰为揭示结构动力特性提供了线索。

在出现“拍”的瞬时，可以理解为在此刻结构的基频谱量处于最大，其他的谱量处于最小，因此表现有结构基本振型的性质。利用脉动记录读出该时刻同一瞬间各点的振幅，即可以确定结构的基本振型。

对于一般工程结构用环境随机振动法确定基频与主振型比较方便，有时也能测出第二频率及相应振型，但高阶振动的脉动信号在记录曲线中出现的机会很少，振幅也小，这样测得的结构动力特性误差较大。另外，主环境随机振动法难以确定结构的阻尼特性。

5.4　结构的动力反应试验

结构的动力反应试验是测定结构在实际工作时的振动参数（振幅、频率）及性状，例如动力机器作用下厂房结构的振动、在移动荷载作用下桥梁的振动、地震时建筑结构的动力反应（强震观测）等。量测得到的这些资料，用来研究结构的工作是否正常、安全，存在何种问题，薄弱环节在何处。

5.4.1 结构特定部位动参数的测定

实践中经常遇到需要测定结构物在动荷载作用下特定部位的动参数，如振幅、频率（或频率谱）、速度、加速度、动变形等。这种情况下，只要在结构振动时布置适当的拾振器（如，位移传感器、速度传感器、加速度传感器等）记录下振动图即可。测点布置根据结构情况和试验目的而定。例如，如果是校核结构承载力，就应将测点布置在最危险的部位（即控制断面上）；如果是测定振动对精密仪器的影响，一般应在精密仪器基座处测定振动参数。多层厂房常需要测定某个振源（如，机床扰动力）引起的振动在结构内传布和衰减的情况。在图 5-14 所示的实例中，振源为动力机床，将振源处测得的振幅定为 1，其余各点测得的振幅与振源处的振幅之比称为该点的传布系数，将各点传布系数标在图上就可明显地看出此振源产生的振动情况在楼层内的影响范围和衰减情况。

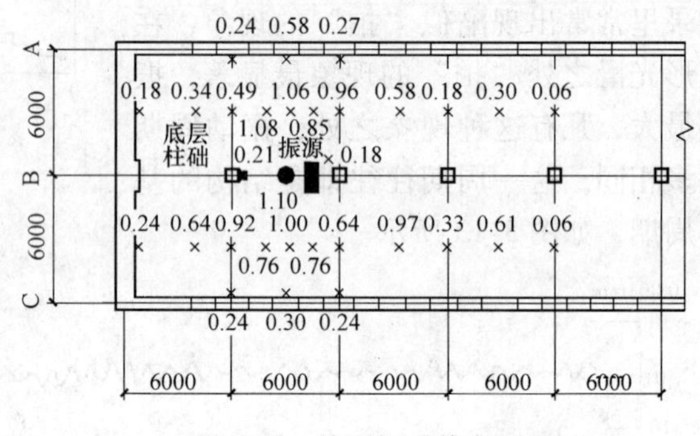

图 5-14 楼层振动传布图

×—表示测点位置 ●—基点实测振幅

5.4.2 结构振动位移图测定

为了确定结构在动荷载作用下的振动状态和动应力大小，往往需要测定结构在一定动荷载作用下的振动位移图。图 5-15 表示振动位移图的测量方法，将各测点的振动图用记录仪器同时记录下来，根据相位关系确定位移的正负号，再按振幅（即位移）大小以一定比例画在位移图上，最后连成结构在实际动荷载作用下的振动位移图。这种测量分析方法与前述振型确定的方法类似。但结构的振动位移图是结构在特定荷载作用下的变形曲线，一般说来并不与结构的某一振型一致。

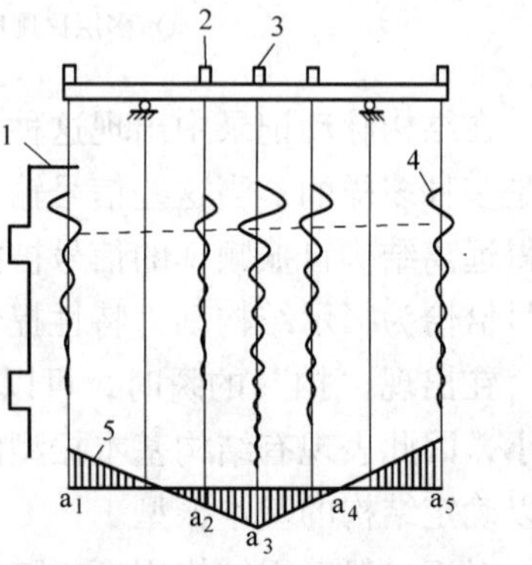

确定了振动位移图后，即可按结构力学的理论近似地确定结构由于动荷载作用所产生的内力。可以根据实测结果假设振动弹性曲线方程，按数学分析的方法求出内力。

图 5-15 结构振动位移图

1—时间信号 2—结构（梁） 3—拾振器

4—记录曲线 5—$t=t_1$ 时结构变位图

实际上，弹性曲线方程可以给定为某一函数，只要这一函数的形态与振动位移图相似，而且最大位移与实测位移相等，用它来确定内力就不至有过大的误差。这样确定的结构内力，可与直接测定应变得出的内力相比较。

5.4.3 结构动力系数的试验测定

承受移动荷载的结构如起重机梁（吊车梁）、桥梁等，常常需要确定其动力系数，以判定结构的工作情况。

移动荷载作用于结构上所产生的动挠度，往往比静荷载时产生的挠度大。动挠度和静挠度的比值称为动力系数。结构动力系数一般用试验方法实测确定。为了求得动力系数，先使移动荷载以最慢的速度驶过结构，测得挠度图如图5-16a所示，然后使移动荷载按某种速度驶过，这时结构产生最大挠度 y_d（采取以各种不同速度驶过的方法）如图5-16b所示。从图上量得最大静挠度 y_j 和最大动挠度 y_d，即可求得动力系数。上述方法只适用于一些有轨的动荷载，对无轨的动荷载（如汽车）不可能使两次行驶的路线完全相同。有的移动荷载由于生产工艺上的原因，用慢速行驶测最大静挠度也有困难，这时可以采取一次高速行驶测试，记录图形如图5-16c所示。取曲线最大值为 y_d，同时在曲线上绘出中线，相应于 y_d 处中线的纵坐标即为 y_j，同样可求得动力系数。

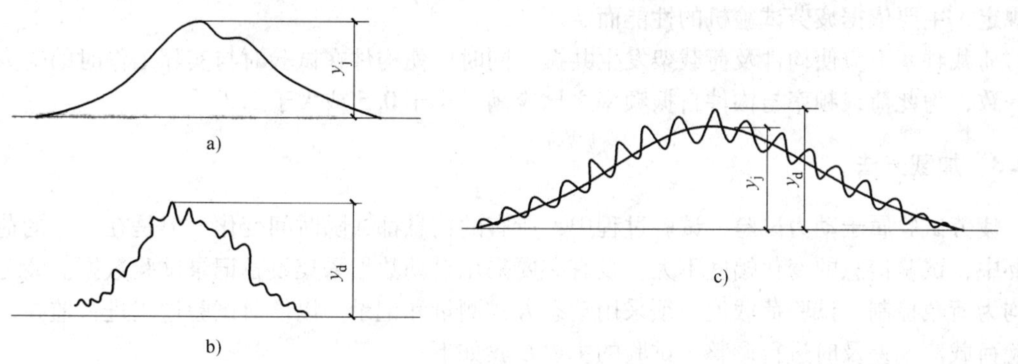

图5-16 移动荷载作用下荷载变形结构图

a）有轨慢速行驶工况 b）有轨按一定速度行驶工况 c）无轨高速行驶工况

5.5 结构疲劳试验

工程结构或构件在多次重复加载和卸载作用下，其破坏强度比其材料静力强度要低得多的现象称为疲劳。结构疲劳试验就是要了解结构或构件在重复荷载作用下的性能及变化规律。

疲劳（fatigue）问题涉及的范围比较广，对某一种结构而言，它包含材料的疲劳和结构构件的疲劳。如混凝土结构中有钢筋的疲劳、混凝土的疲劳和构件的疲劳等。目前疲劳理论研究工作尚在不断发展，疲劳试验也因目的要求不同而采取不同的方法。

5.5.1 测试内容

结构构件疲劳试验一般均在专门的疲劳试验机上进行，大部分采用电液伺服疲劳试验机或电磁脉冲千斤顶施加重复或反复荷载，也有采用偏心轮式振动设备加载。对结构构件的疲劳试验大多采用等幅匀速脉动荷载，借以模拟结构构件在使用阶段不断反复加载和卸载的受力状态。

1）对于检验性疲劳试验，在控制疲劳次数内应取得构件抗裂性及开裂荷载、裂缝宽度及其发展、最大挠度及其变化幅度、疲劳强度和疲劳寿命的相关数据，同时应满足现行设计规范的要求。

2）对研究性疲劳试验，测试内容根据研究目的和要求而定。以正截面的疲劳性能试验为例，测试内容一般应包括各阶段截面应力分布状况、中和轴变化规律、抗裂性及开裂荷载、裂缝及其发展情况、最大挠度及其变化规律、疲劳强度以及疲劳破坏特征分析。

5.5.2 疲劳试验荷载

疲劳试验的上限荷载 Q_{max} 是根据构件在最大标准荷载最不利组合下产生的弯矩计算而得，荷载下限根据疲劳试验设备的要求而定。

疲劳试验荷载在单位时间内重复作用的次数（即荷载频率）会影响材料的塑性变形和徐变。另外，频率过高对疲劳试验附属设施带来的问题也较多。目前，国内外尚无统一的频率规定，主要依据疲劳试验机的性能而定。

荷载频率不应使构件及荷载架发生共振，同时应使构件在试验时与实际工作时的受力状态一致，为此荷载频率与构件自振频率之比应满足小于 0.5 或大于 1.3。

5.5.3 加载方法

疲劳试验属于动力试验，试验过程中，所有的信息都在随时间变化，但是在一定的荷载循环中，试验信息的变化幅度不大，没有必要采用自动数据采集设备记录试验数据。疲劳试验均为荷载控制，试验荷载值必须采用动态方式测量和记录，以便对试验过程进行监控，对试验荷载值偏差及时进行调整。试验的主要步骤如下：

（1）预加静载试验　对构件施加不大于上限荷载 20% 的预加静载 1～2 次，消除松动及接触不良，并使仪表运动正常。

（2）正式疲劳试验

第一步先做疲劳前的静载试验。其目的主要是为了对比构件经受反复荷载后受力性能有何变化。荷载分级加到疲劳上限荷载。每级荷载可取上限荷载的 20%，临近开裂荷载时应适当加密，第一条裂缝出现后仍以 20% 的荷载施加，每级荷载加完后停歇 10～15min，记录读数，加满载后分两次或一次卸载，也可采取等变形加载方法。

第二步做疲劳试验。首先调节疲劳机上下限荷载，待示值稳定后读取第一次动载读数，以后每隔一定次数读取数据。根据要求也可在疲劳过程中进行静载试验（方法同上），完毕后重新启动疲劳机继续疲劳试验。

第三步做破坏试验。达到要求的疲劳次数后进行破坏试验时有两种情况：一种是继续施加疲劳荷载直至破坏，得了承受疲劳荷载的次数；另一种是作静载破坏试验，这时方法同前，荷载分级可以加大。

疲劳试验步骤可用图 5-17 表示。

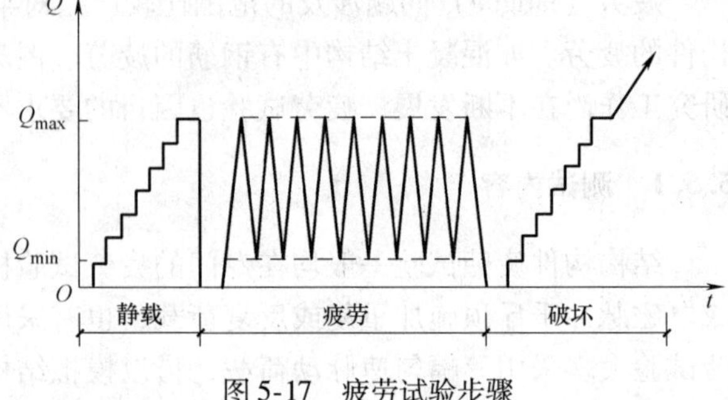

图 5-17　疲劳试验步骤

应该注意，不是所有疲劳试验都采取相同的试验步骤，随试验目的和要求的不同，可有多种多样，如带裂缝的疲劳试验，静载可不分级缓慢地加到第一条可见裂缝出现为止，然后开始疲劳试验，如图5-18所示。还可以在疲劳试验过程中变更荷载上限，如图5-19所示。提高疲劳荷载的上限，可以在达到要求疲劳次数之前，也可在达到要求疲劳次数之后。

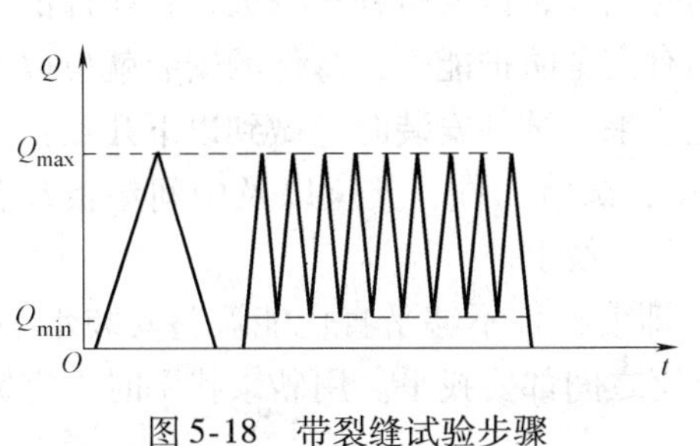

图5-18　带裂缝试验步骤

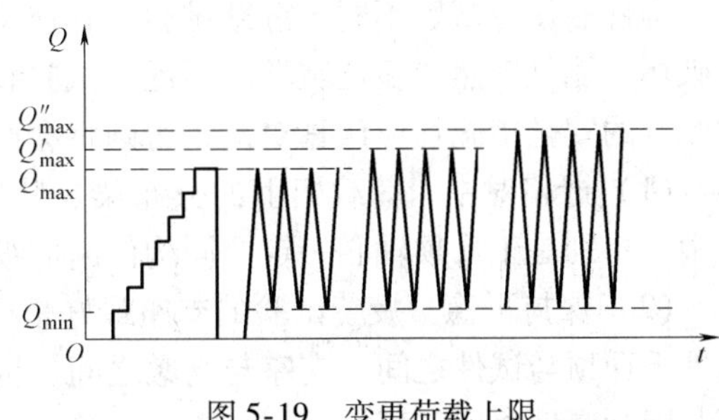

图5-19　变更荷载上限

5.5.4　试验观测

疲劳试验中的观测内容与静力试验中的观测内容基本相同，主要包括构件的变形、应变分布及裂缝变化。与常规静力试验不同之处，疲劳试验所获取的数据一般都是以荷载相同为前提条件，测试数据随循环次数的变化反映出结构或构件的性能变化，也就是结构或构件的疲劳性能。下面分别阐述疲劳强度、应变测量、裂缝测量和挠度测量的具体要求。

1. 疲劳强度

构件所能承受的疲劳荷载作用次数（n），取决于最大应力值 σ_{max}（或最大荷载 Q_{max}）及应力变化幅度 ρ（或荷载变化幅度）。试验应按设计要求取最大应力值 σ_{max} 及疲劳应力比值 $\rho=\sigma_{min}/\sigma_{max}$。按此条件进行疲劳试验，在控制疲劳次数内，构件的强度、刚度、抗裂性应满足现行规范要求。

进行研究性疲劳试验时，构件以疲劳极限强度和疲劳极限荷载作为最大的疲劳承载能力。构件达到疲劳破坏时的荷载上限值为疲劳极限荷载，构件达到疲劳破坏时的应力最大值为疲劳极限强度。

为了得到给定 ρ 值条件下的疲劳极限强度和疲劳极限荷载，一般采取的办法是：根据构件实际承载能力，取定最大应力值 σ_{max}，做疲劳试验，求得疲劳破坏时荷载作用次数 n，从 σ_{max} 与 n 双对数直线关系中求得控制疲劳极限强度，作为标准疲劳极限强度。它的统计值作为设计验算时疲劳强度取值的基本依据。

疲劳破坏的标志应根据相应规范的要求而定。研究性的疲劳试验有时为了分析和研究破坏的全过程及其特征，往往将破坏阶段延长至构件完全丧失承载能力。

2. 应变测量

一般采用电阻应变片测量动应变，测点布置根据试验的具体要求而定。

3. 裂缝测量

由于裂缝的开始出现和微裂缝的宽度对构件安全使用具有重要意义。因此，裂缝测量在疲劳试验中是重要的，目前测量裂缝还是利用光学仪器、目测或利用应变传感器电测。

4. 挠度测量

疲劳试验中动挠度测量可采用接触式测振仪、差动变压器式位移计和电阻应变式位移传感器等，如国产CW—20型差动变压器式位移计（量程20mm），配合数据采集系统，可进行多点测量，并能直接读出最大荷载和最小荷载下的动挠度。

5.5.5 试件安装

构件的疲劳试验不同于静载试验，它连续进行的时间长，试验过程振动大，且构件的疲劳破坏可能是突然的脆性破坏。因此，试验装置应具有安全防护能力，试件的安装就位以及相配合的安全措施均应认真对待，否则将会产生严重后果。试件安装时应做到以下几点：

（1）严格对中　荷载架上的分布梁、脉冲千斤顶、试验构件、支座以及中间垫板都要对中，特别是千斤顶轴心一定要同构件断面纵轴在一条直线上。

（2）保持平稳　疲劳试验的支座最好是可调的，即使构件不够平直也能调整安装水平。另外千斤顶与试件之间、支座与支墩之间、构件与支座之间都要找平。用砂浆找平时不宜铺厚，因为厚砂浆层易酥。

（3）安全防护　疲劳破坏通常是脆性断裂，事先没有明显预兆，因此应采取安全防护措施，避免人员和设备因试件突然破坏而受损。

本章小结

1. 结构动力测试主要包括动荷载特性的测定、结构自振特性的测定和结构在动荷载作用下反应的测定三方面。

2. 动荷载的特性试验主要包括主振源和动荷载自身参数的测定试验。了解测定主振源和动荷载参数的常用试验方法。

3. 结构的动力反应试验是测定结构在实际工作时的振动参数（振幅、频率）及性状。

4. 掌握结构疲劳试验的测试内容、加载方法和观测方法。

思考题

5-1　采用自由振动法如何测得结构的自振频率和阻尼比？

5-2　采用脉动法测量结构动力特性有哪些优点？脉动法实测振动波形图通常采用哪些方法可以分析出结构的动力特性？在工程结构中，脉动主要来源有哪些方面？

5-3　结构的动力试验包括哪些内容？

5-4　结构的动力系数的概念是什么？如何测定？

5-5　结构疲劳试验的目的是什么？需测量哪些项目？判断试验破坏的标志是什么？

第 6 章　建筑结构试验现场检测技术

6

本章介绍了混凝土结构的现场检测技术，混凝土质量与缺陷的检测方法，钢筋锈蚀检测方法；砌体结构及钢结构的现场检测技术。

6.1　概述

6.1.1　结构检测分类

建筑结构的检测（detection）可分为建筑结构工程质量的检测和已建建筑结构性能的检测。建筑结构的检测应根据《建筑结构检测技术标准》（GB/T 50344—2004）的要求，满足建筑结构工程质量评定或已建建筑结构性能鉴定的需要，合理确定检测项目和检测方案，并提供真实、可靠、有效的检测数据和检测结论。

当遇到下列情况之一时，应进行建筑结构工程质量的检测：

1）涉及结构安全的试块、试件以及有关材料检验数量不足。

2）对施工质量的抽样检测结果达不到设计要求。

3）对施工质量有怀疑或争议，需要通过检测进一步分析结构的可靠性。

4）发生工程事故，需要通过检测分析事故的原因及对结构可靠性的影响。

当遇到下列情况之一时，应对已建建筑结构现状缺陷和损伤、结构构件承载力、结构变形等涉及结构性能的项目进行检测：

1）建筑结构安全鉴定。

2）建筑结构抗震鉴定。

3）建筑大修前的可靠性鉴定。

4）建筑改变用途、改造、加层或扩建前的鉴定。

5）建筑结构达到设计使用年限要继续使用的鉴定。

6）受到灾害、环境侵蚀等影响建筑的鉴定。

7）对已建建筑结构的工程质量有怀疑或争议。

已建建筑正常检查的对象为建筑构件表面的裂缝、损伤、过大的位移或变形，建筑物内外装饰层是否出现脱落空鼓，栏杆扶手是否松动失效等。建筑结构常规检测的重点部位为：出现渗水漏水部位的构件，受到较大反复荷载或动力荷载作用的构件，暴露在室外的构件，受到腐蚀性介质侵蚀的构件，受到污染影响的构件，与侵蚀性土壤直接接触的构件，受到冻融影响的构件，容易受到磨损、冲撞损伤的构件，年检怀疑有安全隐患的构件。

建筑工程施工质量验收与建筑结构工程质量检测有共同之处，也有区别。区别在于实施的主体，建筑结构工程质量检测工作实施的主体是有检测资质的独立第三方，检测结果与评定结论可作为建筑工程施工质量验收的依据之一。共同之处在于建筑工程施工质量验收所采取的一些具体方法可为建筑工程质量检测所采用，建筑结构工程质量检测所采用的检测方法和抽样方案可供建筑工程施工质量验收参考。

6.1.2 检测方法及方案

建筑结构的检测应有完备的检测方案，检测方案主要内容为：进行现场和有关资料的调查，收集被检测建筑结构的设计图样、设计变更、施工记录、施工验收和工程地质勘察等资料，调查被检测建筑结构现状缺陷、环境条件、使用期间的加固与维修情况和用途与荷载等变更情况。检测结构的基本概况主要包括结构类型、建筑面积、总层数、设计、施工及监理单位、建造年代等；检测项目和选用的检测方法以及检测的数量；检测仪器设备情况；检测中的安全措施和环保措施。

当发现检测数据数量不足或检测数据出现异常情况时，应及时补充检测。结构现场检测工作结束后，应及时修补因检测造成的结构或构件局部损伤，修补中宜采用高于构件原设计强度等级的材料，使修补后的结构构件满足承载力的要求。

现场检测宜选用对结构或构件无损伤的检测方法。当选用局部破损的取样检测方法或原位检测方法时，宜选择结构构件受力较小的部位，并不得影响结构的安全性。当对古建筑和有纪念性的已建建筑结构进行检测时，应避免对建筑结构造成损伤。重要大型公共建筑的结构动力测试，应根据结构的特点和检测目的，分别采用环境振动和激振等方法。重要大型工程和新型结构体系的安全性检测，应根据结构的受力特点制订方案，并进行论证。

结构检测的抽样方案，可根据检测项目的特点按下列原则选择：

1）外部缺陷的检测，宜选用全数检测方案。

2）几何尺寸与尺寸偏差的检测，宜选用一次或二次计数抽样方案。

3）结构连接构造的检测，应选择对结构安全影响大的部位进行抽样检测。

4）构件结构性能的实荷检验，应选择同类构件中荷载效应相对较大和施工质量相对较差的构件或受到灾害影响、环境侵蚀影响构件中有代表性的构件。

5）按批检测的项目，应进行随机抽样，且符合最小样本容量相关规范的规定。

6.2 混凝土结构现场检测技术

6.2.1 一般要求

混凝土结构的检测可分为原材料性能、混凝土强度、混凝土构件外观质量与缺陷、尺寸与偏差、变形与损伤和钢筋配置等多项工作。必要时，可进行结构构件性能的实荷检验或结构的动力测试。

对混凝土原材料的质量或性能检测，当工程尚有与结构中同批、同等级的剩余原材料时，可对与结构工程质量问题有关联的原材料进行检验；当工程没有与结构中同批、同等级的剩余原材料时，可从结构中取样，检测混凝土的相关质量或性能。

对钢筋的质量或性能检测，当工程尚有与结构中同批的钢筋时，可进行钢筋力学性能检验或化学成分分析；需要检测结构中的钢筋时，可在构件中截取钢筋进行力学性能检验或化学成分分析。进行钢筋力学性能的检验时，同一规格钢筋的抽检数量应不少于一组。已建结构钢筋抗拉强度的检测，可采用钢筋表面硬度等非破损检测与取样检验相结合的方法。需要检测锈蚀钢筋、受火灾影响等钢筋的性能时，可在构件中截取钢筋进行力学性能检测。

1. 混凝土强度

采用回弹法、超声回弹综合法、后装拔出法以及钻芯法等检测结构或构件混凝土抗压强度时，《建筑结构检测技术标准》（GB/T 50344—2004）有关规定为：采用回弹法时，被检测混凝土的表层质量应具有代表性，且混凝土的抗压强度和龄期不应超过相应技术规程限定的范围；采用超声回弹综合法时，被检测混凝土的内外质量应无明显差异，且混凝土的抗压强度不应超过相应技术规程限定的范围；采用后装拔出法时，被检测混凝土的表层质量应具有代表性，且混凝土的抗压强度和混凝土粗骨料的最大粒径不应超过相应技术规程限定的范围；当被检测混凝土的表层质量不具有代表性时，应采用钻芯法；当被检测混凝土的龄期或抗压强度超过回弹法、超声回弹综合法或后装拔出法等相应技术规程限定的范围时，可采用钻芯法或钻芯修正法；在回弹法、超声回弹综合法或后装拔出法适用的条件下，宜进行钻芯修正或利用同条件养护立方体试块的抗压强度进行修正。

混凝土的抗拉强度，可采用对直径100mm的芯样试件施加劈裂荷载或直拉荷载的方法检测。

受到环境侵蚀或遭受火灾、高温等影响，构件中未受到影响部分混凝土的强度，采用钻芯法检测时，在加工芯样试件时，应将芯样上混凝土受影响层切除。混凝土受影响层的厚度可依据具体情况分别按最大碳化深度、混凝土颜色产生变化的最大厚度、明显损伤层的最大厚度确定。对混凝土受影响层能剔除时，可采用回弹法或回弹法加钻芯修正的方法检测。

2. 混凝土构件外观质量与缺陷

混凝土构件外观质量与缺陷的检测可分为蜂窝、麻面、孔洞、夹渣、露筋、裂缝、疏松区和不同时间浇筑的混凝土结合面质量等项目的检测。

混凝土构件外观缺陷可采用目测与尺量的方法检测。结构或构件裂缝的检测应包括裂缝的位置、长度、宽度、深度、形态和数量。裂缝的记录可采用表格或图形的形式。裂缝深度可采用超声法检测，必要时可钻取芯样予以验证。对于仍在发展的裂缝应进行定期观测，提供裂缝发展速度的数据。

混凝土内部缺陷的检测可采用超声法、冲击反射法等非破损方法。必要时可采用局部破损方法对非破损检测结果进行验证。

3. 混凝土结构构件变形与损伤

混凝土结构构件变形的检测可分为构件的挠度、结构的倾斜和基础不均匀沉降等项目的检测。混凝土结构损伤的检测可分为环境侵蚀损伤、灾害损伤、人为损伤、混凝土有害元素造成的损伤以及预应力锚夹具的损伤等项目的检测。

混凝土构件的挠度，可采用激光测距仪、水准仪或拉线等方法检测。混凝土构件或结构的倾斜，可采用经纬仪、激光定位仪、三轴定位仪或吊锤的方法检测，宜区分倾斜中施工偏差造成的倾斜、变形造成的倾斜、灾害造成的倾斜等。混凝土结构的基础不均匀沉降，可用水准仪检测；当需要确定基础沉降发展的情况时，应在混凝土结构上布置测点进行观测；混凝土结构的基础累计沉降差可参照首层的基准线推算。

混凝土结构受到损伤时，对环境侵蚀，应确定侵蚀源、侵蚀程度和侵蚀速度；对混凝土的冻伤，应分类检测并测定冻融损伤深度、面积；对火灾等造成的损伤，应确定灾害影响区域和受灾害影响的构件，确定影响程度；对于人为的损伤，应确定损伤程度，损伤对混凝土结构的安全性及耐久性影响的程度。

4. 钢筋的配置与锈蚀

钢筋配置的检测项目可分为钢筋位置、保护层厚度、直径、数量等项目。钢筋位置、保护层厚度和钢筋数量，宜采用非破损的雷达法或电磁感应法进行检测，必要时可凿开混凝土进行钢筋直径或保护层厚度的验证。有相应检测要求时，可对钢筋的锚固与搭接、框架节点及加密区箍筋和框架柱与墙体的拉结筋进行检测。

5. 构件性能实荷检验与结构动力测试

需要确定混凝土构件的承载力、刚度或抗裂等性能时，可进行构件性能的实荷检验。当仅对结构的一部分做实荷检验时，应使有问题部分或可能的薄弱部位得到充分的检验。

测试结构的基本振型时，宜选用环境振动法（脉动法），在满足测试要求的前提下也可选用初位移法等其他方法。测试结构平面内多个振型时，宜选用稳态正弦波激振法。测试结构空间振型或扭转振型时，宜选用多振源相位控制同步的稳态正弦波激振法或初速度法。评估结构的抗震性能时，可选用随机激振法或人工爆破模拟地震法。

6.2.2 混凝土强度检测方法

1. 回弹法检测混凝土强度

采用回弹仪通过测量混凝土的表面硬度来推算其抗压强度，是混凝土结构现场检测中常用的一种非破损试验方法。回弹仪的原理见前述章节。

回弹法测定混凝土强度对于每一结构与构件的测区数目应不少于10个。每一测区的大小宜为0.04m^2，以能容纳16个回弹测点为宜。两个相邻测区的间距应控制在2m以内，而测区宜选在使回弹仪处于水平方向检测的混凝土浇筑侧面。测点宜在测区内均匀分布，同一测点只允许弹击一次，测点不应在气孔或外露石子上，相邻两测点的净距一般不小于20mm。测点距离结构或构件边缘或外露钢筋，预埋件的距离一般不小于30mm。每一个测点的回弹值读数估读至1。

回弹值测完后，要在每个测区上选择一处量测混凝土的碳化深度。在测区表面用适当的工具形成直径为15mm的孔洞，其深度略大于混凝土的碳化深度，除去孔中的碎屑和粉末，但不能用水冲洗，同时应采用含量为1%酚酞酒精溶液滴在孔洞内壁的边缘处，再用钢尺测量自混凝土表面到不变色部分的深度，即是混凝土的碳化深度。一般在有代表性的交界处量测垂直距离不小于3次，每次测读精度至0.5mm。

当回弹仪按水平方向测得试件混凝土浇筑侧面的16个回弹值后，分别剔除3个最大值和3个最小值，按余下的10个回弹值取平均值

$$R_w = \frac{1}{10}\sum_{i=1}^{10} R_i \tag{6-1}$$

式中　R_w——测区平均回弹值，精确至0.1；

R_i——第 i 个测点的回弹值。

当在回弹仪非水平方向测试混凝土浇筑侧面和当在回弹仪水平方向测试混凝土浇筑表面或底面时，应将测得回弹平均值按不同测试角度 α 和不同浇筑面的影响分别作修正。

按每次测试的碳化深度值求得平均碳化深度

$$d_{\mathrm{w}} = \frac{1}{n}\sum_{i=1}^{n} d_i \tag{6-2}$$

式中　d_{w}——测区的平均碳化深度值（mm），精确到0.5mm；

d_i——第 i 次测量的碳化深度值（mm）；

n——测量次数。

当 $d_{\mathrm{w}} \leqslant 0.4$mm 时，按无碳化，即平均碳化深度 $d_{\mathrm{w}}=0$ 进行处理。如 $d_{\mathrm{w}} \geqslant 6$mm 时，则按6mm 计算。

最后由实测 R_{w} 和 d_{w} 的值，按测区混凝土强度值换算表求得测区混凝土强度的换算值 $f_{\mathrm{cu}}^{\mathrm{c}}$，并由此评定检测结构构件的混凝土强度。

2. *超声脉冲法检测混凝土强度*

混凝土的抗压强度 f_{cu} 与超声波在混凝土中的传播参数（声速、衰减等）之间的相关关系是超声脉冲检测混凝土强度方法的基础。

混凝土是各向异性的多相复合材料，在受力状态下，呈现出不断演变的弹性—粘性—塑性性质。由于混凝土内部存在着广泛分布的砂浆与骨料的界面和各种缺陷（微裂、蜂窝、孔洞等）形成的界面，使超声波在混凝土中的传播要比在均匀介质中复杂得多，使声波产生反射、折射和散射现象，并出现较大的衰减。在普通混凝土检测中，通常采用20～500kHz 的超声频率（见图6-1）。

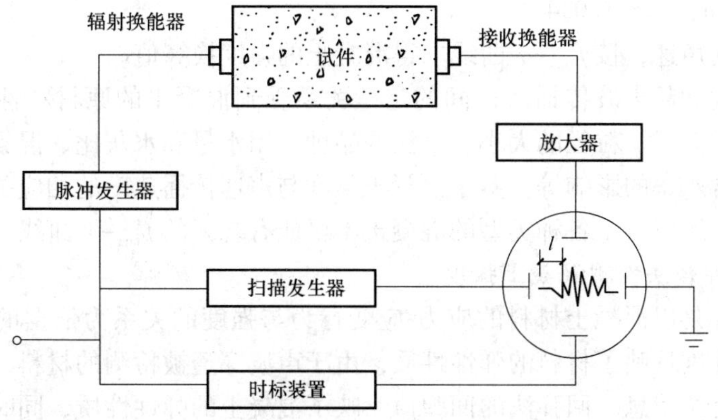

图6-1　混凝土超声波检测示意图

超声波脉冲实质上是超声检测仪的高频电振荡激励仪器的换能器，采用压电晶体由压电效应产生的机械振动发出的声波在介质中的传播。混凝土强度越高，相应超声声速也越大，通过试验可以建立混凝土强度与声速的经验公式。

目前常用的相关关系表达式有

指数函数方程　$$f_{\mathrm{cu}}^{\mathrm{c}} = A\mathrm{e}^{Bv} \tag{6-3}$$

幂函数方程　$$f_{\mathrm{cu}}^{\mathrm{c}} = Av^{B} \tag{6-4}$$

抛物线方程 $$f_{cu}^{c}=A+Bv+Cv^2 \tag{6-5}$$

式中 f_{cu}^{c}——混凝土强度换算值；

v——超声波在混凝土中的传播速度；

A、B、C——常数项。

在现场进行结构混凝土强度检测时，选择试件浇筑混凝土的模板侧面为测试面，一般以200mm×200mm的面积为一测区。每一试件上相邻测区间距不大于2m。测试面应清洁平整、干燥无缺陷。每个测区内应在相对测试面上对应布置3个测点，相对面上对应的辐射换能器和接收换能器应在同一轴线上。测试时必须保持换能器与被测混凝土表面用黄油或凡士林等耦合剂进行耦合，以减少声能的反射损失。

测区声波传播速度

$$v=l/t_m \tag{6-6}$$

$$t_m=\frac{t_1+t_2+t_3}{3} \tag{6-7}$$

式中 v——测区声速值（km/s）；

l——超声测距（mm）；

t_m——测区平均声时值（μs）；

t_1、t_2、t_3——测区中3个测点的声时值。

当在试件混凝土的浇筑顶面或底面测试时，声速值应作修正

$$v_u=\beta v \tag{6-8}$$

式中 v_u——修正后的测区声速值（km/s）；

β——超声测试面修正系数。在混凝土侧面测试时，$\beta=1$；在混凝土浇灌顶面及底面测试时，$\beta=1.034$。

由试验量测的声速，按 $f_{cu}^{c}-v$ 曲线求得混凝土的强度换算值。

混凝土的强度和超声波传播声速间的定量关系受到混凝土的原材料性质及配合比的影响，其中有骨料的品种、粒径的大小、水泥的品种、用水量和水灰比、混凝土的龄期、测试时试件的温度和含水率的影响等。鉴于混凝土强度与声速传播速度的相应关系随各种技术条件的不同而变化，所以对于各种类型的混凝土不可能有统一的 $f_{cu}^{c}-v$ 曲线。

3. 超声回弹综合法检测混凝土强度

超声和回弹都是以混凝土材料的应力-应变行为与强度的关系为依据的。超声波在混凝土材料中的传播速度反映了材料的弹性性质，由于声波穿透被检测的材料，因此也反映了混凝土内部构造的有关信息。回弹法的回弹值反映了混凝土的弹性性质，同时在一定程度上也反映了混凝土的塑性性质，但它只能确切反映混凝土表层约3cm厚度的状态。当采用超声和回弹综合法时，它既能反映混凝土的弹性，又能反映混凝土的塑性。既能反映混凝土的表层状态，又能反映混凝土的内部构造。这样通过不同物理参量的测定，可以由表及里，较为确切地反映混凝土的强度。

采用超声回弹综合法检测混凝土强度，能对混凝土的某些物理参量在采用超声法或回弹法单一测量时产生的影响得到相互补偿。如对回弹值影响最为显著的碳化深度在回弹法检测时是一项重要的参数，但在综合法中碳化因素可不予修正。原因是碳化深度较大的混凝土，由于它的龄期较长而其含水量相应降低，以致声速稍有下降，因此在综合关系中可以抵消回

弹值上升所造成的影响。所以，用超声回弹综合法的 $f_{cu}^{c}-v-R$ 关系推算混凝土强度时，不必测量碳化深度和考虑它所造成的影响。试验证明，超声回弹综合法的测量精度优于超声法或回弹法。

采用超声回弹综合法检测混凝土强度时，应严格遵照《超声回弹综合法检测混凝土强度技术规程》的要求进行。超声的测点应布置在同一个测区回弹值的测试面上，测量声速的探头安装位置不宜与回弹仪的弹击点相重叠。测点布置如图 6-2 所示。结构或构件的每一测区内，宜先进行回弹测试，后进行超声测试，只有同一个测区内所测得的回弹值和声速值才能作为推算混凝土强度的综合参数。

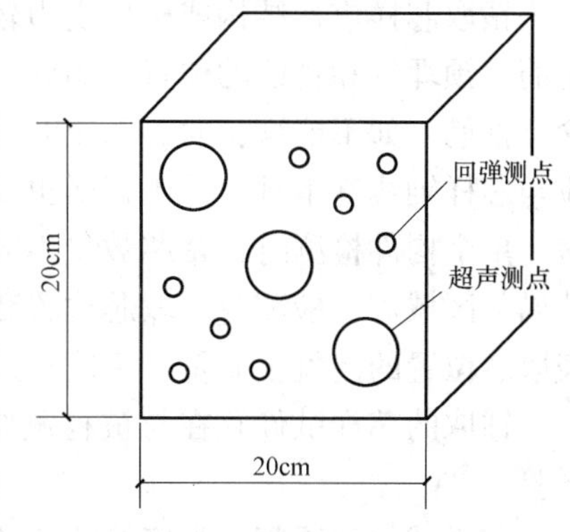

图 6-2　超声回弹综合法测点布置图

在进行超声回弹综合检测时，结构或构件上每一测区的混凝土强度是根据该区实测的超声波声速 v 及回弹平均值 R，按事先建立的 $f_{cu}^{c}-v-R_{m}$ 关系曲线推定的，目前常用的曲面方程

$$f_{cu}^{c}=Av^{B}R_{m}^{C} \tag{6-9}$$

专用的 $f_{cu}^{c}-v-R_{m}$ 曲线，由于针对性强，与实际情况比较吻合。如果选用地区曲线或通用曲线时，必须进行验证和修正。

4. 钻芯法检测混凝土强度

钻芯法（drilling-core method）试验是使用专用的取芯钻机，如图 6-3 所示，从被检测的结构或构件上直接钻取圆柱形的混凝土芯样，并根据芯样的抗压试验，由其抗压强度推定混凝土的立方抗压强度。它不需要建立混凝土的某种物理量与强度之间的换算关系，被认为是一种较为直观可靠的检测混凝土强度的方法。由于需要从结构构件上取样，对原结构有局部损伤，所以是一种能反映被测试结构混凝土实际态的现场检测的半破损试验方法。

钻取芯样的钻孔取芯机是带有人造金刚石的薄壁空芯圆筒形钻头的专用机具，由电动机驱动，从被测试件上直接截取与空芯圆筒形钻头内径相同的圆柱形混凝土芯样。由于钻头内径要求不宜小于混凝土骨料最大粒径的 3 倍，并在任何情况下不得小于 2 倍，所以我国《钻芯法检测混凝土强度技术规程》规定，以直径 100mm 及 150mm，高径比为 1 ~ 2 的芯样作为标准芯样试件。对于 $\frac{h}{d}>1$ 的芯样，要考虑尺寸修正系数 α（表 6-1）对强度的修正。为防止芯样端面不平整导致应力集中和实测强度偏低，所以对芯样端面必须进行加工，通常用磨平法

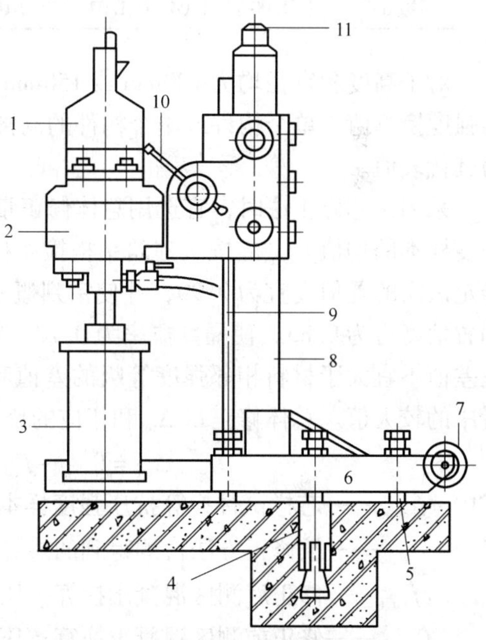

图 6-3　混凝土钻孔取芯机示意图

1—电动机　2—变速箱　3—钻头　4—膨胀螺栓　5—支承螺栓　6—底座　7—行走轮　8—立柱　9—升降齿条　10—进钻手柄　11—堵盖

和端面用硫黄胶泥补平。

钻取芯样应在结构或构件受力较小的部位和混凝土强度质量具有代表性的部位，应避开主筋、预埋件和管线的位置。为此，在钻取芯样时，应事先探明钢筋的位置，使芯样中不应含有钢筋。如不能满足时，每个芯样内最多只允许含有两根直径小于10mm的钢筋，且钢筋应与芯样轴线基本垂直并不得露出端面。

单个构件检测时，钻芯数量不应少于3个。对于较小的构件，可取2个。当对结构构件的局部区域进行检测时，取芯位置和数量可由已知质量薄弱部位的大小决定，检测结果仅代表取芯位置的混凝土质量，不能据此对整个构件及结构强度作出总体评价。

钻取的芯样试件宜在与被检测结构或构件的混凝土干湿度基本一致的条件下进行抗压试验。

芯样试件的混凝土强度换算值按下式计算

$$f_{cu}^{c}=\alpha\frac{4F}{\pi d^{2}} \tag{6-10}$$

式中 f_{cu}^{c}——芯样试件混凝土强度换算值（MPa），精确至0.1MPa；

F——芯样试件抗压试验测得的最大压力（N）；

d——芯样试件平均直径（mm）；

α——不同高径比的芯样试件混凝土强度的换算系数，按表6-1选用。

表6-1 芯样试件混凝土强度换算系数

高径比$\frac{h}{d}$	1.0	1.1	1.2	1.3	1.4	1.5	1.6	1.7	1.8	1.9	2.0
系数α	1.00	1.04	1.07	1.10	1.13	1.15	1.17	1.19	1.20	1.22	1.24

对于高度和直径均为100mm或150mm芯样试件的抗压强度测试值，可直接作为混凝土的强度换算值。单个构件或单个构件的局部区域，可取芯样混凝土强度换算值中的最小值作为其代表值。

采用钻芯修正法时，宜选用总体修正量的方法。总体修正量方法中的芯样试件换算抗压强度样本的均值$f_{cor,m}$应按《建筑结构检测技术标准》（GB/T 50344—2004）的规定确定，即推定区间的置信度宜为0.90，并使错判概率和漏判概率均为0.05。特殊情况下，推定区间的置信度可为0.85，使漏判概率为0.10，错判概率仍为0.05。推定区间的上限值与下限值之差值不宜大于材料相邻强度等级的差值和推定区间上限值与下限值算术平均值的10%两者中的较大值。总体修正量Δ_{tot}和相应的修正按下式计算

$$\Delta_{tot}=f_{cor,m}-f_{cu,mo}^{c},\quad f_{cu,i}^{c}=f_{cu,io}^{c}+\Delta_{tot} \tag{6-11}$$

式中 $f_{cor,m}$——芯样试件换算抗压强度样本的平均值；

$f_{cu,io}^{c}$——被修正方法检测得到的换算抗压强度样本的平均值；

$f_{cu,i}^{c}$——修正后测区混凝土换算抗压强度；

$f_{cu,mo}^{c}$——修正前测区混凝土换算抗压强度。

当钻芯修正法不能满足推定区间的要求时，可采用对应样本修正量、对应样本修正系数或一一对应修正系数的修正方法。此时直径100mm混凝土芯样试件的数量不应少于6个，现场钻取直径100mm的混凝土芯样确有困难时，也可采用直径不小于70mm的混凝土芯样，

但芯样试件的数量不应少于9个。对应样本的修正量Δ_{loc}和修正系数η_{loc}计算式为

$$\Delta_{loc} = f_{cor,m} - f^{c}_{cu,mo,loc} \tag{6-12}$$

$$\eta_{loc} = \frac{f_{cor,m}}{f^{c}_{cu,mo,loc}} \tag{6-13}$$

式中 $f^{c}_{cu,mo,loc}$——被修正方法检测得到的与芯样试件对应测区的换算抗压强度样本的平均值。

相应的修正计算式为

$$f^{c}_{cu,i} = f^{c}_{cu,io} + \Delta_{loc} \tag{6-14}$$

$$f^{c}_{cu,i} = \eta_{loc} f^{c}_{cu,io} \tag{6-15}$$

钻孔取芯后结构上留下的孔洞必须及时进行修补，以保证其正常工作。通常采用微膨胀水泥细石混凝土填实，修补时应清除孔内污物，修补后应及时养护，并保证新填混凝土与原结构混凝土结合良好。一般来说，修补后结构的承载力仍有可能低于未钻孔时的承载力，因此钻芯法不宜普遍使用，更不宜在一个受力区域内集中钻孔。一般应将钻芯法与其他非破损方法结合使用，一方面利用非破损方法来减少钻芯的数量，另一方面又利用钻芯法来提高非破损方法的测试精度。

5. 拔出法检测混凝土强度

拔出法试验是用金属锚固件预埋入未硬化的混凝土浇筑构件内，或在已硬化的混凝土构件上钻孔埋入膨胀螺栓，然后测试锚固件或膨胀螺栓被拔出时的拉力，由被拔出的锥台形混凝土块的投影面积，确定混凝土的拔出强度，并由此推算混凝土的立方体抗压强度。这也是一种半破损试验的检测方法。

在浇筑混凝土时预埋锚固件的方法，称为预埋法。在混凝土硬化后再钻孔埋入膨胀螺栓作为锚固件的方法，称为后装法。预埋法常用于确定混凝土的停止养护、拆模时间及施加后张法预应力的时间，按事先计划要求布置测点。后装法则较多用于已建结构混凝土强度的现场检测，检测混凝土的质量和判断硬化混凝土的现有实际强度。

（1）后装拔出法的试验装置　后装拔出法的试验装置是由钻孔机、磨槽机、锚固件及拔出仪等组成。钻孔机与磨槽机在混凝土上钻孔，并在孔内磨出凹槽，以便安装胀簧和胀杆。钻孔机可采用金刚石薄壁空心钻或冲击电锤，并应带有控制垂直度及深度的装置和水冷却装置。磨槽机可采用电钻配以金刚石磨头、定位圆盘及水冷却装置组成。拔出试验的反力装置可采用圆环式，如图6-4所示。

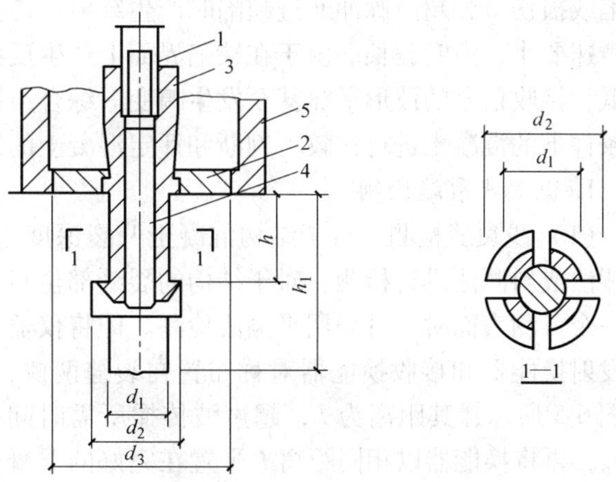

图6-4　圆环式拔出试验装置示意图

1—拉杆　2—对中圆盘　3—胀簧　4—胀杆　5—反力支承

圆环式拔出试验装置的反力支承内径d_3为55mm，锚固件的锚固深度h为25mm，钻孔直径d_1为18mm，圆环式适用于粗骨料最大粒径不大于40mm的混凝土。

（2）后装拔出法的测点布置　当按单个构件检测时，应在构件上均匀

布置3个测点。如果3个拔出力中的最大值和最小值与中间值之差均小于中间值的15%，仅布置3个测点即可；当最大值或最小值与中间值之差大于中间值的15%，包括两者均大于中间值的15%时，应在最小拔出力测点附近再加测2个点。当按批抽样检测时，抽检数量不应少于同批构件总数的30%，且不少于10件，每个构件不应少于3个测点。测点应布置在构件受力较小的部位，且尽可能布置在构件混凝土成型的侧面。两测点的间距不应小于10倍锚固深度，测点距构件边缘不应小于4倍锚固深度，测点应避开表面缺陷及钢筋、预埋件，反力支承面应平整、清洁、干燥，饰面层、浮浆等应清除。

(3) 试验步骤

1) 钻孔。用钻孔机在测试点钻孔，孔的轴线应与混凝土表面垂直。

2) 磨槽。用磨槽机在孔内磨出环形沟槽，槽深为3.6~4.5mm，槽深应大致相同，并将孔清理干净。

3) 安装拔出仪。在孔中插入胀簧，把胀杆打进胀簧的空腔中，使簧片扩张，簧片头嵌入沟槽。然后将拉杆一端旋入胀簧，另一端与拔出仪连接。

4) 拉拔试验。调节反力支承高度，使拔出仪通过反力支承均匀地压紧混凝土表面。然后对拔出仪施加拔出力，施加的拔出力应均匀、连续。当显示器读数不再增加时，说明混凝土已破坏，记录此极限拔出力读数后，回油卸载。

(4) 混凝土强度换算及推定　目前国内拔出法的测混凝土强曲线一般都采用一元回归直线方程

$$f_{cu}^{c} = aF + b \tag{6-16}$$

式中　f_{cu}^{c}——测点混凝土强度换算值（MPa），精确至0.1MPa；

F——测点拔出力（kN），精确至0.1kN；

a，b——回归系数。

6.2.3 超声波检测混凝土缺陷

超声波检测（ultrasonic detection）混凝土缺陷主要是用低频超声仪，测量超声脉冲中纵波在结构混凝土中的传播速度、首波幅度和接收信号频率等声学参数。当混凝土结构中存在缺陷或损伤时，超声脉冲通过缺陷时产生绕射，传播的声速要比相同材质无缺陷混凝土的传播声速要小，声时偏长。由于在缺陷界面上产生反射，因而能量显著衰减，波幅和频率明显降低，接收信号的波形平缓甚至发生畸变。综合声速、波幅和频率等参数的相对变化，对相同条件下的混凝土进行比较，判断和评定混凝土的缺陷和损伤情况。

1. 混凝土裂缝检测

(1) 浅裂缝检测　对于结构混凝土开裂深度小于或等于500mm的裂缝（crack），可用平测法或斜测法进行检测。对于结构的裂缝部位只有一个可测表面时，可采用平测法检测。即将仪器的发射换能器和接收换能器对称布置在裂缝两侧，如图6-5所示，其距离为L，超声波传播所需时间为t_0。再将换能器以相同距离L平置在完好的混凝土的表面，测得传播时间为t。裂缝的深度d_c的计算式为

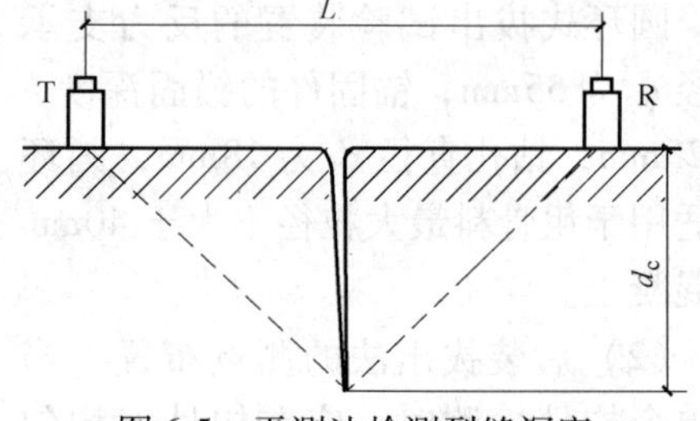

图6-5　平测法检测裂缝深度

$$d_c = \frac{L}{2}\sqrt{\left(\frac{t_0}{t}\right) - 1} \tag{6-17}$$

式中　d_c——裂缝深度（mm）；

t、t_0——测距为 L 时不跨缝、跨缝平测的声时值（μs）；

L——平测时的超声传播距离（mm）。

实际检测时，可进行不同测距的多次测量，取得 d_c 的平均值作为该裂缝的深度值。

当结构裂缝部位有两个相互平行的测试表面时，可采用斜测法检测。如图6-6所示，将两个换能器分别置于对应测点1，2，3，…的位置，读取相应声时值 t_i、波幅值 A_i 和频率值 f_i。当两个换能器连线通过裂缝时，则接收信号的波幅和频率明显降低。对比各测点信号，根据波幅和频率的突变，可以判定裂缝的深度以及是否在平面方向贯通。

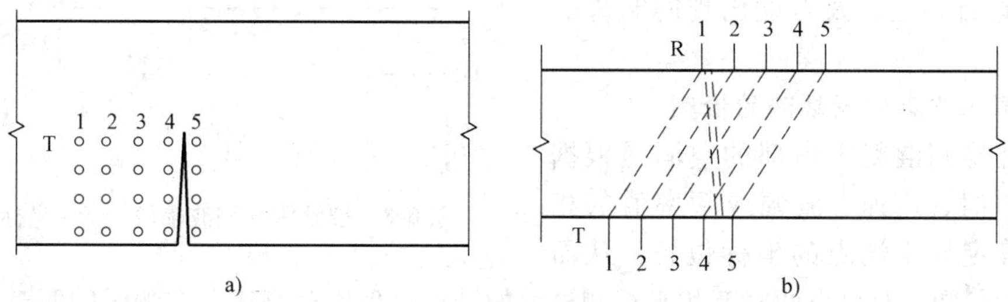

图6-6　斜测法检测裂缝

a）立面图　b）平面图

在检测时，裂缝中不允许有积水或泥浆。当结构或构件中有主钢筋穿过裂缝且与两个换能器连线大致平等时，测点布置时应使两个换能器连线与钢筋轴线至少相距1.5倍的裂缝预计深度，以减少量测误差。

（2）深裂缝检测　对于混凝土结构中预计深度在50mm以上深裂缝，采用平测法和斜测法不便检测时，可采用钻孔探测，如图6-7所示。

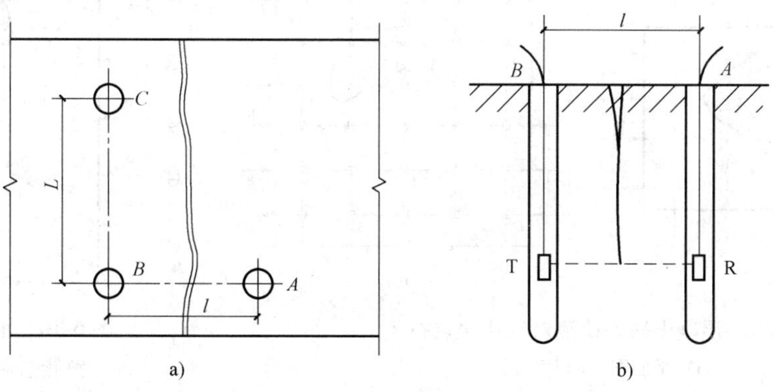

图6-7　钻孔检测裂缝深度

a）平面图（C 为比较孔）　b）立面图

在裂缝两侧钻两孔，孔距宜为2m。测试前向测孔中灌注清水，作为耦合介质，将发射和接收换能器分别置入裂缝两侧的对应孔中，以相同高程等距由上至下同步移动，在不同的深度上进行对测，逐点读取声时和波幅数据。绘制换能器的深度和对应波幅值的 d-A 坐标图，如图6-8所示。波幅值随换能器下降的深度逐渐增大，当波幅达到最大并基本稳定的对应深度，便是裂缝深度 d_c。测试时，可在混凝土裂缝测孔的一侧钻一个深度较浅的比较孔（见图6-7a），测试同样测距下无缝混凝土的声学参数，与裂缝部位的混凝土对比，进行判别。

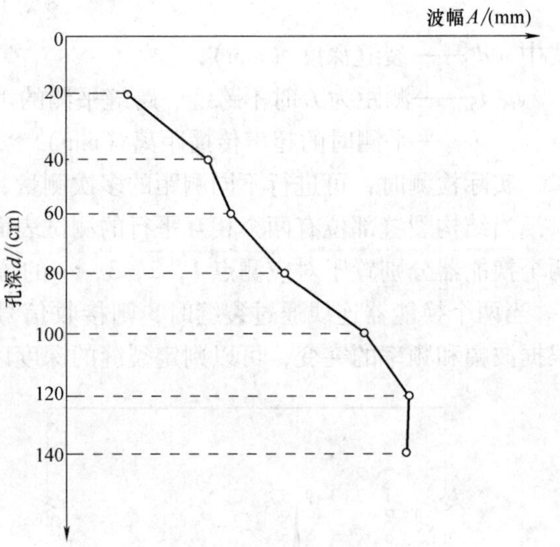

图6-8 裂缝深度和波幅值的 d-A 坐标图

钻孔探测鉴别混凝土质量的方法还被用于混凝土钻孔灌注桩的质量检测。采用换能器沿预埋的桩内管道作对穿式检测桩内混凝土的孔洞、蜂窝、疏松不密实和桩内泥砂或砾石夹层以及可能出现的断桩的部位。

2. 混凝土内部空洞缺陷的检测

超声波检测混凝土内部的空洞是根据各测点的声时、声速、波幅或频率值的相对变化，确定异常测点的坐标位置，从而判定缺陷的范围。对具有两对互相平行测试面的结构可采用对测法。在测区的两对相互平行的测试面上，分别画出间距为200~300mm的网格，确定测点的位置，如图6-9所示。对只有一对相互平行测试面的结构可采用斜测法，即在测区的两个相互平行的测试面上，分别画出交叉测试的两组测点位置，如图6-10所示。

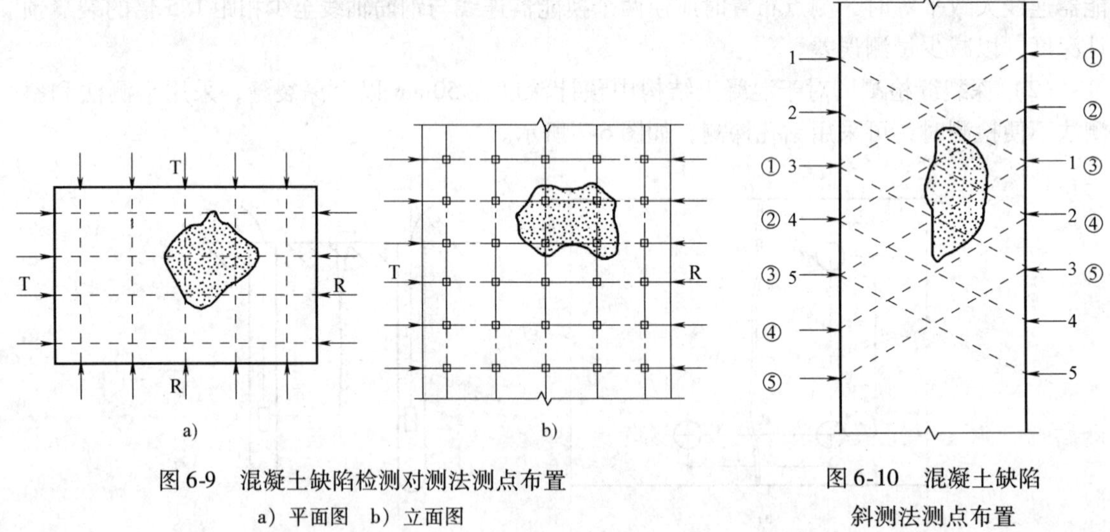

图6-9 混凝土缺陷检测对测法测点布置
a）平面图 b）立面图

图6-10 混凝土缺陷斜测法测点布置

当结构测试距离较大时，可在测区的适当部位钻出平行于结构侧面的测试孔，直径为45~50mm，其深度由测试具体情况而定，测点布置如图6-11所示。

通过对比同条件混凝土的声学参量，可确定混凝土内部存在的不密实区域和空洞的范围。

当被测部位混凝土只有一对可供测试的表面时，混凝土内部空洞尺寸可根据下式估算

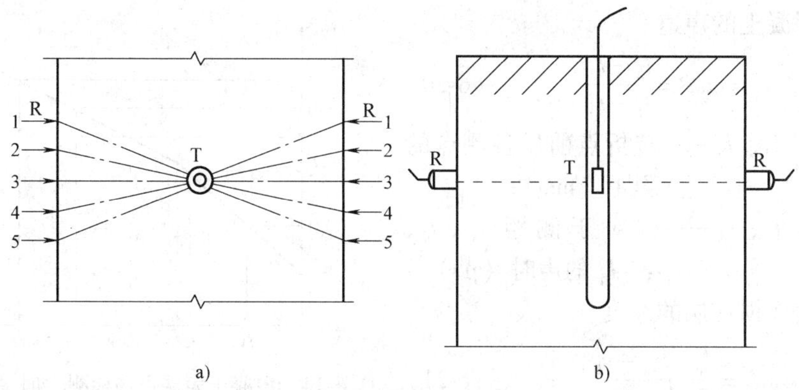

图6-11 混凝土缺陷检测钻孔法测点布置

a）平面图 b）立面图

（见图6-12）

$$r=\frac{l}{2\sqrt{\left(\frac{t_{\mathrm{h}}}{m_{\mathrm{ta}}}\right)^{2}-1}} \tag{6-18}$$

式中 r——空洞半径（mm）；

l——检测距离（mm）；

t_{h}——缺陷处的最大声时值（μs）；

m_{ta}——无缺陷区域的平均声时值（μs）。

3. 混凝土表层损伤的检测

受火灾、冻害和化学侵蚀等混凝土结构的表面损伤，其损伤的厚度可采用表面平测法进行检测。如图6-13布置换能器，将发射换能器在测试表面A点耦合后固定，接收换能器依次耦合安置在B_1，B_2，B_3，…，每次移动距离不宜大于100mm，并测读相应的声时值t_1，t_2，t_3，…，及两换能器之间的距离l_1，l_2，l_3，…，每一测区内不得少于5个测点。

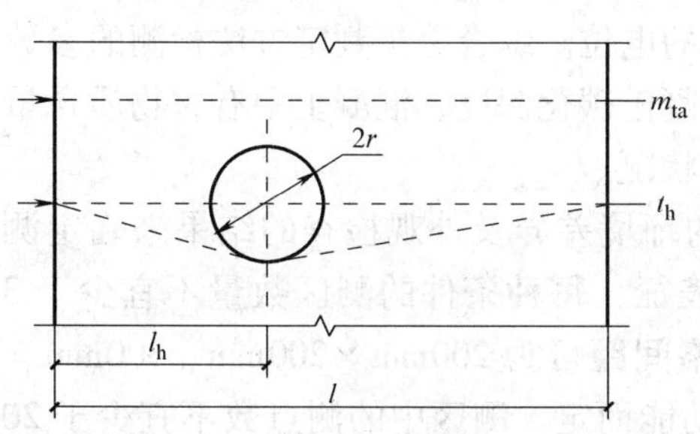

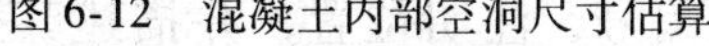

图6-12 混凝土内部空洞尺寸估算

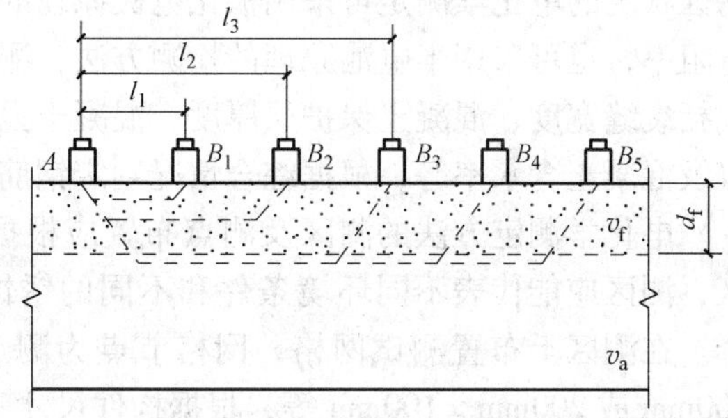

图6-13 平测法检测混凝土表层损伤厚度原理图

按各点声时值及测距绘制混凝土表层的损伤层检测“时-距”坐标图，如图6-14所示。由于混凝土损伤后使声速传播速度变化，因此在“时-距”坐标图上出现转折点，由此分别求得声波在损伤混凝土与密实混凝土中的传播速度。

损伤层混凝土的声速

$$v_{\mathrm{f}}=\cot\alpha=\frac{l_2-l_1}{t_2-t_1} \tag{6-19}$$

未损伤混凝土的声速

$$v_a = \cot\beta = \frac{l_5 - l_3}{t_5 - t_3} \qquad (6\text{-}20)$$

式中 l_1、l_2、l_3、l_5——转折点前后各测点的测距（mm）；

t_1、t_2、t_3、t_5——相对于测距 l_1、l_2、l_3、l_5 的声时（μs）

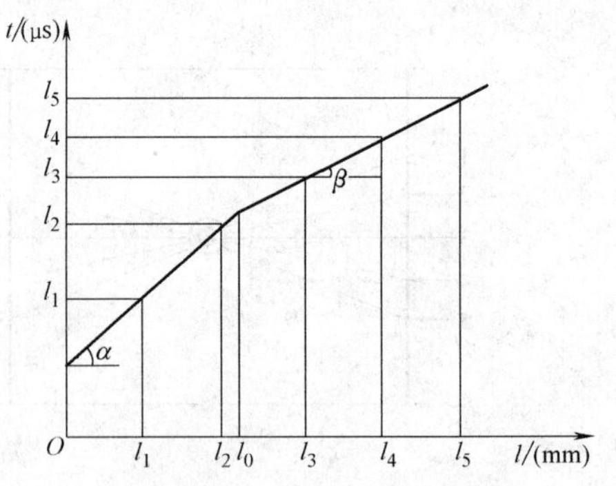

图 6-14 混凝土表层损伤检测"时-距"坐标图

混凝土表面损伤层的厚度

$$d_f = \frac{l_0}{2}\sqrt{\frac{v_a - v_f}{v_a + v_f}} \qquad (6\text{-}21)$$

式中 d_f——表层损伤厚度（mm）；

l_0——声速产生突变时的测距（mm）；

6.2.4 混凝土结构钢筋位置和钢筋锈蚀的检测

对已建混凝土结构作可靠性诊断和对新建混凝土结构进行施工质量鉴定时，要求确定钢筋位置、布筋情况，正确测量混凝土保护层厚度和估测钢筋的直径。当采用钻芯法检测混凝土强度时，为在取芯部位避开钢筋，也须作钢筋位置的检测。钢筋位置和保护层厚度的测定可采用磁感仪。目前常用的为数字显示磁感仪或成像显示磁感仪。

已建混凝土结构钢筋的锈蚀（corrosion of steel）导致混凝土保护层胀裂、剥落，钢筋有效截面削弱等结构破坏现象，直接影响结构承载能力和使用寿命。对已建混凝土结构进行结构鉴定和可靠度诊断时，必须对钢筋锈蚀进行检测。

钢筋锈蚀状况的检测可根据测试条件和测试要求选择剔凿检测方法、电化学测定方法或综合分析判定方法。钢筋锈蚀状况的剔凿检测方法，是剔凿出钢筋直接测定钢筋的剩余直径。钢筋锈蚀状况的电化学测定方法和综合分析判定方法宜配合剔凿检测方法的验证。钢筋锈蚀状况的电化学测定可采用极化电极原理的检测方法，测定钢筋锈蚀电流和测定混凝土的电阻率，也可采用半电池原理的检测方法，测定钢筋的电位。综合分析判定方法检测的参数包括裂缝宽度、混凝土保护层厚度、混凝土强度、混凝土碳化深度、混凝土中有害物质含量以及混凝土含水率等，根据综合情况判定钢筋的锈蚀状况。

电化学测定方法的测区及测点布置应根据构件的环境差异及外观检查的结果来确定测区，测区应能代表不同环境条件和不同的锈蚀外观表征，每种条件的测区数量不宜少于3个。在测区上布置测试网格，网格节点为测点，网格间距可为200mm×200mm、300mm×300mm或200mm×100mm等，根据构件尺寸和仪器功能而定。测区中的测点数不宜少于20个。测点与构件边缘的距离应大于50mm，测区应统一编号，注明位置，并描述其外观情况。

电化学检测操作应遵守所使用检测仪器的操作规定，并应注意电极铜棒应清洁、无明显缺陷；混凝土表面应清洁，无涂料、浮浆、污物或尘土等，测点处混凝土应湿润；保证仪器连接点钢筋与测点钢筋连通；测点读数应稳定，电位读数变动不超过2mV；同一测点同一参考电极重复读数差异不得超过10mV，同一测点不同参考电极重复读数差异不得超过20mV；并应避免各种电磁场的干扰以及注意环境温度对测试结果的影响，必要时应进行修正。

电化学测试结果的表达应按一定的比例绘出测区平面图，标出相应测点位置的钢筋锈蚀电位，得到数据阵列；并绘出电位等值线图，通过数值相等各点或内插各等值点绘出等值线，等值线差值宜为100mV。

钢筋电位与钢筋锈蚀状况的判定见表6-2；钢筋锈蚀电流与钢筋锈蚀速率及构件损伤年限的判别见表6-3；混凝土电阻率与钢筋锈蚀状态判别见表6-4。

表6-2 钢筋电位与钢筋锈蚀状况判别

序 号	钢筋电位(mV)	钢筋锈蚀状况判别
1	-350~-500	钢筋发生锈蚀的概率为95%
2	-200~-350	钢筋发生锈蚀的概率为50%，可能存在坑蚀现象
3	-200或高于-200	无锈蚀活动或锈蚀活动性不确定，锈蚀概率5%

表6-3 钢筋锈蚀电流与钢筋锈蚀速率及构件损伤年限的判别

序 号	锈蚀电流 I_{corr}($\mu A/cm^2$)	锈蚀速率	保护层出现损伤的年限
1	<0.2	钝化状态	——
2	0.2~0.5	低锈蚀速率	>15年
3	0.5~1.0	中等锈蚀速率	10~15年
4	1.0~10	高锈蚀速率	2~10年
5	>10	极高锈蚀速率	不足2年

表6-4 混凝土电阻率与钢筋锈蚀状态判别

序 号	混凝土电阻率(kΩ·cm)	钢筋锈蚀状态判别
1	>100	钢筋不会锈蚀
2	50~100	低锈蚀速率
3	10~50	钢筋活化时，可出现中高锈蚀速率
4	<10	电阻率不是锈蚀的控制因素

6.3 砌体结构的现场检测技术

6.3.1 一般要求

1. *砌体强度*

砌体（masonry）的强度可采用取样的方法或现场原位的方法检测。取样法是从砌体中截取试件，在试验室测定试件的强度。原位法是在现场测试砌体的强度。

砌体强度的取样检测应遵守下列规定：

1）取样检测不得构成结构或构件的安全问题。

2）试件的尺寸和强度测试方法应符合《砌体基本力学性能试验方法标准》的规定。

3）取样操作宜采用无振动的切割方法，试件数量应根据检测目的确定。

4）测试前应对取样过程中造成的试件局部的损伤予以修复，严重损伤的样品不得作为试件。

5）砌体强度的推定可按《建筑结构检测技术标准》确定砌体强度均值的推定区间；当砌体强度标准值的推定区间不满足要求时，也可按试件测试强度的最小值确定砌体强度的标准值，此时试件的数量不得少于3件，也不宜大于6件，且不应进行数据的舍弃。

烧结普通砖砌体的抗压强度，可采用扁式液压顶法或原位轴压法检测；烧结普通砖砌体的抗剪强度，可采用双剪法或原位单剪法检测。

2. 砌筑质量与构造

砌筑构件的砌筑质量检测可分为砌筑方法、灰缝质量、砌体偏差和留槎及洞口等项目。砌体结构的构造检测可分为砌筑构件的高厚比、梁垫、壁柱、预制构件的搁置长度、大型构件端部的锚固措施、圈梁、构造柱或芯柱、砌体局部尺寸及钢筋网片和拉结筋等项目。

已建砌筑构件砌筑方法、留槎、砌筑偏差和灰缝质量等，可采取剔凿表面抹灰的方法检测。当构件砌筑质量存在问题时，可降低该构件的砌体强度。砌筑方法的检测，应检测上、下错缝，内外搭砌等是否符合要求。灰缝质量检测可分为灰缝厚度、灰缝饱满程度和平直程度等项目。其中灰缝厚度的代表值应按10皮砖砌体高度折算。砌体偏差的检测可分为砌筑偏差和放线偏差。对于无法准确测定构件轴线绝对位移和放线偏差的已建结构，可测定构件轴线的相对位移或相对放线偏差。砌体中拉结筋的间距，应取2~3个连续间距的平均间距作为代表值。砌筑构件的高厚比，其厚度值应取构件厚度的实测值。跨度较大的屋架和梁支承面下的垫块和锚固措施，可采取剔除表面抹灰的方法检测。预制钢筋混凝土板的支承长度，可采用剔凿楼面面层及垫层的方法检测。跨度较大门窗洞口的混凝土过梁的设置状况，可通过测定过梁钢筋状况判定，也可采取剔凿表面抹灰的方法检测。砌体墙梁的构造，可采取剔凿表面抹灰和用尺量测的方法检测。

3. 变形与损伤

砌体结构变形与损伤的检测可分为裂缝、倾斜、基础不均匀沉降、环境侵蚀损伤、灾害损伤及人为损伤等项目。

砌体结构裂缝的检测应遵守下列规定：①对于结构或构件上的裂缝，应测定裂缝的位置、裂缝长度、裂缝宽度和裂缝的数量；②必要时应剔除构件抹灰确定砌筑方法、留槎、洞口、线管及预制构件对裂缝的影响；③对于仍在发展的裂缝应进行定期的观测，提供裂缝发展速度的数据。

砌筑构件或砌体结构的倾斜，宜区分倾斜中，砌筑偏差造成的倾斜、变形造成的倾斜、灾害造成的倾斜等。

对砌体结构受到的损伤进行检测时，应确定损伤对砌体结构安全性的影响。对于不同原因造成的损伤可按下列规定进行检测：①对环境侵蚀，应确定侵蚀源、侵蚀程度和侵蚀速度；②对冻融损伤，应测定冻融损伤深度、面积，检测部位宜为檐口、房屋的勒脚、散水附近和出现渗漏的部位；③对火灾等造成的损伤，应确定灾害影响区域和受灾害影响的构件，确定影响程度；④对于人为的损伤，应确定损伤程度。

6.3.2 砌体结构检测的工作程序及准备

砌体结构检测工作程序包括：接受委托，检查并确定检测目的、内容和范围，确定检测方法设备、仪器标定，检测，计算、分析、推定，检测报告。

调查阶段工作内容有：①收集被检工程的原设计图样、施工验收资料、砖与砂浆的品种及有关原材料的试验资料；②现场调查工程的结构形式、环境条件、使用期间的变更情况、砌体质量及其存在问题。

根据调查结果和检测目的、内容和范围，选择一种或数种检测方法（见表6-5）然后划分检测单元和确定测区。检测单元是指受力性质相似或结构功能相同的同一类构件的集合。一个或若干个可以独立分析的结构单元作为检测单元，每一结构单元划分为若干个检测单元。一个测区能够独立地产生一个强度代表值（或推定强度值），这个子集必须具有一定的代表性。一个检测单元内，应随机选择6个构件（单片墙体、柱），作为6个测区。当检测单元中没有6个构件时，应将每个构件作为一个测区。

表6-5 砌体强度检测方法一览表

序号	检测方法	特点	用途	限制条件
1	轴压法	a. 属原位检测，直接在墙体上检测，检测结果综合反映了材料质量和施工质量； b. 直观性、可比性强； c. 设备较重； d. 检测部位局部破损	检测普通砖砌体的抗压强度	a. 槽间砌体每侧的墙体宽度不应小于1.5m； b. 同一墙体上的测点数量不宜多于1个，测点数量不宜太多； c. 限用于240mm砖墙
2	扁顶法	a. 属原位检测，直接在墙体上检测，检测结果综合反映了材料质量和施工质量； b. 直观性、可比性强； c. 扁顶重复使用率较低； d. 砌体强度较高或轴向变形较大时，难以测出抗压强度； e. 设备较轻； f. 检测部位局部破损	a. 检测普通砖砌体的强度； b. 检测古建筑和重要建筑的实际应力； c. 检测具体工程的砌体弹性模量	a. 槽间砌体每侧的墙体宽度不应小于1.5m； b. 同一墙体上的测点数量不宜多于1个，测点数量不宜太多
3	原位单剪法	a. 属原位检测，直接在墙体上检测，检测结果综合反映了施工质量和砂浆质量； b. 直观性强； c. 检测部位局部破损	检测各种砌体的抗剪强度	a. 测点宜选在窗下墙部位，且承受反作用力的墙体应有足够长度； b. 测点数量不宜太多
4	原位单砖双剪法	a. 属原位检测，直接在墙体上检测，检测结果综合反映了施工质量和砂浆质量； b. 直观性强； c. 设备较轻； d. 检测部位局部破损	检测烧结普通砖砌体的抗剪强度；其他墙体应经试验确定有关换算系数	当砂浆强度低于5MPa时，误差较大
5	推出法	a. 属原位检测，直接在墙体上检测，检测结果综合放映了施工质量和砂浆质量； b. 设备较轻便； c. 检测部位局部破损	检测普通砖墙体的砂浆强度	当水平灰缝的砂浆饱满度低于65%时，不宜选用

（续）

序号	检测方法	特点	用途	限制条件
6	筒压法	a. 属取样检测； b. 仅需利用一般混凝土试验室的常用设备； c. 取样部位局部破损	检测烧结普通砖墙体中的砂浆强度	测点数量不宜太多
7	砂浆片剪切法	a. 属取样检测； b. 专用的砂浆强度仪和其标定仪，较为轻便； c. 试验工作较简便； d. 取样部位局部破损	检测烧结普通砖墙体的砂浆强度	—
8	回弹法	a. 属原位无损检测，测区选择不受限制； b. 回弹仪有定型产品，性能较稳定，操作简便； c. 检测部位的装饰面层仅局部受损	a. 检测烧结普通砖墙体中的砂浆强度； b. 适宜于砂浆强度均质性普查	砂浆强度不应小于2MPa
9	点荷法	a. 属取样检测； b. 试验工作较简便； c. 取样部位局部破损	检测烧结普通砖墙体中的砂浆强度	砂浆强度不应小于2MPa
10	射钉法	a. 属原位无损检测，测区选择不受限制； b. 射钉枪、子弹、射钉有配套定型产品，设备较轻便； c. 墙体装饰面层仅局部损伤	在烧结普通砖、多孔砖砌体中，砂浆强度均质性普查	a. 定量推定砂浆强度，宜与其他检测方法配合使用； b. 砂浆强度不应小于2MPa； c. 检测前，需要用标准靶检校

最后执行规范规定的测点数。各种检测方法的测点数，应符合下列要求：①原位轴压法、扁顶法、原位单剪法、筒压法，测点数不应少于1个；②原位单砖双剪法、推出法、砂浆片剪切法、回弹法、点荷法、射钉法测点数不少于5个。

6.3.3 砂浆强度检测

1. 回弹法

回弹法是根据砂浆表面硬度推断砌筑砂浆立方体抗压强度的一种检测方法。砂浆强度回弹法的原理与混凝土强度回弹法的原理基本相同，即用回弹仪检测砂浆表面硬度，用酚酞试剂检测砂浆碳化深度，以此两项指标换算为砂浆强度。所使用的砂浆回弹仪也与混凝土回弹仪相似。砂浆回弹仪的主要技术性能指标应符合表6-6的要求。

表6-6 砂浆回弹仪技术性能指标

项目	指标	项目	指标
冲击动能/J	0.196	弹击球面曲率半径/mm	25
弹击锤冲程/mm	75	钢砧上标定平均回弹值(R)	74±2
指针滑块的静摩擦力/N	0.5±0.1	外形尺寸/mm	60×80

注：R 为纲为1参数。

2. 筒压法

筒压法适用于推定烧结普通砖墙中砌筑砂浆的强度，不适用于推定遭受火灾、化学侵蚀等砌筑砂浆的强度。检测时，应从砖墙中抽取砂浆试样，在试验室内进行筒压荷载试验，检测筒压比，然后换算为砂浆强度。

一般情况下的砂浆强度为：①中、细砂配制的水泥砂浆，砂浆强度为2.5～20MPa；②中、细砂配制的水泥石灰混合砂浆（简称混合砂浆），砂浆强度为2.5～15MPa；③中、细砂配制的水泥粉煤灰砂浆（简称粉煤灰砂浆），砂浆强度为2.5～20MPa；④石灰质石粉砂与中、细砂混合配制的水泥石灰混合砂浆和水泥砂浆（简称石粉砂浆），砂浆强度为2.5～20MPa。

筒压法的主要检测设备有：①承压筒（见图6-15）可用普通碳素钢或合金钢自行制作；②50～100kN压力试验机或万能试验机；③摇筛机；④孔径为5mm、10mm、15mm的标准砂石筛（包括筛盖和底盘）；⑤水泥跳桌；⑥称量为1000g、感量为0.1g的托盘天平。

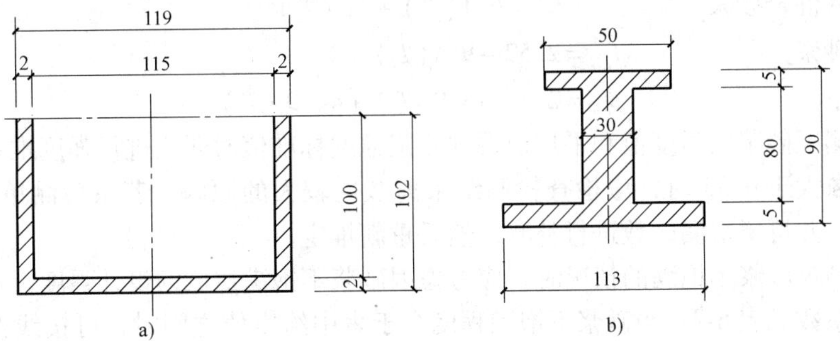

图6-15 承压筒构造

a）承压筒剖面 b）承压盖剖面

筒压法检测方法叙述如下：

1）取样及预处理。在每一测区，从距墙表面20mm以内的水平灰缝中凿取砂浆约4000g，其最小厚度不得小于5mm。使用手锤击碎样品，筛取5～15mm的砂浆颗粒约3000g，在（105±5）℃的温度下烘干至恒重，待冷却至室温后备用。

2）试样制作。每次取烘干样品约1000g，置于孔径5mm、10mm、15mm标准筛所组成的套筛中，机械摇筛2min或手工摇筛1.5min。称取粒级5～10mm和10～15mm的砂浆颗粒各250g，混合均匀后即为一个试样。共制备三个试样。

3）装筒并密实。每个试样应分两次装入承压筒，每次约装1/2，在水泥跳桌上跳振5次。第二次装料并跳振后，整平表面，安上承压盖，如无水泥跳桌，可按照砂、石紧密体积密度的试验方法颠击密实。

4）施压。将装料的承压筒置于试验机上，盖上承压盖，开动压力试验机，应于20～40s内均匀加荷至下面规定的筒压荷载值后，立即卸荷。不同品种砂浆的筒压荷载值分别为：水泥砂浆、石粉砂浆为20kN；水泥石灰混合砂浆、粉煤灰砂浆为10kN。

5）称量及分析。将施压后的试样倒入由孔径5mm和10mm标准筛组成的套筛中，装入摇筛机摇筛2min或人工摇筛1.5min，筛至每隔5s的筛出量基本相等。称量各筛筛余试样的质量（精确至0.1g），各筛的分计筛余量和底盘剩余量的总和，与筛分前的试样质量相比，相对差值不得超过试样质量的0.5%；当超过时，应重新进行试验。

标准试样的筒压比应按下式计算

$$T_{ij}=\frac{t_1+t_2}{t_1+t_2+t_3} \tag{6-22}$$

式中 T_{ij}——第 i 个测区中第 j 个试样的筒压比，以小数计，精确至 0.01；

t_1，t_2，t_3——孔径 5mm、10mm 筛的分计筛余量和底盘中剩余量。

测区的砂浆筒压比，应按下式计算

$$T_i=\frac{T_{i1}+T_{i2}+T_{i3}}{3} \tag{6-23}$$

式中 T_i——第 i 个测区的砂浆筒压比平均值，以小数记，精确至 0.01；

T_{i1}，T_{i2}，T_{i3}——第 i 个测区三个标准砂浆试样的筒压比。

根据筒压比，测区的砂浆强度平均值应按下列公式计算

水泥砂浆 $$f_{2,i}=34.58\,(T_i)^{2.06} \tag{6-24}$$

水泥石灰混合砂浆 $$f_{2,i}=6.1(T_i)+11\,(T_i)^2 \tag{6-25}$$

粉煤灰砂浆 $$f_{2,i}=2.52-9.4(T_i)+32.8\,(T_i)^2 \tag{6-26}$$

石粉砂浆 $$f_{2,i}=2.7-13.9(T_i)+44.9\,(T_i)^2 \tag{6-27}$$

根据某测区砂浆的强度值和平均值得到砂浆强度标准值时还应进行强度推定。当检测结果的变异系数大于 0.35 时，应检查检测结果离散性较大的原因，若系检测单元划分不当，应重新划分，并可增加测区数进行补测，然后重新推定。

当遇到砌筑砂浆不饱满的情况时，应考虑因砂浆不饱满造成的设计强度折减。砌体强度设计值折减系数见表 6-7。当砂浆不饱满程度介于表中给定值之间时，可按线性插值法计算相应的折减系数。

表 6-7 砌体强度设计值折减系数

砂浆饱满度（%）	50	75
折减系数	0.60	0.97

6.3.4 砌体强度的直接检测

1. *原位轴压法*

该方法适用于推定 240mm 厚普通砖砌体的抗压强度。检测时，在墙体上开凿两条水平槽型孔安放原位压力机。

检测部位应具有代表性，并应符合下列规定：

1）宜在墙体中部距离楼、地面 1m 左右的高度处；槽间砌体每侧的墙体宽度不应小于 1.5m。

2）同一墙体上，测点不宜多于 1 个，且宜选在沿墙体长度中间部位；多于 1 个时，水平净距不得小于 2.0m。

3）检测部位不得选在挑梁下、应力集中部位以及墙梁的墙体计算高度范围内。

图 6-16 为原位压力机测试工作状况。

2. *扁顶法*

扁顶法除了能推定普通砖砌体的抗压强度外，还能对砌体的实际受压工作应力和弹性模

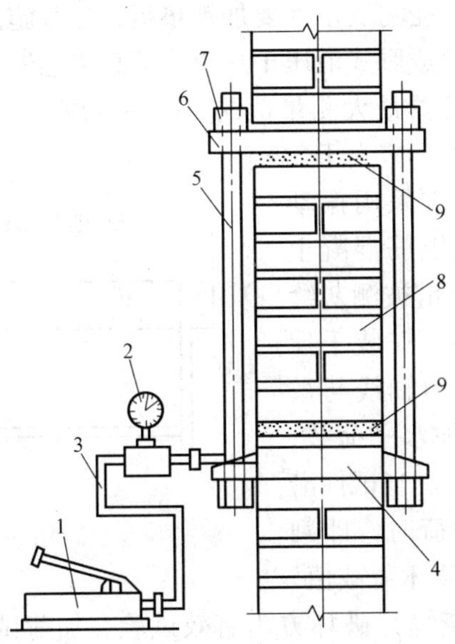

图6-16　原位压力机测试工作状况

1—手动油泵　2—压力表　3—高压油管　4—扁式千斤顶

5—拉杆（共4根）　6—反力板　7—螺母　8—槽间砌体　9—砂垫层

量进行测定。检测时应首先选择适当的检测位置，其选择方法与原位轴压法相同。检测时，在墙体的水平灰缝处开凿两条槽孔，安放扁式液压千斤顶、液压泵等检测设备。加荷设备由手动液压泵、扁式液压千斤顶等组成，其工作状况如图6-17所示。

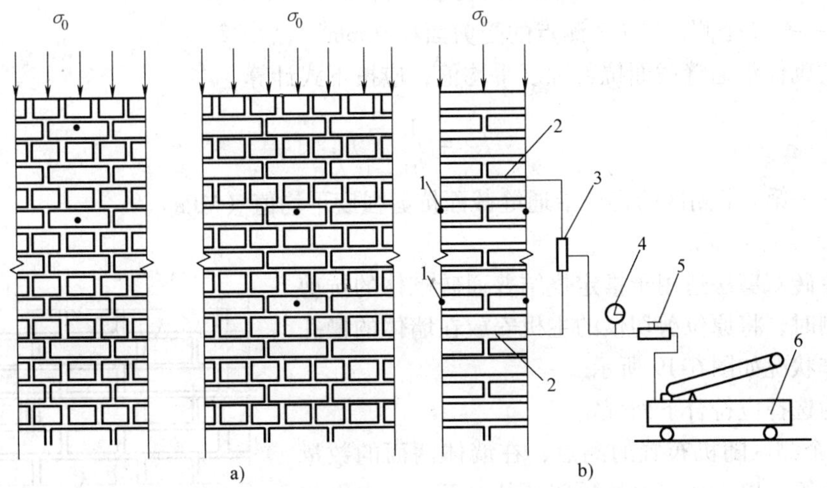

图6-17　扁顶法测试装置与变形测点布置

a）测试受压工作应力　b）测试弹性模量、抗压强度

1—变形测量脚标（两对）　2—扁式液压千斤顶　3—三通接头　4—压力表　5—溢流阀　6—手动油泵

3. 原位单剪法

原位单剪法适用于推定砖砌体沿通缝截面的抗剪强度。检测时，检测部位宜选在窗洞口或其他洞口下三皮砖范围内，将试验区取 L(370～490mm) 长一段，两边凿通、齐平，加压

面坐浆找平，加压用千斤顶，受力支承面要加钢垫板，逐步施加推力。

检测设备包括螺旋千斤顶或卧式液压千斤顶、荷载传感器及数字荷载表等。试件的预估破坏荷载值应为千斤顶、传感器最大测量值的20%～80%。检测前，应标定荷载传感器及数字荷载表，其示值相对误差不应大于3%。

首先在选定的墙体上，应采用振动较小的工具加工切口，现浇钢筋混凝土传力件，如图6-18所示。测量被测灰缝的受剪面尺寸，精确至1mm。安装千斤顶及检测仪表，千斤顶的加力轴线与被测灰缝顶面应对齐。匀速施加水平荷载，并控制试件在2～5min内破坏。当试件沿受剪面滑动、千斤顶开始卸荷时，即判定试件达到破坏状态。记录破坏荷载值，结束试验。在预定剪切面（灰缝）破坏方为有效试验。加荷试验结束后，翻转已破坏的试件，检查剪切面破坏特征及砌体砌筑质量，并详细记录。

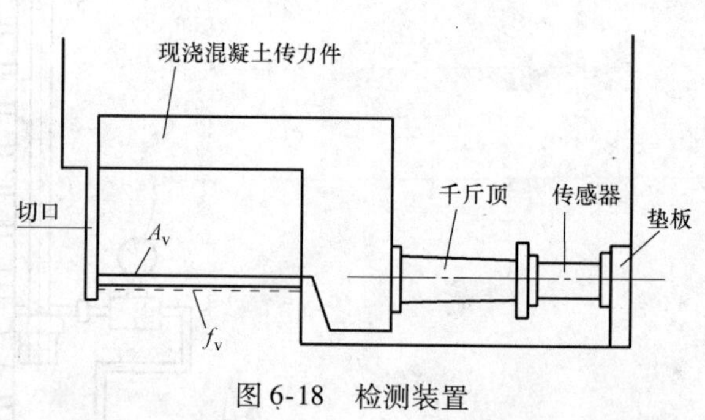

图6-18　检测装置

根据检测仪表的校验结果，进行荷载换算，精确至10N。根据试件的破坏荷载和受剪面积，应按下式计算砌体的沿通缝截面抗剪强度

$$f_{vij}=\frac{N_{vij}}{A_{vij}} \tag{6-28}$$

式中　f_{vij}——第i个测区第j个测点的砌体沿通缝截面抗剪强度（MPa）；

N_{vij}——第i个测区第j个测点的抗剪破坏荷载（N）；

A_{vij}——第i个测区第j个测点的受剪面积（mm^2）。

测区的砌体沿通缝截面抗剪强度平均值，应按下式计算

$$f_{vi} = \frac{1}{n_1}\sum_{i=1}^{n_1} f_{vij} \tag{6-29}$$

式中　f_{vij}——第i个测区的砌体沿通缝截面抗剪强度平均值（MPa）。

4. 原位单砖双剪法

原位单砖双剪法适用于推定烧结普通砖砌体的抗剪强度。检测时，将原位剪切仪的主机安放在墙体的槽孔内，其工作状况如图6-19所示。

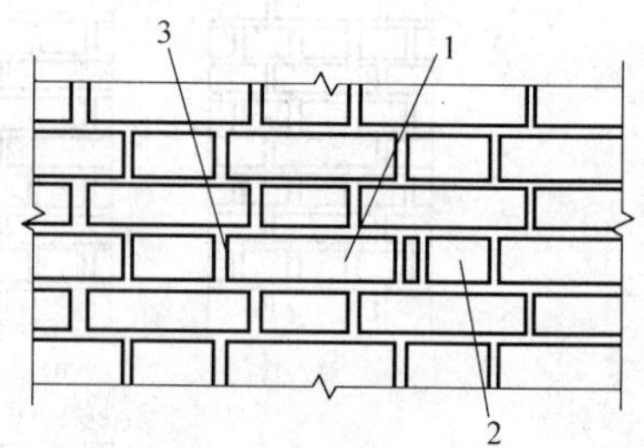

图6-19　原位单砖双剪试验示意图
1—剪切试件　2—剪切仪主机
3—掏空的竖缝

测点的选择应符合下列规定：

1）每个测区随机布置的测点，在墙体两面的数量宜接近或相等，以一块完整的顺砖及其上下两条水平灰缝作为一个测点（试件）。

2）试件两个受剪面的水平灰缝厚度应为8～12mm。

3）下列部位不应布设测点，门、窗洞口侧边120mm范围内，后补的施工洞口和经修补的砌体，独立柱和窗间墙。

4）同一墙体的各测点之间，水平方向净距不应小于0.62m，垂直方向净距不应小

于0.5m。

原位剪切仪的主机为一个附有活动承压钢板的小型千斤顶，其成套设备如图6-20所示。原位剪切仪的主要技术指标应符合表6-8的规定，且应每半年校验一次。

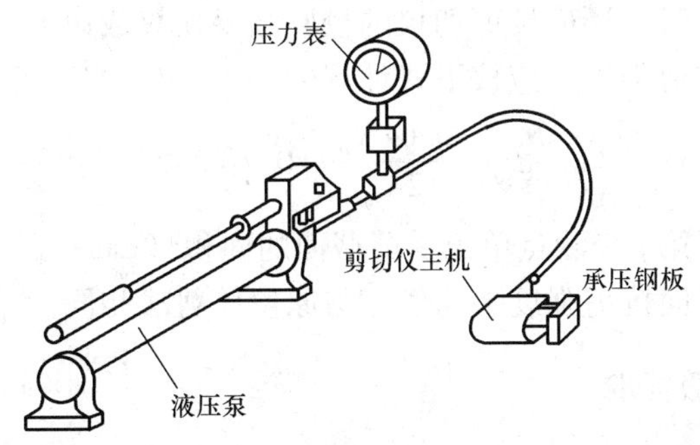

图6-20 原位剪切仪示意图

表6-8 原位剪切仪主要技术指标

项　目	75型指标	150型指标
额定推力/kN	75	150
相对测量范围(%)	20~80	20~80
额定行程/mm	>20	>20
示值相对误差(%)	±3	±3

当采用带有上部压应力作用的试验方案时，应按图6-19的要求，将剪切试件相邻一端的一块砖掏出，清除四周的灰缝，制备出安放主机的孔洞，其截面尺寸不得小于115mm×65mm，掏空、清除剪切试件另一端的竖缝。当采用释放试件上部压应力σ的试验方案时，还应按图6-21所示，掏空水平灰缝，掏空范围由剪切试件两端向上按45°扩散至灰缝4，掏空长度应大于620mm，深度应大于240mm，试件两端的灰缝应清理干净。开凿清理过程中，严禁扰动试件。如发现被推砖块有明显缺棱掉角或上、下灰缝有明显松动现象时，应舍去该试件。被推砖的承压面应平整，不平整时应用扁砂轮等工具磨平。将剪切仪主机放入开凿好的孔洞中，使仪器的承压板与试件的砖块顶面重合，仪器轴线与砖块轴线吻合。若开凿孔洞

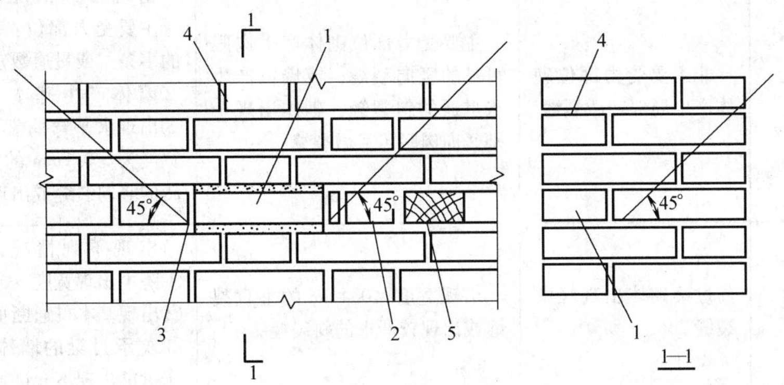

图6-21 释放σ方案示意图

1—剪切试件 2—剪切仪主机 3—掏空的竖缝 4—掏空的水平缝 5—垫块

过长，在仪器尾部应另加垫块。

匀速施加水平荷载，直至试件和砌体之间相对位移、试件达到破坏状态。加荷的全过程宜为 1 ~ 3min。记录试件破坏时剪切仪测力计的最大读数，精确至 0.1 个分度值。当剪切仪采用量纲为 1 的指示仪表时，还应按剪切仪的校验结果换算成以 N 为单位的破坏荷载。

试件沿灰缝截面的抗剪强度，应按下式计算

$$f_{vij}=\frac{0.64N_{vij}}{2A_{vij}}-0.7\sigma_{0ij} \tag{6-30}$$

式中 A_{vij}——第 i 个测区第 j 个测点单个受剪截面的面积（mm^2）。

测区的砌体沿通缝截面抗剪强度平均值，与原位单剪法相同。

6.3.5 砌体结构裂缝分级标准

砌体构件在各种荷载作用下，由于受压、局部承压、受弯、受剪等原因而产生的裂缝称为受力裂缝。由于温度、收缩变形、地基不均匀沉降等原因而引起的裂缝称为变形裂缝。根据裂缝发生的构件、部位、形状和分布，经分析和验算判别其性质，按变形裂缝和受力裂缝进行评定等级，如表 6-9、表 6-10 所示。裂缝宽度可用读数显微镜或钢板尺来测定。

表 6-9 砌体变形裂缝分级标准

构 件	级 别			
	a	b	c	d
墙	无	墙体产生微裂缝，裂缝宽度 < 1.5mm	墙体开裂较严重，裂缝宽度 1.5 ~ 10mm	墙体裂缝严重，最大裂缝 > 10mm
柱	无	无	柱截面出现水平裂缝缝宽小于 1.5mm 且未贯通柱截面	柱断裂，或产生水平错动

注：本表仅适用于黏土砖、硅酸盐砖及粉煤灰砖砌体。

表 6-10 砌体受力裂缝分级标准

<table>
<tr><th rowspan="2">构 件</th><th colspan="4">级 别</th></tr>
<tr><th>a</th><th>b</th><th>c</th><th>d</th></tr>
<tr><td>墙</td><td rowspan="2">无</td><td rowspan="2">非主要受力部位砌体产生局部轻微裂缝</td><td rowspan="2">主要受力部位砌体产生肉眼可见的竖向裂缝，或墙体产生未贯通的斜裂缝，砌体出现个别竖向肉眼可见微裂缝</td><td rowspan="2">出现下列情况之一即属此级：①主要受力部位产生宽度 > 0.1mm 的多条，或贯通数皮砖的竖向裂缝；②墙体产生基本贯通的斜裂缝；③出现水平弯曲裂缝；④砌体出现宽度为 > 0.1mm 的多条或贯通数皮砖的竖向裂缝或出现水平错位裂缝</td></tr>
<tr><td>柱</td></tr>
<tr><td>过梁</td><td>无</td><td>过梁砌体出现轻微裂缝</td><td>出现宽度 ≤ 0.4mm 的垂直裂缝或出现较严重的斜裂缝</td><td>出现下列情况之一即属此级：①跨中出现宽度 > 0.4mm 竖向裂缝；②出现基本贯通断面全高的斜裂缝；③支承过梁的墙体出现剪切裂缝；④过梁出现不允许变形</td></tr>
</table>

6.4 钢结构现场检测技术

6.4.1 一般要求

钢结构的检测可分为钢结构材料性能、连接、构件的尺寸与偏差、变形与损伤、构造以及涂装等多项工作。必要时，可进行结构或构件性能的实荷检验或结构的动力测试。

1. 材料

对结构构件钢材的力学性能检验可分为屈服点、抗拉强度、伸长率、冷弯和冲击功等项目。当工程中还有与结构同批的钢材时，可以将其加工成试件，进行钢材力学性能检验。当工程中没有与结构同批的钢材时，可在构件上截取试样，但应确保结构构件的安全。钢材力学性能检验试件的取样数量、取样方法、试验方法和评定标准应符合表6-11的规定。

表6-11 材料力学性能检验项目和方法

检验项目	取样数量/(个/批)	取样方法	试验方法	评定标准
屈服点、抗拉强度、伸长率	1	《钢材力学及工艺性能试验取样规定》	《金属拉伸试验试样》《金属弯曲试验方法》	《碳素结构钢》、《低合金高强度结构钢》及其他钢材产品标准
冷弯	1		《金属弯曲试验方法》	
冲击功	3		《金属夏比缺口冲击试验方法》	

钢材化学成分的分析，可根据需要进行全成分分析或主要成分分析。钢材化学成分的分析每批钢材可取一个试样。取样和试验应分别按《钢的化学分析用试样取样法及成品化学成分允许偏差》和《钢铁及合金化学分析方法》执行，并应按相应产品标准进行评定。

已建钢结构钢材的抗拉强度，可采用表面硬度的方法检测。应用表面硬度法检测钢结构钢材抗拉强度时，应有取样检验钢材抗拉强度的验证。锈蚀钢材或受到火灾等影响钢材的力学性能，可采用取样的方法检测；对试样的测试操作和评定，可按相应钢材产品标准的规定进行，在检测报告中应明确说明检测结果的适用范围。

2. 连接

钢结构的连接质量与性能的检测可分为焊接连接、焊钉（栓钉）焊接连接、螺栓连接、高强螺栓连接等项目。对设计上要求全焊透的一、二级焊缝和设计上没有要求的钢材等强对焊拼接焊缝的质量，可采用超声波探伤的方法检测。对钢结构工程的所有焊缝都应进行外观检查；对已建钢结构检测时，可采取抽样检测焊缝外观质量的方法，也可采取按委托方指定范围抽查的方法。焊缝的外形尺寸和外观缺陷检测方法和评定标准，应按现行《钢结构工程施工质量验收规范》确定。

焊接接头的力学性能，可采取截取试样的方法检验，但应采取措施确保安全。焊接接头力学性能的检验分为拉伸、面弯和背弯等项目，每个检验项目可各取两个试样。焊接接头的取样和检验方法应按现行《焊接接头机械性能试验取样方法》、《焊接接头拉伸试验方法》和《焊接接头弯曲及压扁试验方法》等确定。焊接接头焊缝的强度不应低于母材强度的最低保证值。

当对钢结构工程质量进行检测时，可抽样进行焊钉焊接后的弯曲检测，抽样数量不应少于 A 类检测的要求。检测方法与评定标准，锤击焊钉头使其弯曲至 30°，焊缝和热影响区没有肉眼可见的裂纹可判为合格。

对扭剪型高强度螺栓连接质量，可检查螺栓端部的梅花头是否已拧掉，除因构造原因无法使用专用扳手拧掉梅花头者外，未在终拧中拧掉梅花头的螺栓数不应大于该节点螺栓数的 5%。对高强度螺栓连接质量的检测，可检查外露丝扣，丝扣外露应为 2～3 扣，其中允许有 10% 的螺栓丝扣外露 1 扣或 4 扣。

3. 尺寸与偏差

尺寸检测的范围，应检测所抽样构件的全部尺寸，每个尺寸在构件的 3 个部位量测，取 3 处测试值的平均值作为该尺寸的代表值；尺寸量测的方法，可按相关产品标准的规定量测，其中钢材的厚度可用超声测厚仪测定；钢构件的尺寸偏差，应以设计图样规定的尺寸为基准计算尺寸偏差；偏差的允许值，应按现行《钢结构工程施工质量验收规范》确定。

4. 缺陷、损伤与变形

钢材外观质量的检测可分为均匀性，是否有夹层、裂纹、非金属夹杂和明显的偏析等项目。当对钢材的质量有怀疑时，应对钢材原材料进行力学性能检验或化学成分分析。对钢结构损伤的检测可分为裂纹、局部变形、锈蚀等项目。钢材裂纹，可采用观察的方法和渗透法检测。采用渗透法检测时，应用砂轮和砂纸将检测部位的表面及其周围 20mm 范围内打磨光滑，不得有氧化皮、焊渣、飞溅、污垢等；用清洗剂将打磨表面清洗干净，干燥后喷涂渗透剂，渗透时间不应少于 10min；然后再用清洗剂将表面多余的渗透剂清除；最后喷涂显示剂，停留 10～30min 后，观察是否有裂纹显示。杆件的弯曲变形和板件凹凸等变形情况，可用观察和尺量的方法检测，量测出变形的程度；变形评定，应按现行《钢结构工程施工质量验收规范》的规定执行。螺栓和铆钉的松动或断裂，可采用观察或锤击的方法检测。

结构构件的锈蚀，可按《涂装前钢材表面锈蚀等级和除锈等级》确定锈蚀等级，对 D 级锈蚀，还应量测钢板厚度的削弱程度。

5. 结构性能实荷检验与动测

对于大型复杂钢结构体系可进行原位非破坏性实荷检验，直接检验结构性能。对结构或构件的承载力有疑义时，可进行原型或足尺模型荷载试验。试验应委托具有足够设备能力的专门机构进行。试验前应制定详细的试验方案，包括试验目的、试件的选取或制作、加载装置、测点布置和测试仪器、加载步骤以及试验结果的评定方法等。

6.4.2 钢材强度测定

钢材强度测定最理想的方法是在结构上截取试样，由拉伸试验确定相应的强度指标。但这样会损伤结构，影响它的正常工作，并需要进行补强。一般采用表面硬度法间接推断钢材强度。

表面硬度法主要是利用布氏硬度计测定（见图 6-22），该检测方法适用于估算结构中钢材抗拉强度的范围，不能准确推定钢材的强度。测试前，对构件测试部位的处理，可用钢锉打磨构件表面，除去表面锈斑、油漆，然后应分别用粗、细砂纸打磨构件表面，直至露出金属光泽。在测试时，构件及测试面不得有明显的颤动。测完后按所建立的专用测强度曲线换算钢材的抗拉强度。

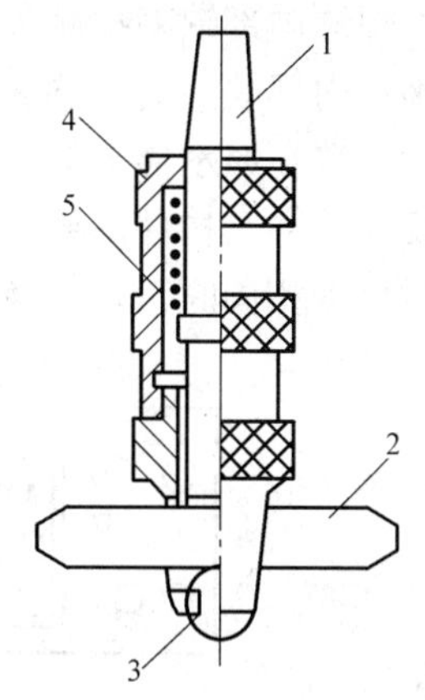

图6-22　测量钢材硬度的布氏硬度计
1—纵轴　2—标准棒　3—钢珠　4—外壳　5—弹簧

$$H_B = H_S \frac{D - \sqrt{D^2 - d_s}}{D - \sqrt{D^2 - d_B}} \quad (6\text{-}31)$$

$$f = 3.6H_B \quad (6\text{-}32)$$

式中　H_S、H_B——钢材与标准试件的布氏硬度；

d_s、d_B——硬度计钢珠在钢材和标准试件上的凹痕直径；

D——硬度计钢珠的直径；

f——钢材的抗拉强度。

测定钢材的抗拉强度f后，可依据同种材料的屈服强度比计算得到钢材的屈服强度。

另外，根据钢材中各化学成分可以粗略估算碳素钢强度。计算公式为

$$\sigma_b = 285 + 7\omega(\mathrm{C}) + 0.06\omega(\mathrm{Mn}) + 7.5\omega(\mathrm{P}) + 2\omega(\mathrm{Si}) \quad (6\text{-}33)$$

式中　$\omega(\mathrm{C})$、$\omega(\mathrm{Mn})$、$\omega(\mathrm{P})$、$\omega(\mathrm{Si})$——表示钢材中碳、锰、磷和硅元素的含量，以0.01%为计量单位。

6.4.3　超声法检测钢材和焊缝缺陷

超声法（ultrasonic inspection）检测钢材和焊缝缺陷的工作原理与检测混凝土内部缺陷相同，试验时较多采用脉冲反射法。超声波脉冲经换能器发射进入被测材料传播时，当通过构件材料表面、内部缺陷和构件底面时，会产生部分反射，这些超声波各自往返的路程不同，回到换能器时间不同，在超声波探伤仪的示波屏幕上分别显示出各界面的反射波及其相对的位置，分别称为始脉冲、伤脉冲和底脉冲，如图6-23所示。由缺陷反射波与始脉冲和底脉冲的相对距离可确定缺陷在构件内的相对位置。如果材料完好内部无缺陷时，则显示屏上只有始脉冲和底脉冲，不出现伤脉冲。

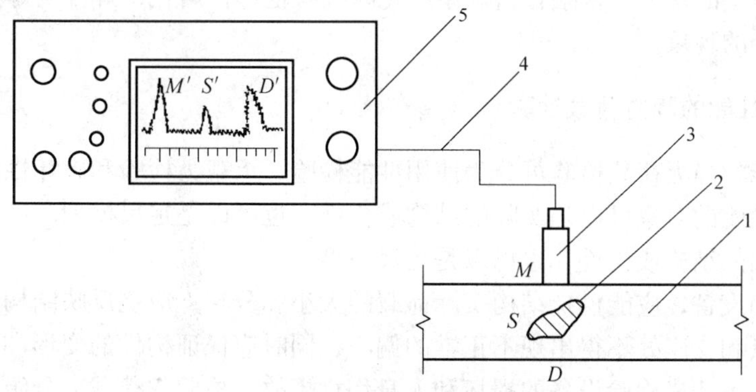

图6-23　直探头探测钢材缺陷示意图
1—试件　2—缺陷　3—探头　4—电缆　5—探伤仪
M—表面反射　S—缺陷反射　D—底面反射

焊缝内部缺陷检测常用斜向换能器探头检测。如图 6-24 所示用三角形标准试块经比较法确定内部缺陷的位置。当在构件焊缝内探测到缺陷时，记录换能器在构件上的位置 l 和缺陷反射波在显示屏上的相对位置，然后将换能器移到三角形标准试块的斜边上做相对移动，使反射脉冲与构件焊缝内的缺陷脉冲重合，当三角形标准试块的 α 角与斜向换能器超声波和折射角度相同时，量取换能器在三角形标准试块上的位置 L，缺陷的深度 h 为

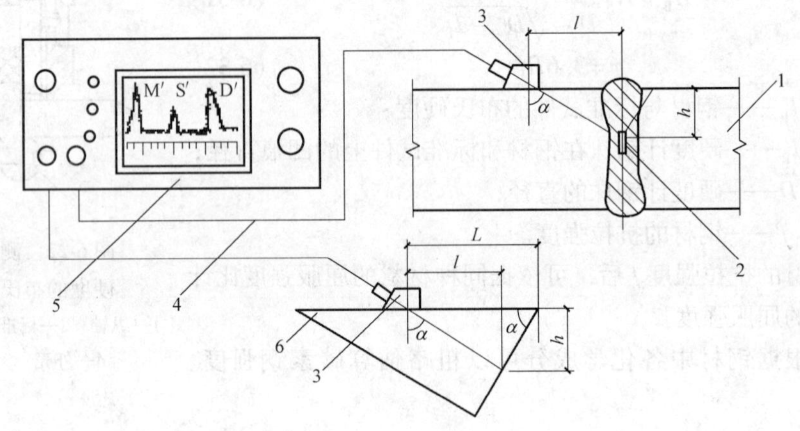

图 6-24 斜探头探测缺陷位置示意图

1—试件 2—缺陷 3—探头 4—电缆 5—探伤仪 6—标准试块

$$l = L\sin^2\alpha \tag{6-34}$$

$$h = L\sin\alpha\cos\alpha \tag{6-35}$$

由于钢材密度比混凝土大得多，为了能够检测钢材或焊缝较小的缺陷，常用的工作频率为 0.5 ~ 2MHz，比混凝土检测时的工作频率高。

焊缝的外观质量检测常见的缺陷有气孔、夹渣、烧穿、焊瘤、咬边、未焊透、未融合等。气孔指焊条熔合物表面存在的人眼可辨的小孔。夹渣指焊条熔合物表面存在有熔合物锚固着的焊渣。烧穿指焊条熔化时把焊件底面熔化，熔合物从底面两焊件缝隙中流出形成焊瘤的现象。焊瘤指在焊缝表面存在多余的像瘤一样的焊条熔合物。咬边指焊条熔化时把焊件过分熔化，使焊件截面受到损伤的现象。未焊透指焊条熔化时焊件熔化的深度不够，焊件厚度的一部分没有焊接的现象。未融合指焊条熔化时没有把焊件熔化，焊件与焊条熔合物没有连接或连接不充分的现象。

6.4.4 钢结构性能的静力荷载检验

钢结构性能的静力荷载检验可分为使用性能检验、承载力检验和破坏性检验。使用性能检验和承载力检验的对象可以是实际的结构或构件，也可以是足尺模型。破坏性检验的对象可以是不再使用的结构或构件，也可以是足尺模型。

检验装置和设备，应能模拟结构实际荷载的大小和分布，应能反映结构或构件的实际工作状态，加荷点和支座处不得出现不正常的偏心，同时应保证构件的变形和破坏不影响测试数据的准确性，不造成检验设备的损坏和人身伤亡事故。检验的荷载应分级加载，每级荷载不宜超过最大荷载的 20%，在每级加载后应保持足够的静止时间，并检查构件是否存在断裂、屈服、屈曲的迹象。变形测试应考虑支座沉降变形的影响，正式检验前应施加一定的初

试荷载，然后卸荷，使构件贴紧检验装置。加载过程中应记录荷载变形曲线，当这条曲线表现出明显非线性时，应减小荷载增量。达到使用性能或承载力检验的最大荷载后，应持荷至少1h，每隔15min测取一次荷载和变形值，直到变形值在15min内不再明显增加为止。然后应分级卸载，在每一级荷载和卸载全部完成后测取变形值。

当检验用模型的材料与所模拟结构或构件的材料性能有差别时，应进行材料性能的检验。

以上只适用于普通钢结构性能的静力荷载检验，不适用于冷弯型钢和压型钢板以及钢混组合结构性能和普通钢结构疲劳性能的检验。

6.4.5 钢结构现场检测项目

1. 使用性能检验

使用性能检验以证实结构或构件在规定荷载的作用下不出现过大的变形和损伤，经过检验且满足要求的结构或构件应能正常使用。检验的荷载值按下式确定

检验的荷载 = 实际自重 ×1.0 + 其他恒载 ×1.15 + 可变荷载 ×1.25

经检验的结构或构件荷载-变形曲线最好基本为线性关系。卸载后残余变形不应超过所记录到最大变形值的20%。当不满足要求时，可重新进行检验。第二次检验中的荷载-变形应基本上呈现线性关系，新的残余变形不得超过第二次检验中所记录到最大变形的10%。

2. 承载力检验

承载力检验用于证实结构或构件的设计承载力。承载力检验的荷载应采用永久荷载和可变荷载适当组合的承载力极限状态（ultimate state of bearing capacity）的设计荷载。在检验荷载作用下，结构或构件的任何部分不应出现屈曲破坏或断裂破坏。卸载后结构或构件的变形应至少减少20%，表明承载力满足要求。

3. 破坏性检验

破坏性检验用于确定结构或模型的实际承载力。进行破坏性检验前宜先进行设计承载力的检验，并根据检验情况估算被检验结构的实际承载力。破坏性检验的加载应先分级加到设计承载力的检验荷载，根据荷载变形曲线确定随后的加载增量，然后加载到不能继续加载为止，此时的承载力即为结构的实际承载力。

6.4.6 钢结构防火涂层厚度的检测

钢结构在高温条件下，强度显著降低。例如，“9·11”事件中的美国纽约世贸中心就是典型的例子，世贸大厦采用筒中筒结构，为姊妹塔楼，地下6层，地上110层，高417m，标准层平面尺寸63.5m×63.5m，总面积$1.25\times10^6m^2$。外筒为钢柱，建于1973年，每幢楼用钢量为7800t。两座大楼受飞机撞击之后，一个在62min后倒塌，另一个在103min后倒塌。造成大厦倒塌的重要原因之一是撞击后引起的大火，燃烧引起的高温达到1000℃，传至下部的温度也有几百度，钢柱受热后强度显著降低，整个大厦是一层层垂直塌下。可见，耐火性差是钢结构致命的缺点，在钢结构工程中应十分重视防火涂层的检测。

薄涂型防火涂料涂层表面裂纹宽度不应大于0.5mm，涂层厚度应符合有关耐火极限的设计要求；厚涂型防火涂料涂层表面裂纹宽度不应大于1.0mm，其涂层厚度应有80%以上的面积符合耐火极限的设计要求，且最薄处厚度不应低于设计要求的85%。

1. 厚度测量仪

厚度测量仪又称测针，由针杆和可滑动的圆盘组成，圆盘始终保持与针杆垂直，并在其上装有固定装置，圆盘直径不大于30mm，以保证完全接触被测试件的表面。测试时，将测厚探针（见图6-25）垂直插入防火涂层直至钢基材表面上，记录标尺读数。

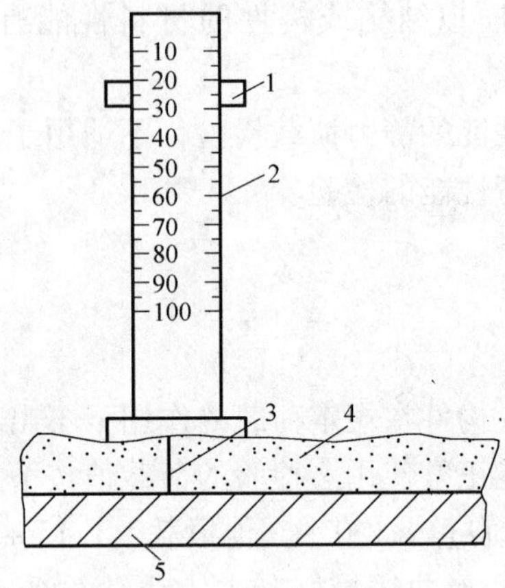

图6-25 测厚度示意图

1—标尺 2—刻度 3—测针 4—防火涂料 5—钢基材

2. 测点选定

楼板和防火墙的防火涂层厚度测定，可选两相邻纵、横轴线相交中的面积为一个单元，在其对角线上，按每米长度选一点进行测试。全钢框架结构的梁和柱的防火层厚度测定，在构件长度内每隔3m取一截面，按图6-26所示位置测试。桁架结构的上弦和下弦每隔3m取一截面检测，其他腹杆每根取一截面检测。

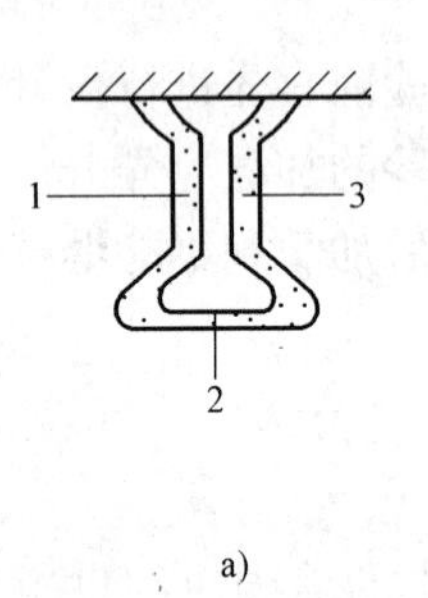

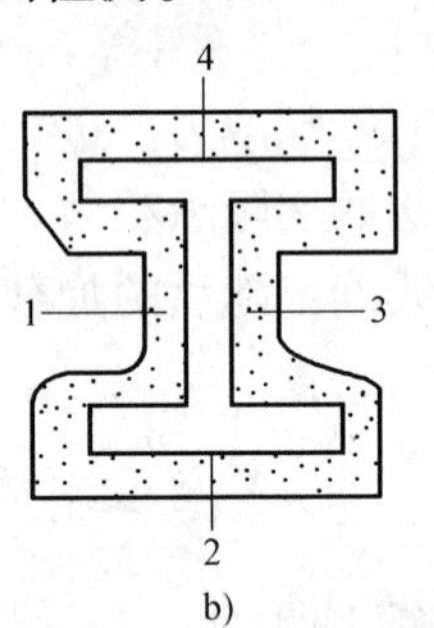

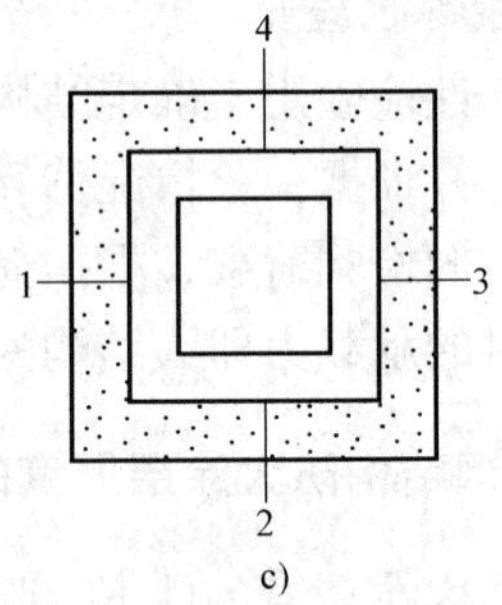

图6-26 测点布置图

a）工字梁 b）I型柱 c）方形柱

3. 测量结果

对于楼板和墙面，在所选择的面积中，至少测出5个点；对于梁和柱在所选择的位置中，分别测出6个和8个点。分别计算出它们的平均值，精确到0.5mm。

本章小结

1. 混凝土强度检测方法有回弹法、超声脉冲法、超声回弹综合法、钻芯法、拔出法。

2. 砌体结构常用的现场检测方法有强度的回弹法，筒压法，以及原位试验。
3. 钢结构的现场检测项目有钢材强度、焊缝和质量缺陷等的检测。
4. 钢筋位置、钢筋锈蚀量检测可用电磁感应法等。

思 考 题

6-1 结构的现场检测方法有哪些？各有什么特点？不同的现场检测方法适用于哪些条件？
6-2 如何使用回弹仪进行混凝土的强度检测？如何正确选用回弹仪？
6-3 如何使用超声脉冲法检测混凝土的强度、缺陷、裂缝深度？
6-4 用钻芯法检测混凝土强度有哪些特点？
6-5 综合比较几种检测混凝土强度的方法，总结其工作特点和适用场合。
6-6 简述超声回弹综合法检测混凝土强度的工作过程。
6-7 试比较电位差法和导电系数法检测钢筋锈蚀程度的工作原理及其工作特点。
6-8 砌体强度的检测方法有哪几种？简述其工作特点、使用条件和使用时的注意事项。
6-9 钢结构的现场检测内容有哪几种？使用哪些仪器？检测方法和注意事项有哪些？
6-10 简述焊缝缺陷检测过程。

第7章

7

建筑结构试验数据处理基础

本章介绍了如何根据建筑结构试验的测试方法和试验对象的性质对试验测试的原始试验数据进行整理换算、统计分析和归纳演绎，以便得出能够代表结构性能的公式、图像、数学模型等，这一过程称为数据处理（date processing）。

7.1 概述

在建筑结构试验后（有时在结构试验中），对采集得到的数据进行整理换算、统计分析和归纳演绎，以得到代表结构性能的公式、图像、表格、数学模型和数值等，这就是数据处理。采集得到的数据是数据处理过程的原始数据。例如，把应变式位移传感器测得的应变换算成位移，由测得的位移值计算挠度，由应变计测得的应变得到结构的应力，由结构的变形和荷载的关系可得到结构的屈服点、延性和恢复力模型等；对原始数据进行统计分析可得到平均值等统计特征值，对动态信号进行变换处理可以得到结构的自振频率等动力特性等。

结构试验时采集得到的原始数据量大并有误差，有时杂乱无章，有时甚至有错误；所以，必须对原始数据进行处理，才能得到可靠的试验结果。

数据处理的内容和步骤：①数据的整理和换算；②数据的统计与误差分析；③数据的表达。

7.2 结构试验数据的整理和换算

在数据采集时，由于各种原因，会得到一些完全错误的数据。例如，仪器参数（如应变计的灵敏系数）设置错误而造成数据出错，人工读数时读错，人工记录时的笔误（数字错误或符号错误），环境因素造成的数据失真（温度引起应变增加等），测量仪器的缺陷或布置错误造成数据出错，或者测量过程受到干扰（仪器被人碰了一下）造成的错误等。这些数据错误一般都可以通过复核仪器参数等方法进行整理，加以改正。

采集得到的数据有时杂乱无章，不同仪器得到的数据位数长短不一；应该根据试验要求和测量精度，按照有关的规定（如国家标准《数值修约规则与极限数值的表示和判定》）进行修约（revision），把试验数据修约成规定有效位数的数值。数据修约时应按下面的规则进行：

1）四舍五入，即拟舍弃数字小于5时，则舍去，大于5时则进1，等于5时，若保留的末位数字为奇数（1，3，5，7，9）则进1，为偶数（2，4，6，8，10）则舍去。例如，将12.1498修约到一位小数，得12.1；将11.68和11.502修约成两位有效数，均为12。

2）负数修约时，先将它的绝对值按上述规则修约，然后在修约值前面加上负号。例如，将 -0.04850 和 -0.04852 修约到0.001，均得 -0.049。

3）拟修约数值应在确定修约位数后一次修约获得结果，不得多次按上述规则连续修约。例如，将15.4546修约到15，正确的做法为15.4546→15，不正确的做法为15.4546→15.455→15.46→15.5→16。

采集得到的数据有时需要进行换算，才能得到所要求的物理量。例如，把采集到的应变换算成应力，把位移换算成挠度、转角、应变等，把应变式传感器测得的应变换算成相应的力、位移、转角等；对数据进行积分和微分，考虑结构自重和设备重的影响，对数据进行修正等。传感器系数的换算应按照传感器的灵敏度系数和接线方式进行。

1）应变到应力的换算应根据试件材料的应力-应变关系和应变测点的布置进行。

2）受弯矩和轴力等作用的构件，采用平截面假定，其某一截面上的内力和应变分布如图7-1所示。根据三个不在一条直线上的点可以决定一个平面，只要测得构件截面上三个不在一条直线上的点的应变值，即可求得该截面的应变分布和内力。

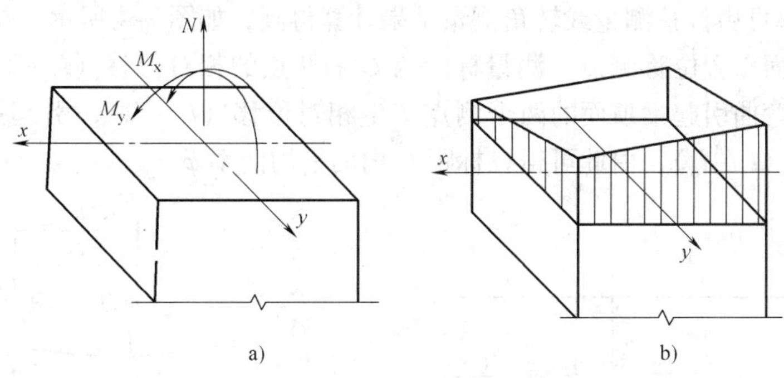

图7-1 构件截面分析

a）截面内力 b）应力分布

3）简支梁的挠度、挠度曲线可由位移测量结果得到，如图7-2所示。梁受力变形后，支座1和支座2也发生位移Δ_1和Δ_2，距离支座1x处的挠度$f(x)$为总位移$\Delta(x)$减去由于支座位移引起在x处的位移Δ。由图7-2中的几何关系，可得Δ和$f(x)$的计算式如下

$$\Delta = \Delta_1 - (\Delta_1 - \Delta_2)x/l \tag{7-1}$$

$$f(x) = \Delta(x) - \Delta = \Delta(x) - \Delta_1 + (\Delta_1 - \Delta_2)x/l \tag{7-2}$$

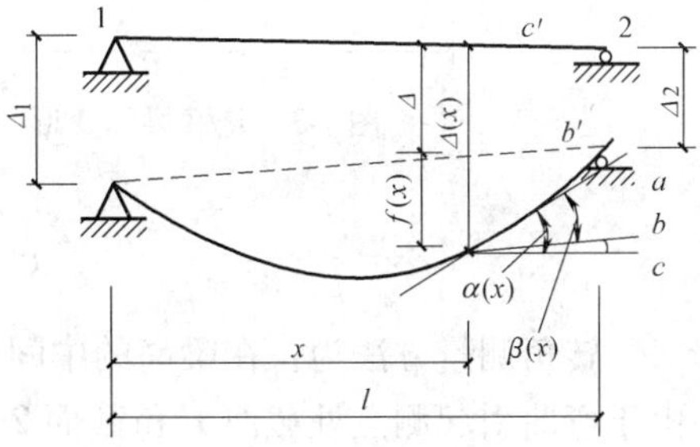

图7-2 简支梁的变形

特别，当计算跨中挠度时，令$x/l = 1/2$，得

$$f(x = l/2) = \Delta(l/2) - \frac{1}{2}(\Delta_1 + \Delta_2) \tag{7-3}$$

式中，$\Delta(l/2)$为跨中位移测量结果，$f(x = l/2)$为跨中挠度。梁的转角测量结果得到，如

图 7-2 所示，直线 c 与梁受力变形前的轴线 c' 平行，直线 b 与梁受力变形后两支座的连线 b' 平行，直线 a 为梁变形后 x 处的切线，直线 a 与直线 b 的夹角 $\beta(x)$ 为梁在 x 处的转角，直线 a 与直线 c 的夹角 $\alpha(x)$ 为转角测量结果，由图 7-2 的几何关系可得

$$\beta(x)=\alpha(x)-\arctan\left(\frac{\Delta_1-\Delta_2}{l}\right) \tag{7-4}$$

4）悬梁臂的挠度的转角可由测量结果计算得到，如图 7-3 所示。梁受力变形后，支座处也有位移 Δ_1 和转角 α_1，距离支座为 x 处的挠度 $f(x)$ 为总位移 $\Delta(x)$ 减去由于支座移动引起在 x 处的位移 Δ。由图 7-3 中的几何关系，可得到 Δ 和 $f(x)$ 的计算式如下

$$\Delta=\Delta_1+x\tan\alpha_1 \tag{7-5}$$

$$f(x)=\Delta(x)-\Delta=\Delta(x)-\Delta_1-x\tan\alpha_1 \tag{7-6}$$

梁在 x 处的转角可由图 7-3 中的几何关系得到，测量得到在 x 处的总转角 $\alpha(x)$（切线 a 与梁原轴线 c' 的夹角），支座转动引起在 x 处的转角为 α_1（直线 b 与直线 c 的夹角），梁在 x 处的转角 $\beta(x)$（切线 a 与梁轴线 b 的夹角）为

$$\beta(x)=\alpha(x)-\alpha_1 \tag{7-7}$$

5）梁的曲率可由位移测量或转角测量结果计算得到，如图 7-4 所示。位移测量方法为：在梁的顶面和底面布置位移测点，测量标距为 l_0 的两点的相对位移（l_1-l_0）和（l_2-l_0）；梁变形后，由于弯曲引起梁顶面的两个测点产生相对位移（l_1-l_0），引起梁底面的两个测点产生相对位移（l_2-l_0），由此可得在标距 l_0 内的平均曲率 φ

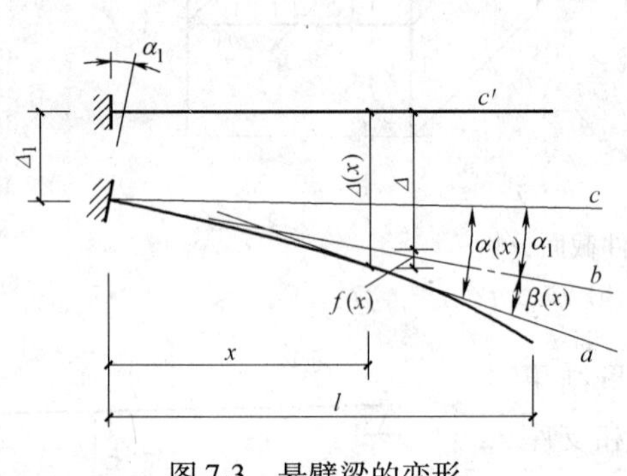

图 7-3　悬臂梁的变形

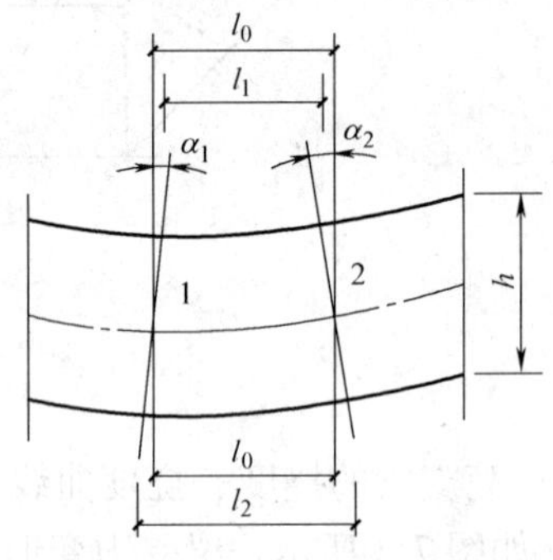

图 7-4　梁的曲率

$$\varphi=\frac{(l_2-l_0)-(l_1-l_0)}{l_0h} \tag{7-8}$$

转角测量方法为：在梁高的中间布置两个转角测点，它们之间的距离为 l_0；梁变形后，由于弯曲引起测点处截面 1 和截面 2 产生转角 α_1 和 α_2，由此可得在标距 l_0 内的平均曲率 φ 为

$$\varphi=\frac{\alpha_1+\alpha_2}{l_0} \tag{7-9}$$

上面曲率计算中，所用位移和转角均以图 7-4 中所示的方向为正；当实际位移和转角与此相反时，应以负值代入；当得到曲率为负值时，表示弯曲方向与图示相反。

6）结构或构件某一平面区域的剪切变形可按图 7-5a 所示的方法进行测量和计算。

图7-5a为墙体的剪切变形，试验时通常把墙体的底部固定，测量墙体顶部和底部的水平位移 Δ_1 和 Δ_2 及墙体底部的转角 α，可得剪切变形 γ 为

$$\gamma=\frac{\Delta_2-\Delta_1}{h}-\alpha \tag{7-10}$$

图7-5b为梁柱节点核心区的剪切变形，试验时通过测量矩形区域对角测点的相对位移（$\Delta_1+\Delta_2$）和（$\Delta_3+\Delta_4$），可得到剪切变形 γ 为

$$\gamma=\alpha_1+\alpha_2=\alpha_3+\alpha_4 \tag{7-11a}$$

$$\text{或 }\gamma=\frac{1}{2}(\alpha_1+\alpha_2+\alpha_3+\alpha_4) \tag{7-11b}$$

由图7-5（b）的几何关系

$$\cos\theta=a/\sqrt{a^2+b^2} \tag{7-12}$$

$$\sin\theta=b/\sqrt{a^2+b^2} \tag{7-13}$$

$$\alpha_1=\frac{\Delta_2\cdot\sin\theta+\Delta_3\cdot\sin\theta}{a}=\frac{\Delta_2+\Delta_3}{a}\cdot\frac{b}{\sqrt{a^2+b^2}} \tag{7-14}$$

$$\alpha_2=\frac{\Delta_2+\Delta_4}{b}\cdot\cos\theta=\frac{\Delta_2+\Delta_4}{b}\cdot\frac{a}{\sqrt{a^2+b^2}} \tag{7-15}$$

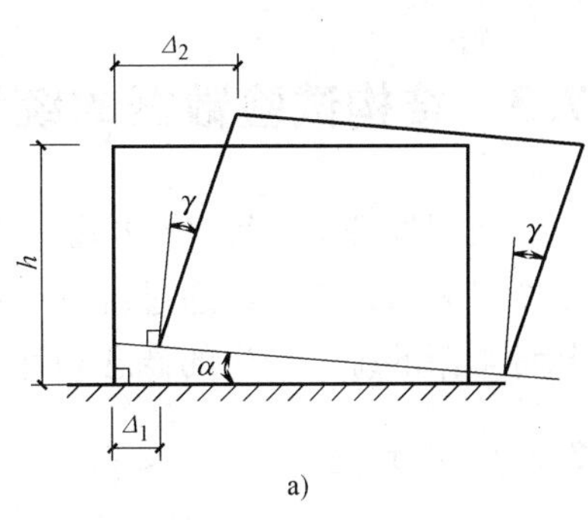

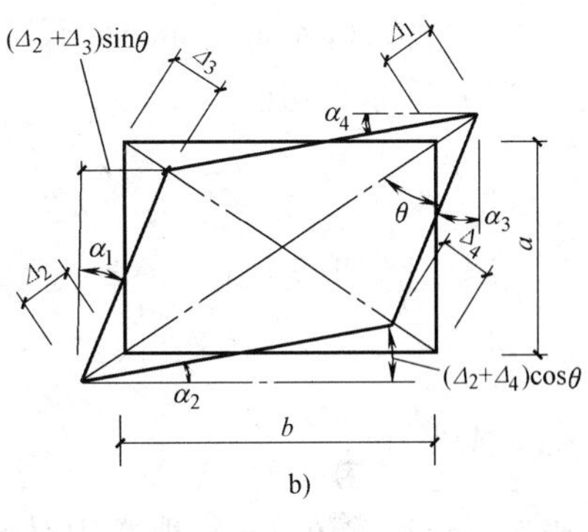

图7-5　剪切变形

a）墙体变形　b）节点变形

$$\alpha_3=\frac{\Delta_4+\Delta_1}{a}\cdot\sin\theta=\frac{\Delta_4+\Delta_1}{a}\cdot\frac{b}{\sqrt{a^2+b^2}} \tag{7-16}$$

$$\alpha_4=\frac{\Delta_1+\Delta_3}{b}\cdot\cos\theta=\frac{\Delta_1+\Delta_3}{b}\cdot\frac{a}{\sqrt{a^2+b^2}} \tag{7-17}$$

把公式（7-14）~公式（7-17）代入式（7-11b），整理得到

$$\gamma=\frac{1}{2}(\Delta_1+\Delta_2+\Delta_3+\Delta_4)\frac{\sqrt{a^2+b^2}}{ab} \tag{7-18}$$

7）试验时，结构在自重和加载设备重力等作用下的变形常常不能直接测量得到，要由试验得到的荷载与变形的关系推算得到。图7-6所示为一混凝土梁的挠度修正，由试验得到荷载与挠度（P-f）关系曲线，从曲线的初始线性段外插值计算自重和设备重力作用下的挠度 f_0

$$f_0=\frac{f_1}{p_1}p_0 \tag{7-19}$$

图7-6　梁受自重和设备重力的挠度修正

a）荷载布置　b）P-f 曲线

式（7-19）中，P_0 应转换成与 P_a 等效的形式和大小；（f_1，P_1）的取值应在初始线性段内。其他构件或结构的情况，可以按同样的方法处理。

7.3 结构试验数据的统计与误差分析

数据处理时，统计分析是一种常用的方法，可以用统计分析从很多数据中找到一个或若干个代表值，也可以通过统计分析（statistical analysis）对试验的误差进行分析。以下介绍几种常用的统计分析的概念和计算方法。

7.3.1 平均值

平均值（average value）有算术平均值、几何平均值和加权平均值等，按以下公式计算

1）算术平均值 $\bar{x}$

$$\bar{x} = \frac{1}{n}(x_1 + x_2 + \cdots + x_n) \tag{7-20}$$

2）几何平均值 $\bar{x}_a$

$$\bar{x}_a = \sqrt[n]{x_1 \cdot x_2 \cdot \cdots x_n} \tag{7-21a}$$

或

$$\lg \bar{x}_a = \frac{1}{n}\sum_{i=1}^{n} \lg x_i \tag{7-21b}$$

当对一组试验值（x_i）取常用对数（$\lg x_i$）所得图形的分布曲线更为对称时，常用此法。

3）加权平均值 $\bar{x}_w$

$$\bar{x}_w = \frac{w_1 x_1 + w_2 x_2 + \cdots + w_n x_n}{w_1 + w_2 + \cdots + w_n} \tag{7-22}$$

式中 w_i——第 i 个试验值 x_i 的对应权重。

在计算用不同方法或不同条件观测同一物理量的均值时，可以对不同可靠程度的数据给予不同的权重值。

7.3.2 标准差

对一组试验值 x_1，x_2，…，x_n，当它们的可靠程度相同时，其标准差（standard deviation）σ 为

$$\sigma = \sqrt{\frac{1}{n-1}\sum_{i=1}^{n}(x_i - \bar{x})^2} \tag{7-23}$$

当它们的可靠程度不同时，其权重不同下的标准差 σ_w 为

$$\sigma_w = \sqrt{\frac{1}{(n-1)\sum_{i=1}^{n} w_i}\sum_{i=1}^{n} w_i (x_i - \bar{x}_w)^2} \tag{7-24}$$

标准差反映了一组试验值在平均值附近的分散和偏离程度，标准差越大表示分散和偏离程度越大，反之则越小。它对一组试验值中的较大偏差反映比较敏感。

7.3.3 变异系数

变异系数（coefficient of variance）c_v 通常用来衡量数据的相对偏差程度，它的定义为

$$c_{\mathrm{v}}=\frac{\sigma}{\bar{x}} \tag{7-25a}$$

或

$$c_{\mathrm{v}}=\frac{\sigma_w}{\bar{x}_w} \tag{7-25b}$$

式中 $\bar{x}$、$\bar{x}_w$——分别为平均值和加权平均值；

σ、σ_w——分别为标准差和权重不同下的标准。

7.3.4 随机变量和概率分布

结构试验的误差及结构材料等许多试验数据都是随机变量（random variable），随机变量既有分散性和不确定性，又有规律性。对随机变量，应该用概率的方法来研究，即对随机变量进行大量的测量，对其进行统计分析，从中演绎归纳出随机变量的统计规律及概率分布。

为了对随机变量进行统计分析，得到它的分布函数（probability distribution），需要进行大量的测试，由测量值的频率分布图来估计其概率分布。绘制频率分布图的步骤如下：

1）按观测次序记录数据。

2）按由小至大的次序重新排列数据。

3）划分区间，将数据分组。

4）计划各区间数据出现的次数、频率（出现次数和全部测定次数之比）和累计频率。

5）绘制频率直方图及累积频率图（见图7-7）。

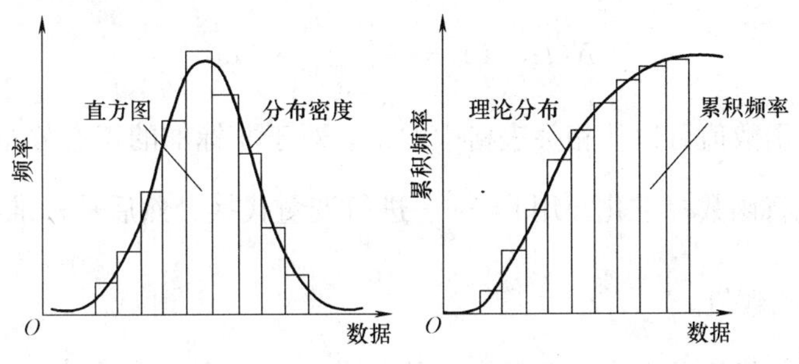

图7-7 频率直方图和累积频率图

可将频率分布近似作为概率分布（概率是当测定次数趋于无穷大的各组频率），并由此推断试验结果服从何种概率分布。

正态分布（normal distribution function）是最常用的描述随机变量的概率分布的函数，由高斯（K. F. Gauss）在1795年提出，所以又称为高斯分布，试验测量中的偶然误差，材料的疲劳强度都近似服从正态分布。正态分布 $N(\mu,\ \sigma^2)$ 的概率密度分布函数为

$$P_N(x)=\frac{1}{\sqrt{2\pi}\cdot\sigma}\mathrm{e}^{-\frac{(x-\mu)^2}{2\sigma^2}}\quad(-\infty<x<\infty) \tag{7-26}$$

其分布函数为

$$N(x)=\frac{1}{\sqrt{2\pi}\cdot\sigma}\int_{-\infty}^{x}\mathrm{e}^{-\frac{(x-\mu)^2}{2\sigma^2}}\mathrm{d}t \tag{7-27}$$

式中 μ——均值（average value）；

σ^2——方差（variance）。

正态分布是随机误差的一种重要分布。虽然随机误差的分布是多种多样的，但概率论的中心极限定理从理论上说明了正态分布在实际运用中的广泛性，其中特别是多次独立的重复条件下观测值的平均值的分布，不必去考虑它的单次观测值的分布是否为正态分布。

对于满足正态分布的曲线族，只要参数 μ 和 σ 已知，曲线就可以确定。图 7-8 所示为不同参数的正态分布密度函数，从中可以看出：

1）$P_N(x)$ 在 $x=\mu$ 处达到最大值，μ 表示随机变量分布的集中位置。

2）$P_N(x)$ 在 $x=\mu\pm\sigma$ 处曲线有拐点。σ 值越小 $P_N(x)$ 曲线的最大值就越大，并且降落得越快，所以 σ 表示随机变量分布的分散程度。

3）若把 $x-\mu$ 称为偏差，可得到小偏差出现的概率较大，很大的偏差很少出现。

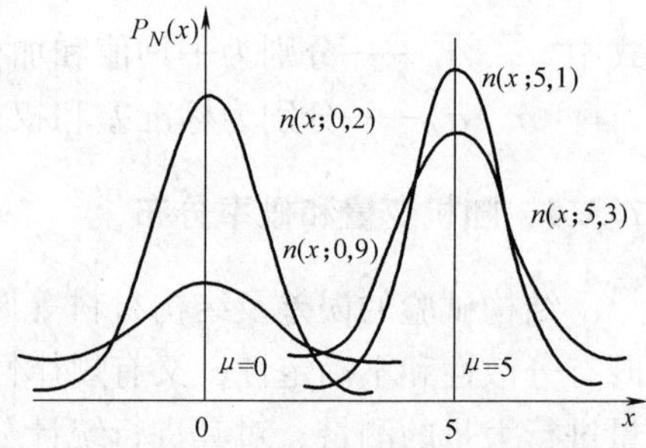

图 7-8 正态分布密度函数图

4）$P_N(x)$ 曲线关于 $x=\mu$ 是对称的，即大小相同的正负偏差出现的概率相同。

其中：$\mu=0$，$\sigma=1$ 的正态分布称为标准正态分布，它的概率密度分布函数和概率分布函数如下

$$P_N(t;0,1)=\frac{1}{\sqrt{2\pi}}\mathrm{e}^{-\frac{t^2}{2}} \tag{7-28}$$

$$N(t;0,1)=\frac{1}{\sqrt{2\pi}}\int_{\infty}^{t}\mathrm{e}^{-\frac{u^2}{2}}\mathrm{d}u \tag{7-29}$$

标准正态分布函数值可以从相关表格中取得。对于非标准的正态分布 $P_N(x;\mu,\sigma)$ 和 $N(x;\mu,\sigma)$ 可先将函数标准化，用 $t=\dfrac{x-\mu}{\sigma}$ 进行变量代换，然后从标准正态分布表中查取 $N\left(\dfrac{x-\mu}{\sigma};0,1\right)$ 的函数值。

其他几种常用的概率分布有二项分布，均匀分布，瑞利分布，x^2 分布，t 分布，F 分布等，具体内容参考相关的教材。

7.3.5 误差的产生和分类

在结构试验中，必须对一些物理量进行测量。被测对象的值是客观存在的，称为真值 x，每次测量所得的值称为实测值（测量值）x_i（1，2，3，…，n），真值和测量值的差值

$$a_i=x_i-x \quad (i=1,2,3,\cdots,n) \tag{7-30}$$

称为测量误差（error），简称为误差；实际试验中，真值是无法确定的，常用平均值代表真值。由于各种主观和客观的原因，任何测量数据不可避免地都包含一定程度的误差。只有了解了试验误差的范围，才有可能正确估计试验所得到的结果。同时，对试验误差进行分析将有助于在试验中控制和减少误差的产生。

根据误差产生的原因和性质，可以将误差分为系统误差（systematic error）、随机误差（erratic error）和过失误差（mistake error）三类。

1. 系统误差

系统误差是由某些固定的原因所造成的，其特点是在整个测量过程中始终有规律地存在着，其绝对值和符号保持不变或按某一规律变化。系统误差的来源有以下几个方面：

（1）方法误差　这种误差是由于所采用的测量方法或数据处理方法不完善所造成的。如采用简化的测量方法或近似计算方法，忽略了某些测量结果的影响，以至产生误差。

（2）工具误差　由于测量仪器或工具的不完善（结构不合理，零件磨损等缺陷等）所造成的误差，如仪表刻度不均匀，百分表的无效量程等。

（3）环境误差　测量过程中，由于环境条件的变化所造成的误差。如误差过程中的温度、湿度变化。

（4）操作误差　由于测量过程中试验人员的操作不当所造成的误差，如仪器安装不当、仪器未校准或仪器调整不当等。

（5）主观误差　又称个人误差，是测量人员本身的一些主观因素造成的，如测量人员的特有习惯、习惯性的读数偏高或偏低。

系统误差的大小可以用准确度表示，准确度高表示测量的系统误差小。查明系统误差的原因，找出其变化规律，就可以在测量中采取措施（改进测量方法，采用更精确的仪器等）以减少误差，或在数据处理时对测量结果进行修正。

2. 随机误差

随机误差是由一些随机的偶然因素造成的，它的绝对值和符号变化无常；但如果进行大量的测量，可以发现随机误差的数值分布符合一定的统计规律，一般认为其服从正态分布。

产生随机误差的原因有测量仪器、测量方法和环境条件等方面，如电源电压的波动，环境温度、湿度和气压的微小波动，磁场干扰，仪器的微小变化，操作人员操作上的微小差别等。随机误差在测量中是无法避免的，即使是一个很有经验的测量者，使用很精密的仪器，很仔细的操作，对同一对象进行多次测量，其结果也不会完全一致，而是有高有低。随机误差有以下几个特点：

1）误差的绝对值不会超过一定的界限。

2）绝对值小的误差比绝对值大的误差出现的次数要多，近于零的误差出现的次数最多。

3）绝对值相等的正误差与负误差出现的次数几乎相等。

4）误差的算术平均值，随着次数的增加而趋于零。

另外要注意，在实际试验中，往往很难区分随机误差和系统误差，因此许多误差都是这两种误差的组合。

随机误差的大小可以用精密度表示，精密度高表示测量的随机误差小。对随机误差进行系统分析，或增加测量次数，找出其统计特征值，就可以在数据处理时对测量结果进行修正。

3. 过失误差

过失误差是由于试验人员粗心大意，不按操作规程办事等原因造成的误差，如读错仪表刻度（如，位数、正负号）、记录和计算错误等。过失误差一般数值较大，并且常与事实明显不符，必须把过失误差从试验数据中剔除，还应分析出现过失误差的原因，采取措施以防止再次出现。

7.3.6 误差的计算

对误差进行系统分析时，同样需要计算三个重要的统计特征值即算术平均值、标准误差和变异系数。如进行了几次测量、得到几个测量值 x_i，有几个测量误差 a_i（$i=1, 2, 3, \cdots, n$），则误差的平均值为

$$\bar{a}=\frac{1}{n}(a_1+a_2+\cdots+a_n) \tag{7-31}$$

式中 a_i 按下式计算

$$a_i=x_i-\bar{x} \tag{7-32}$$

$$\bar{x}=\frac{1}{n}\sum_{i=1}^{n}x_i \tag{7-33}$$

误差的标准差为

$$\sigma=\sqrt{\frac{1}{n-1}\sum_{i=1}^{n}a_i^2} \tag{7-34a}$$

或

$$\sigma=\sqrt{\frac{1}{n-1}\sum_{i=1}^{n}(x_i-\bar{x})^2} \tag{7-34b}$$

变异系数为

$$c_v=\frac{\sigma}{\bar{a}} \tag{7-35}$$

误差在各个变量之间要进行传递，在对试验结果进行数据处理时，常常需要用若干个直接测量值计算某一些物理量的值，它们之间的关系可以用下面的函数形式表示

$$y=f(x_1,x_2,\cdots,x_m) \tag{7-36}$$

式中 $x_i(i=1, 2, \cdots, m)$——直接测量值；

y——所要计算物理量的值。

若直接测量值 x_i 的最大绝对误差为 $\Delta x_i(i=1, 2, \cdots, m)$，则 y 的最大绝对误差 Δy 和最大相对误差 δy 分别为：

$$\Delta y=\left|\frac{\partial f}{\partial x_1}\right|\Delta x_1+\left|\frac{\partial f}{\partial x_2}\right|\Delta x_2+\cdots+\left|\frac{\partial f}{\partial x_m}\right|\Delta x_m \tag{7-37}$$

$$\delta y=\frac{\Delta y}{|y|}=\left|\frac{\partial f}{\partial x_1}\right|\frac{\Delta x_1}{|y|}+\left|\frac{\partial f}{\partial x_2}\right|\frac{\Delta x_2}{|y|}+\cdots+\left|\frac{\partial f}{\partial x_m}\right|\frac{\Delta x_m}{|y|} \tag{7-38}$$

对一些常用的函数形式，可以得到以下关于误差估计的实用公式：

（1）代数和

$$y=x_1\pm x_2\pm\cdots\pm x_m \tag{7-39}$$

$$\Delta y=\Delta x_1+\Delta x_2+\cdots+\Delta x_m \tag{7-40}$$

$$\delta y=\frac{\Delta y}{|y|}=\frac{\Delta x_1+\Delta x_2+\cdots+\Delta x_m}{|x_1+x_2+\cdots+x_m|} \tag{7-41}$$

（2）乘法

$$y=x_1x_2 \tag{7-42}$$

$$\Delta y=|x_2|\Delta x_1+|x_1|\Delta x_2 \tag{7-43}$$

$$\delta y = \frac{\Delta y}{|y|} = \frac{\Delta x_1}{|x_1|} + \frac{\Delta x_2}{|x_2|} \tag{7-44}$$

（3）除法

$$y = x_1 / x_2 \tag{7-45}$$

$$\Delta y = \left|\frac{1}{x_2}\right| \Delta x_1 + \left|\frac{x_1}{x_2{}^2}\right| \Delta x_2 \tag{7-46}$$

$$\delta y = \frac{\Delta y}{|y|} = \frac{\Delta x_1}{|x_1|} + \frac{\Delta x_2}{|x_2|} \tag{7-47}$$

（4）幂函数

$$y = x^{\alpha} \qquad (\alpha \text{为任意常数}) \tag{7-48}$$

$$\Delta y = |\alpha x^{\alpha - 1}| \Delta x \tag{7-49}$$

$$\delta y = \frac{\Delta y}{|y|} = \left|\frac{\alpha}{x}\right| \Delta x \tag{7-50}$$

（5）对数

$$y = \ln x \tag{7-51}$$

$$\Delta y = \left|\frac{1}{x}\right| \Delta x \tag{7-52}$$

$$\delta y = \frac{\Delta y}{|y|} = \frac{\Delta x}{|x \ln x|} \tag{7-53}$$

如 x_1，x_2，…，x_m 为随机变量，它们各自的标准误差为 σ_1，σ_2，…，σ_m，令 $y = f(x_1, x_2, \cdots, x_m)$ 为随机变量的函数，则 y 的标准误差 σ 为：

$$\sigma = \sqrt{\left(\frac{\partial f}{\partial x_1}\right)^2 \sigma_1^2 + \left(\frac{\partial f}{\partial x_2}\right)^2 \sigma_2^2 + \cdots + \left(\frac{\partial f}{\partial x_m}\right)^2 \sigma_m^2} \tag{7-54}$$

7.3.7 误差的检验

实际试验中，系统误差、随机误差和过失误差是同时存在的，试验误差是这三种误差的组合。通过对误差进行检验（error verify），尽可能地消除系统误差，剔除过失误差，使试验数据反映事实。

1. 系统误差的发现和消除

系统误差由于产生的原因较多、较复杂，所以，系统误差不容易被发现，它的规律难以掌握，也难以全部消除它的影响。

从数值上看，常见的系统误差有“固定的系统误差”和“变化的系统误差”两类。

固定的系统误差是在整个测量数据中始终存在着的一个数值大小、符号保持不变的偏差。产生固定系统误差的原因有测量方法或测量工具方面的缺陷等。固定的系统误差往往不能通过在同一条件下的多次重复测量来发现，只能用几种不同的测量方法或同时用几种测量工具进行测量比较时，才能发现其原因和规律，并加以消除，如仪表仪器的初始零点漂移等。

变化的系统误差可分为积累变化、周期性变化和按复杂规律变化的三种。当测量次数相当多时，如测定传感器时，可从偏差的频率直方图来判别；如偏差的频率直方图和正态分布曲线相差甚远，即可判断测量数据中存在着系统误差，因为随机误差的分布规律服从正态分布。当测量次数不够多时，可将测量数据的偏差按测量先后次序依次排列，如其数值大小基本上有规律地向一个方向变化（增大或减小），即可判断测量数据是有积累的系统误差；如将前一半的偏差之和与后一半的偏差之和相减，若两者之差不为零或不近似为零，也可判断测量数据是有积累的系统误差。将测量数据的偏差按测量先后次序依次排列，如其符号基本上作有规律的交替变化，即可认为测量数据中有周期性变化的系统误差。对变化规律复杂的系统误差，可按其变化的现象，进行各种试探性的修正，来寻找其规律和原因；也可改变或调整测量方法，改用其他的测量工具，来减少或消除这一类的系统误差。

2. 随机误差

随机误差服从正态分布，其分布密度函数（即正态分布密度函数）为

$$y=\frac{1}{\sqrt{2\pi}\sigma}e^{-\frac{(x_i-x)^2}{2\sigma^2}} \tag{7-55}$$

式中 x_i-x——随机误差；

x_i——实测值（减去其他误差）；

x——真值。

实际试验时，常用 $x_i-\bar{x}$ 代替 x_i-x，$\bar{x}$ 为平均值或其他近似的真值。随机误差有以下特点：

1）绝对值小的误差出现的概率比绝对值大的误差出现概率大，零误差出现的概率最大。

2）绝对值相等的正误差与负误差出现的概率相等。

3）在一定测量条件下，误差的绝对值不会超过某一极限，即有界性。

4）同条件下对同一量进行测量，其误差的算术平均值随着测量次数 n 的无限增加而趋向于零，即误差算术平均值的极限为零。

参照前面的正态分布的概率密度函数曲线图，标准误差 σ 越大，曲线越平坦，误差值分布越分散，精确度越低；σ 越小，曲线越陡，误差值分布越集中，精确度越高。

误差落在某一区间内的概率 $P(|x_i-x|\leqslant a_t)$ 见表 7-1。在一般情况下，99.7% 概率也可认为代表多次测量的全体，所以把 3σ 叫做极限误差；当某一数据的误差绝对值大于 3σ 时，（其可能性只有 0.3%），即可以认为其误差已不是随机误差，该测量数据已属于不正常数据。

表 7-1　与某一误差范围对应的概率

误差限 σ	0.32σ	0.67σ	σ	1.15σ	1.96σ	2σ	2.58σ	3σ
概率 P	25%	50%	68%	75%	95%	95.4%	99%	99.7%

3. 异常数据的舍弃

在测量中，有时会遇到个别测量值的误差较大，并且难以对其合理解释，这些个别数据就是所谓的异常数据，应该把它们从试验数据中剔除，通常认为其中包含有过失误差。

根据误差的统计规律，绝对值越大的随机误差，其出现的概率越小；随机误差的绝对值不会超过某一范围。因此可以选择一个范围来对各个数据进行鉴别，如果某个数据的偏差超出此范围，则认为该数据中包含有过失误差，应予以剔除。常用的判别范围和鉴别方法如下：

（1）3σ 法　由于随机误差服从正态分布，误差绝对值大于 3σ 概率仅为 0.3%，即 300 多次才可能出现一次。因此，当某个数据的误差绝对值大于 3σ 时，应剔除该数据。实际试验中，可用偏差代替误差，σ 按式（7-34a，或 7-34b）计算。

（2）肖维纳（Chauvenet）方法　进行 n 次测量，误差服从正态分布，以概率 $1/2n$ 设定一个判别范围$[-\alpha\sigma,\ +\alpha\sigma]$，当某一数据的误差绝对值大于 $\alpha\sigma(|x_i-\bar{x}|>\alpha\sigma)$，即误差出现的概率小于 $1/2n$ 时，就剔除该数据。判别范围由下式设定

$$\frac{1}{2n}=1-\int_{-\alpha}^{\alpha}\frac{1}{\sqrt{2\pi}}e^{-\frac{t^2}{2}}dt \tag{7-56}$$

即认为异常数据出现的概率小于 $1/2n$。

（3）格拉布斯（Grubbs）方法　格拉布斯是以 t 分布为基础，根据数据统计理论按危险率 α（指剔错的概率，在工程问题中置信度一般取 95%，$\alpha=5\%$）和子样容量 n（即测量次数 n）求得临界值 $T_0(n,\ \alpha)$。如某个测量数据 x_i 的误差绝对值满足下式时

$$|x_i-\bar{x}|>T_0(n,\alpha)s \tag{7-57}$$

即应剔除该数据，上式中，s 为样本的标准差。

【例 7-1】　测定一批构件的承载能力，得 4530、4450、4620、4530、4560、4480、4670、4450、4510、4820（单位：N·m），问其中是否包含过失误差？

解： 首先求平均值：

$$\bar{x}=\frac{1}{10}\times(4530+4450+4620+\cdots+4820)=4562$$

$$\sum v_i^2=(4530-4562)^2+\cdots+(4820-4562)^2=118160$$

$$s=\sqrt{\frac{\sum v_i^2}{n-1}}=\sqrt{\frac{118160}{10-1}}=114.6$$

1）按 3σ 准则，如果符合 $|x_i-\bar{x}|>3\sigma\approx3s$，则认为 x_i 包括过失误差而把它剔除。因为

$3s=3\times114.6=343.8$

$|x_i-\bar{x}|=|4820-4562|=258<343.8$

所以，数据 4820 应保留。

2）按肖维纳（*Chauvenet*）准则方法，如果符合 $|x_i-\bar{x}|>Z_\alpha s$，则认为 x_i 包括过失误差而把它剔除。因为 $n=10$，查表 7-2 得 $Z_\alpha=1.96$。

表 7-2　n—Z_α 表

n	Z_α	n	Z_α	n	Z_α	n	Z_α
5	1.65	14	2.10	23	2.30	50	2.58
6	1.73	15	2.13	24	2.32	60	2.64
7	1.80	16	2.16	25	2.33	70	2.69
8	1.86	17	2.18	26	2.34	80	2.74
9	1.92	18	2.20	27	2.35	90	2.78
10	1.96	19	2.22	28	2.37	100	2.81
11	2.00	20	2.24	29	2.38	150	2.93
12	2.04	21	2.26	30	2.39	200	3.03
13	2.07	22	2.28	40	2.50	500	3.29

$$Z_\alpha \times 3s = 1.96 \times 114.6 = 224.6$$
$$|x_i - \bar{x}| = |4820 - 4562| = 258 > 224.6$$

所以，数据 4820 应剔除。

3）按格拉布斯（Grubbs）准则方法，如果符合 $|x_i - \bar{x}| > g_0 \cdot s$ 则认为 x_i 包括过失误差而把它剔除。$n = 10$，若取 $\alpha = 0.05$，查表 7-5 得 $g_0 = 2.18$，则

$$g_0 \times s = 2.18 \times 114.6 = 250$$
$$|x_i - \bar{x}| = |4820 - 4562| = 258 > 250$$

所以，数据 4820 应剔除。

若取 $\alpha = 0.01$，查表 7-3 得 $g_0 = 2.44$。

$$g_0 \times s = 2.44 \times 114.6 = 279.6$$
$$|x_i - \bar{x}| = |4820 - 4562| = 258 < 279.6$$

所以，数据 4820 应保留。

表 7-3　g_0 表

α		0.05	0.01	α		0.05	0.01
n	3	1.15	1.16	n	17	2.48	2.78
	4	1.46	1.49		18	2.50	2.82
	5	1.67	1.75		19	2.53	2.85
	6	1.82	1.94		20	2.56	2.88
	7	1.94	2.10		21	2.58	2.91
	8	2.03	2.22		22	2.60	2.94
	9	2.11	2.23		23	2.62	2.96
	10	2.18	2.44		24	2.64	2.99
	11	2.23	2.48		25	2.66	3.01
	12	2.28	2.55		30	2.74	3.10
	13	2.33	2.61		35	2.81	3.18
	14	2.37	2.66		40	2.87	3.24
	15	2.41	2.70		50	2.96	3.34
	16	2.44	2.75		100	3.17	3.59

以上几种方法中，3σ 准则最简单，但不够严格，几乎绝大部分数据都不必剔除。肖维纳准则考虑了观测次数的影响，比 3σ 准则要苛刻得多，是比较古老的方法。格拉布斯准则考虑了观测次数，又分别不同的显著水平，对混入另一总体的数据鉴别力强，是一般误差分析方法中推荐的方法之一。

在剔除过失误差的时候，不能一次同时剔除两个或两个以上剩余误差绝对值大于鉴别值的测量数据，只能剔除其中数值最大的那一个，然后从其余的数据中再算出新的鉴别值，进行第二次鉴别，直至不存在粗大误差为止。不然的话，就可能把正常数据误认为包含有粗大误差而抛弃。

7.4　结构试验数据的表达

把试验数据按一定的规律、方式来表达，以对数据进行分析，表示试验结果，具有文字表达所没有的直观、清楚的特点。表达的方式有表格、图像和函数。

7.4.1 表格方式

表格（forms mode）按其内容和格式可分为汇总表格和关系表格两类。

汇总表格把试验结果中的主要内容、或试验中的某些重要数据汇集于一表之中，起着类似于摘要和结论的作用，表中的行与行、列与列之间一般没有必然的关系；关系表格是把相互有关的数据按一定的格式列于表中，表中列与列、行与行之间都有一定的关系，它的作用是使有一定关系的代表两个或若干个变量的数据更加清楚地表现出变量之间的关系和规律。

关系表格的组成由若干有关系的变量数据列为主形成，如荷载列、位移列、应变列等，每列都有名称（通常在表格的上部），名称包括本列的变量名和单位，如位移（mm）；每一行都是在某一时刻各个变量的取值，如，某一荷载、及相应的位移和应变等。这种按列布置变量数据的表格称为列表格，较为常用；表中除主要的变量数据列之外，还可以根据需要加上编号列（常在最左面）和备注列以记录试验过程中的特殊现象（如混凝土开裂，屈服，破坏等）。如情况需要，也可以按行布置变量数据，组成行表格。

表格的主要组成部分和基本要求如下：

1）每个表格都应该有一个表格的名称，如果文章中有一个以上的表格时，还应该有表格的编号，表名和编号通常放在表的顶上。

2）表格的形式应该根据表格的内容和要求来决定，在满足基本要求的情况下，可以对细节作变动。

3）不论何种表格，每列都必须有列名，它表示该列数据的意义和单位；列名都放在每列的头部，应把各列的列名都放在第一行对齐，如果第一行空间不够，可以把列名的部分内容放在表格下面的注解中去。应尽量把主要的数据列或自变量列放在靠左边的位置。

4）表格中的内容应尽量完全，能完整地说明问题。

5）表格中的符号和缩写应该尽量采用标准格式，表中的数据应该整齐、准确。

6）如果需要对表格中的内容加以说明，可以在表格的下面、紧挨着表格加以注解，不要把注解放在其他任何地方，以免混淆。

7）应该突出重点，把主要内容放在醒目的位置。

7.4.2 图像方式

试验数据还可以用图像（picture mode）来表达，图像表达有曲线图、直方图、形态图和饼形图等方式，其中最常用的是曲线图和形态图。

1. 曲线图

曲线可以清楚、直观地显示两个或两个以上的变量之间关系的变化过程，或显示若干个变量数据沿某一区域的分布；曲线可以显示变化过程或分布范围中的转折点、最高点、最低点及周期变化的规律；对于定性分布和整体规律分析来说，曲线图（graph）是最合适的方法。曲线图的主要组成部分和基本要求为：

1）每个曲线图都必须有图名，如果文章中有一个以上的曲线图，还应该有图的编号。图名和图号通常放在图的底部。

2）每个曲线应该有一个横坐标和一个或一个以上的纵坐标，每个坐标都应有名称；坐标的形式、比例和长度可根据数据的范围决定，但应该使整个曲线图清楚、准确地反映数据的规律。

3）通常是取横坐标作为自变量，取纵坐标作为因变量，自变量通常只有一个。因变量可以由若干个；一个自变量与一个因变量可以组成一条曲线，一个曲线图可以有若干条曲线。

4）有若干条曲线时，可以用不同的线型（实线、虚线、点画线等）或用不同的标记（+、□、△、×等）加以区别，也可以用文字说明来区别。

5）曲线必须以试验数据为根据，对试验时记录得到的连续曲线（如 $x-y$ 函数记录仪记录的曲线、光线示波器记录的振动曲线等），可以直接采用，或加以修整后采用；对试验时非连续记录得到的数据和把连续记录离散化得到的数据，可以用直线或曲线顺序相连，并应尽可能用标记标出试验数据点。

6）如果需要对曲线图中的内容加以说明，可以在图中或图名下加以注解。

由于各种原因，试验直接得到曲线上会出现毛刺、振荡等，影响了对试验结果的分析。对这种情况，可以对试验曲线进行修匀、光滑处理。如试验曲线的数据见表 7-4。

表 7-4　试验数据

x	x_0	$x_1=x_0+\Delta x$	…	$x_i=x_0+i\Delta x$	…	$x_m=x_0+m\Delta x$
y	y_0	y_1	…	y_i	…	y_m

表中 x 为自变量，y_i 为按等距 Δx 作测量得到的数据，用直线的滑动平均法，可得到新的 y'_{i_i} 值，用（x，y'_{i_i}）顺序相连，可得到一条较光滑的曲线。取三点滑动平均，y'_{i_i} 可由下式算出

$$y'_{i_i}=\frac{1}{3}(y_{i-1}+y_i+y_{i+1}) \qquad (i=1,2,\cdots,m-1) \tag{7-58a}$$

$$y'_0=\frac{1}{3}(5y_0+2y_1-y_2) \tag{7-58b}$$

$$y'_m=\frac{1}{6}(-y_{m-2}+2y_{m-1}+5y_m) \tag{7-58c}$$

还可以用二次抛物线或三次抛物线的滑动平均法，对试验曲线进行修匀、光滑处理，如图 7-9 所示。

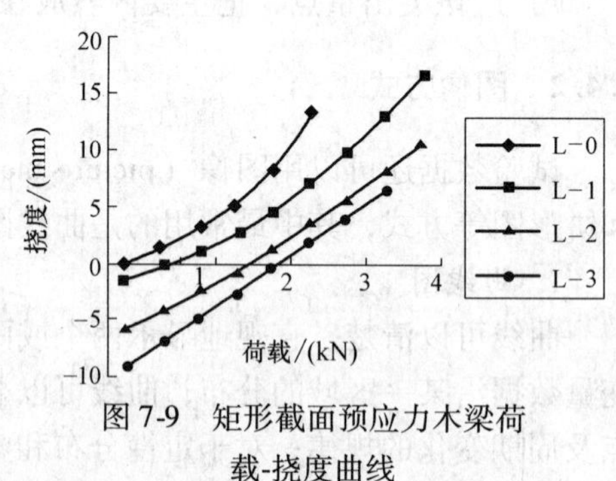

图 7-9　矩形截面预应力木梁荷载-挠度曲线

2. 形态图

把结构在试验时的各种难以用数值表示的形态，用图像表示，这类的形态如混凝土结构的裂缝情况、钢结构的屈曲失稳状态、结构的变形状态、结构的破坏状态等，这种图像就是形态图（configuration）。

形态图的制作方式有照相和手工画图，照片形式的形态图可以真实地反映实际情况，但有时却把一些不需要的细节也包括在内；手工画的形态图可以对实际情况进行概括和抽象，突出重点，更好地反映本质情况。制图时，可根据需要作整体图或局部图，还可以把各个侧面的形态图连成展开图。制图还应考虑各类结构的特点、结构的材料、结构的形状等。

形态图用来表示结构的损伤情况、破坏形态等，是其他表达方法不能代替的。

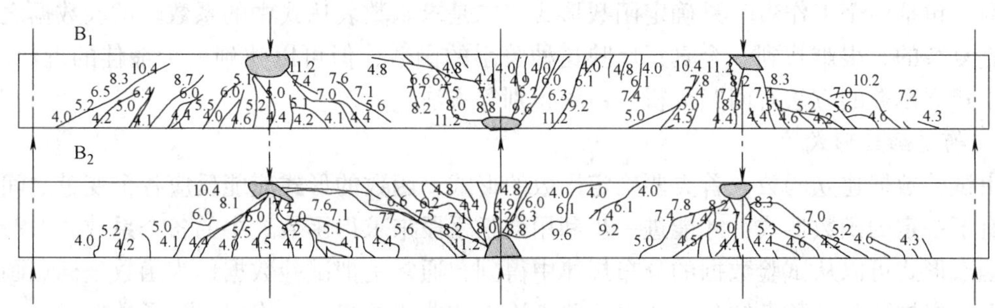

图 7-10　混凝土梁裂缝形态图

3. 直方图和饼形图

直方图（histogram）的作用之一是统计分析，通过绘制某个变量的频率直方图和累积频率直方图来判断其随机分布规律。为了研究某个随机变量的分布规律，首先要对该变量进行大量的观测，然后按照如下步骤绘制直方图：

1）从观测数据中找出最大值和最小值。

2）确定分组区间和组数，区间宽度为 Δx。

3）算出各组的中值。

4）根据原始记录，统计各组内测量值出现的频数 m_i。

5）计算各组的频率 f_i($f_i = m_i / \sum m_i$) 和累积频率。

6）绘制频率直方图和累积频率直方图。以观测值为横坐标，以频率密度 $f_i/\Delta x$ 为纵坐标，在每一分组区间，作以区间宽度为底、频率密度为高的矩形，这些矩形所组成的阶梯形称为频率直方图；再以累积频率为纵坐标，可绘出累积频率直方图，如图 7-11 所示。从频率直方图和累积频率直方图的基本趋向，可以判断随机变量的分布规律。

直方图的另一个作用是数值比较，把大小不同的数据用不同长度的矩形来代表，可以得到一个直观的比较。

饼形图（pie）中，用大小不同的扇形面积来代表不同的数据，得到一个更加直观的比较，如图 7-11 所示。

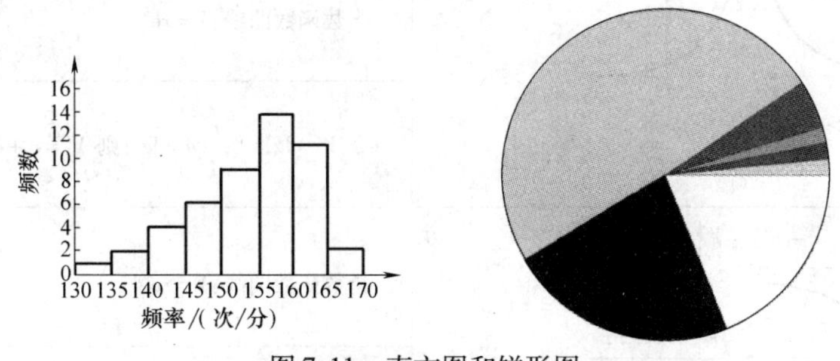

图 7-11　直方图和饼形图

7.4.3　函数方式

试验数据还可以用函数方式（function mode）来表达，试验数据之间存在着一定的关系，把这种关系用函数形式表示，这种表示更精确、完善。为试验数据之间的关系，建立一个函数，包括两个工作：一是确定函数形式，二是求函数表达式中的系数。试验数据之间的关系是复杂的，很难找到一个真正反映这种关系的函数，但可以找到一个最佳的近似函数。常用来建立函数的方法有回归分析、系统识别等方法。

1. 确定函数形式

由试验数据建立函数，首先要确定函数的形式，函数的形式应能反应各个变量之间的关系，有了一定的函数形式，才能进一步利用数学手段来求得函数式中的各个系数。

函数形式可以从试验数据的分布规律中得到，通常是把试验数据作为函数坐标点画在坐标纸上，根据这些函数点的分布或由这些点连成的曲线的趋向，确定一种函数形式。在选择坐标系和坐标变量时，应尽量使函数点的方式或曲线的趋向简单明了，如呈线性关系；还可以设法通过变量代换，将原来关系不明确的转变为明确的，将原来呈曲线关系的转变为线性关系。常用的函数形式以及相应的线性转换见表 7-5。还可以采用多项式如

$$y_0 = a_0 + a_1 x + a_2 x^2 + \cdots + a_n x^n \tag{7-59}$$

表 7-5 常见函数形式及相应的线性变换

图形及特征	名称及方程
$a>0$，$b<0$；$a>0$，$b>0$；a)	双曲线：$\frac{1}{Y} = a + \frac{b}{X}$
	令 $Y' = \frac{1}{Y}$，$X' = \frac{1}{X}$；则 $Y' = a + bX'$
$b>0$（$b>1$，$b=1$，$0<b<1$）；$b<0$（$-1<b<0$，$b=-1$，$b<-1$）；b)	幂函数曲线：$Y = rX^b$
	令 $Y' = \lg Y$，$X' = \lg X, a = \lg r$；则 $Y' = a + bX'$
$b>0$；$b<0$；c)	指数函数曲线：$Y = re^{bx}$
	令 $Y' = \lg Y$，$a = \lg r$；则 $Y' = a + bX'$
$b<0$；$b>0$；d)	指数函数曲线：$Y = re^{\frac{b}{X}}$
	令 $Y' = \ln Y$，$X' = \frac{1}{X}$，$a = \ln r$；则 $Y' = a + bX'$

（续）

图形及特征	名称及方程
Y O X b>0 　 Y O X b<0 e)	对数曲线：$Y = a + b\lg X$ 令 $X' = \lg X$；则 $Y = a + bX'$
Y 1/a O X f)	S形曲线：$Y = \dfrac{1}{a + be^{-x}}$ 令 $Y' = \dfrac{1}{Y}$，　$X' = e^{-X}$；则 $Y' = a + bX'$

2. 求函数表达式的系数

对某一试验结果，确定了函数形式后，应通过数学方式求其系数，所求得的系数使得这一函数与试验结果可能相符。常用的数学方法有回归分析和系统识别。

（1）回归分析　假设试验结果为（x_i，y_i）（$i=1$，2，3，…，n），用一个函数来模拟 x_i 与 y_i 之间的关系，这个函数中有待定系数 a_j（$j=1$，2，3，…，n），则 x_i 与 y_i 之间的关系式为

$$y = f(x, a_j; j = 1, 2, \cdots, m) \tag{7-60}$$

式（7-60）中的 a_j 也可称为回归系数（regression coefficient）。求这些回归系数所遵循的原则是：当将所求得的系数代入函数式中，用函数计算得到数值，应与试验结果最佳近似。通常用最小二乘法（least square method）来确定回归系数 a_j。

所谓最小二乘法，就是使由函数式得到的回归值与试验值的偏差平方之和 Q 为最小，从而确定回归系数 a_j 的方法。Q 可以表示为 a_j 的函数

$$Q = \sum_{i=1}^{n} [y_i - f(x_i, a_j; j = 1, 2, 3, \cdots, m)] \tag{7-61}$$

根据微分学的极值定理，要使 Q 值为最小的条件是把 Q 对 a_j 求导并令其等于零，如

$$\frac{\partial Q}{\partial a_j} = 0 \qquad j = 1, 2, 3, \cdots, m \tag{7-62}$$

求解以上方程组，就可以解得使 Q 值最小的回归系数 a_j。

（2）一元线性回归分析　假设试验结果 x_i 与 y_i 之间存在着线性关系，可得直线方程如下

$$y = a + bx \tag{7-63}$$

相对的偏差平方之和 Q 为

$$Q = \sum_{i=1}^{n} (y_i - a - bx_i)^2 \tag{7-64}$$

将 Q 对 a 和 b 求导，并令其等于零，可解得 a 和 b 如下

$$b = \frac{L_{xy}}{L_{xx}} \tag{7-65}$$

$$a = \bar{y} - b\bar{x} \tag{7-66}$$

式中，$\bar{x} = \frac{1}{n}\sum_{i=1}^{n} x_i, \bar{y} = \frac{1}{n}\sum_{i=1}^{n} y_i, L_{xx} = \sum_{i=1}^{n}(x_i - \bar{x})^2, L_{xy} = \sum_{i=1}^{n}(x_i - \bar{x})(y_i - \bar{y})$。

设γ为相关系数（correlation coefficient），它放映了变量x和y之间线性相关的密切程度，γ由下式定义

$$\gamma = \frac{L_{xy}}{\sqrt{L_{xx}L_{yy}}} \tag{7-67}$$

式中，$L_{yy} = \sum_{i=1}^{n}(y_i - \bar{y})^2$。

显然$|\gamma| \leqslant 1$，当$|\gamma| = 1$，称为完全线性相关，此时所有的数据点（x_i，y_i）都在直线上；当$|\gamma| = 0$，称为完全线性无关，此时数据点的分布毫无规则；$|\gamma|$越大，线性关系越好；$|\gamma|$很小时，线性关系很差，这时再用一元线性回归方程来代表x和y之间的关系就不合理了。表7-6为对应于不同的n和显著性水平α下的相关系数的值，当$|\gamma|$大于表中相应的值，所得到直线回归方程才有意义。

表7-6 相关系数数值表

$n-2$ \ α	0.05	0.01	$n-2$ \ α	0.05	0.01
1	0.997	1.000	21	0.413	0.526
2	0.950	0.990	22	0.404	0.515
3	0.878	0.959	23	0.396	0.505
4	0.811	0.917	24	0.388	0.496
5	0.754	0.874	25	0.981	0.487
6	0.707	0.834	26	0.374	0.478
7	0.566	0.798	27	0.367	0.470
8	0.632	0.765	28	0.361	0.463
9	0.602	0.735	29	0.355	0.456
10	0.576	0.708	30	0.349	0.449
11	0.533	0.684	35	0.325	0.418
12	0.532	0.661	40	0.304	0.393
13	0.514	0.641	45	0.288	0.372
14	0.497	0.623	50	0.273	0.354
15	0.482	0.606	60	0.250	0.325
16	0.468	0.590	70	0.232	0.302
17	0.456	0.575	80	0.217	0.283
18	0.444	0.561	90	0.205	0.267
19	0.433	0.549	100	0.195	0.254
20	0.423	0.537	200	0.138	0.181

（3）一元非线性回归分析　若试验结果x_i与y_i之间的关系不是线性关系，可以利用表7-5进行变量代换，转换成线性关系，再求出函数式中的系数；也可以直接进行非线性回归分析，用最小二乘法求出函数式中的系数。对变量x和y进行相关性检验，可以用下列的相关指数R^2来表示

$$R^2 = 1 - \frac{\sum (y_i - y)^2}{\sum (y_i - \bar{y})^2} \tag{7-68}$$

式中 y——把 x_i 代入回归方程得到的函数值，$y = f(x_i)$；

y_i——试验结果；

$\bar{y}$——试验结果的平均值。

相关指数 R^2 的平方根 R 也可称为相关系数，但它与前面的线性相关系数不同。相关指数 R^2 和相关系数 R 是表示回归方程或回归曲线与试验结果拟合的程度，R^2 和 R 趋近 1 时，表示回归方程的拟合程度好；R^2 和 R 趋向零时，表示回归方程的拟合程度不好。

（4）多元线性回归分析　当所研究的问题中有两个以上的变量，其中自变量为两个或两个以上时，应采用多元回归分析。另外，由于许多非线性问题都可以化为多元线性回归的问题，所以，多元线性回归时最常用的。

设试验结果为（x_{1i}，x_{2i}，…，x_{mi}，$y_{i,}$）（$i = 1, 2, \cdots, n$），其中自变量为 x_{ji}（$j = 1, 2, \cdots m$），y 与 x_j 之间的关系由下式表示

$$y = a_0 + a_1x_1 + a_2x_2 + \cdots + a_jx_j + \cdots + a_mx_m \tag{7-69}$$

式中 $a_j(j = 1, 2, \cdots, m)$——回归系数，用最小二乘法求得。

（5）系统识别方法　在结构动力试验中，常常需要由已知对结构的激励和结构的反应，来识别结构的某些参数，如刚度、阻尼和质量等。把结构看作为一个系统，对结构的激励是系统的输入，结构的反应是系统的输出，结构的刚度、阻尼和质量等就是系统的特性。系统识别（identification system）就是用数学的方法，由已知系统的输入和输出，找出系统的特性或它的最优的近似解。在模拟地震振动台试验中，可以用系统识别方法来确定试验结构的某些参数，刚度、阻尼和质量，或恢复力模型，通常是已知结构特性的模型形式，要求出模型中的参数，基本步骤如下：

1）建立数学模型和选定需要识别的参数。建立试验结果在地震加速度作用下的运动方程，选定一个恢复力模型和阻尼形式，选定刚度或恢复力模型中的控制点参数和阻尼为需要识别的参数。通常质量不作为要识别的参数。

2）构成误差函数。以在确定的动力激励时间内，结构的实际反应与计算反应之差的平方和作为误差函数。结构的实际反应为试验中实际测得，即结构的系统输出；计算反应是以振动台台面运动加速度作为输入，利用假定的恢复力模型和阻尼等参数，通过对运动方程的积分得到。

3）对选定的系统参数进行优化。选用一种参数优化方法，对参数进行优化迭代，直至误差函数值小于某一规定的数值。常用的参数优化方法有单纯形法，从一系列给定的参数出发，计算动力反应和误差函数，如果误差函数不满足规定的精度要求，则用反射、压缩和扩张三种方式形成新的参数系列，进行迭代；用新的参数系列计算动力反应和误差函数，并进行判别，如果误差函数仍不满足要求，则再进行迭代；直到某一个参数的误差函数满足要求时，该参数列就是需要识别的参数，迭代终止。

用以上方法得到的函数，应该在试验结果的范围内使用，一般不要外推；如果有相当的根据，也应该慎重行事。

本章小结

1. 数据的整理换算、统计与分析，误差分析。
2. 代表结构性能的数据的表达方式，如：表格、图像、函数。

思考题

7-1　什么是结构试验数据的整理和换算过程？对试验数据如何进行修约？
7-2　什么是算术平均值、几何平均值、加权平均值？分别在什么情况下适用？
7-3　结构试验的数据误差有哪几种？如何控制试验数据的误差？
7-4　异常试验数据的舍弃有哪几种方法？并简述其原理。
7-5　结构试验数据的表达形式有哪几种？分别用于什么情况？

第 8 章

8

建筑结构模型试验

本章介绍了结构模型试验的特点和模型试验的理论基础，并系统地讲述了相似原理、量纲分析方法、模型设计的基本程序、模型材料和制作工艺。

8.1 概述

由于受到试验规模、试验场所、设备容量和试验经费等各种条件的限制，绝大多数结构试验的试验对象（试件）采用的是结构模型，它是按照原型的整体、部件或构件复制的试验代表物，而且较多地采用缩小比例的模型进行试验。进行结构模型试验时，结构模型应严格按照相似理论进行设计，要求模型和原型尺寸几何相似并保持一定的比例；要求模型和原型的材料相似或具有某种相似关系；要求施加于模型的荷载按原型荷载的某一比例缩小或放大；要求确定模型结构试验过程中各参与的物理量的相似常数，并由此求得反映相似模型整个物理过程的相似条件。这主要是因为模型要和原型结构满足相似要求，才能按相似条件由模型试验推算出原型结构的相应数据和试验结果。结构试验中采用的试验模型一般可分为相似模型和缩尺模型（小模型）两种。

缩尺模型实质上是原型结构缩小几何尺寸的试验代表物，它不需遵循严格的相似条件，可选用与原型结构相同的材料，并按一般的设计规范设计和制造。缩尺模型用以研究结构的性能，验证设计假定与计算方法的正确性，并可以将试验结果所证实的一般规律与计算方法推广到原型结构中去。在结构试验中大量的试验对象都是采用这类缩尺模型。例如，为了验证上海体育馆圆形三向网架结构（直径 125m）的理论计算结果和研究网架结构的次应力问题，曾经采用 1/20 的缩尺模型进行了静载试验，取得了满意的结果。

相似模型要求满足比较严格的相似条件，即要求满足几何相似、力学相似和材料相似。它是用适当的缩尺比例和相似材料制成，在模型上施加相似力系，使模型受力后重演原型结构的实际工作状态，最后根据相似条件，由模型试验的结果推演原型结构的工作性能。例如，为了研究上海东方明珠广播电视塔结构（高度 468m）的动力特性及结构的地震反应和破坏特征，1991 年在同济大学进行了 1/50 相似模型的振动台试验。

工程结构的模型试验与实际尺寸的足尺结构相比，它具有以下特点：

（1）经济性好　由于结构模型的几何尺寸一般比原型小很多因此，可以节省材料、减少试验设备容量，并且同一个模型可进行多个不同目的的试验。

（2）数据准确　由于模型试验一般都在试验室内进行，因此，试验条件容易控制，可以避免许多外界因素的干扰（如风吹、日晒、雨淋、温湿度变化、磁场变化等），保证了试验结果的准确度。

(3) 针对性强　可以根据试验目的，只突出主要因素，简略次要因素，从而设计出合理的模型形状。

鉴于模型试验的以上特点，模型试验广泛应用于验证和发展结构设计理论，检验计算分析结果的准确性。

8.2 模型试验理论基础

模型试验理论是以相似理论（similarity principle）和量纲分析（dimensional analysis）为基础，因此模型设计中必须要遵循相似准则。

8.2.1 模型的相似常数

结构模型的设计必须满足原型和模型之间的相似条件，即要求模型和原型之间相对应的各物理量的比例保持常数（相似常数），并且这些常数之间也保持一定的组合关系（即相似条件）。

(1) 几何相似　结构模型和原型几何相似（geometric similarity），就是要求模型和原型结构之间所有对应部分的尺寸成比例，它们的比例常数称为长度相似常数，即

$$C_l = \frac{l_m}{l_p} = \frac{b_m}{b_p} = \frac{h_m}{h_p} \tag{8-1}$$

式中　C_l——几何相似常数；

下标 m 与 p——表示模型和原型。

根据截面特性与截面尺寸之间的关系，面积相似常数、截面抵抗矩相似常数和惯性矩相似常数分别如下

$$C_A = \frac{A_m}{A_p} = C_l^2$$

$$C_W = \frac{W_m}{W_p} = C_l^3 \tag{8-2}$$

$$C_I = \frac{W_m}{W_p} = C_l^4$$

根据变形体系的位移、长度和应变之间的关系，位移的相似常数为

$$C_x = \frac{x_m}{x_p} = \frac{\varepsilon_m l_m}{\varepsilon_p l_p} = C_\varepsilon C_l \tag{8-3}$$

(2) 质量相似　在结构的动力问题中，要求结构的质量分布相似，即模型与原型结构对应部分的质量成比例。质量相似（mass similarity）常数为

$$C_m = \frac{m_m}{m_p} \tag{8-4}$$

对于具有分布质量的部分，用质量密度（单位体积的质量）ρ 表示，质量密度的相似常数为

$$C_\rho = \frac{\rho_m}{\rho_p} = \frac{m_m/V_m}{m_p/V_p} = \frac{C_m}{C_l^3} \tag{8-5}$$

(3) 荷载相似 荷载相似（loading similarity）要求模型和原型在各对应点所受的荷载方向一致，荷载大小和作用位置成比例。

集中荷载相似常数 $$C_P = \frac{P_m}{P_p} = \frac{\sigma_m A_m}{\sigma_p A_p} = C_\sigma C_l^2 \tag{8-6}$$

线荷载相似常数 $$C_w = C_\sigma \cdot C_l \tag{8-7}$$

面荷载相似常数 $$C_q = C_\sigma \tag{8-8}$$

弯矩或扭矩相似常数 $$C_M = C_\sigma C_l^3 \tag{8-9}$$

当需要考虑结构自重的影响时，还需要考虑重量分布的相似

$$C_{mg} = \frac{m_m g_m}{m_p g_p} = C_m C_g = C_\rho C_V C_g = C_\rho C_l^3 C_g \tag{8-10}$$

式中 C_g——重力加速度的相似常数，通常 $C_g = 1$，故有

$$C_{mg} = C_\rho C_l^3 \tag{8-11}$$

(4) 物理相似 物理相似（physics similarity）要求模型与原型的各相应点的应力和应变、刚度和变形间的关系相似：

正应力相似常数 $$C_\sigma = \frac{\sigma_m}{\sigma_p} = \frac{E_m \varepsilon_m}{E_p \varepsilon_p} = C_E C_\varepsilon \tag{8-12}$$

剪应力相似常数 $$C_\tau = \frac{\tau_m}{\tau_p} = \frac{G_m \gamma_m}{G_p \gamma_p} = C_G C_\gamma \tag{8-13}$$

泊松比相似常数 $$C_\nu = \frac{\nu_m}{\nu_p} \tag{8-14}$$

式中 C_E、C_ε、C_G、C_γ——弹性模量、法向应变、剪切模量、剪应变的相似常数。

由刚度和变形关系可知刚度相似常数为

$$C_K = \frac{C_P}{C_x} = \frac{C_\sigma C_l^2}{C_\varepsilon C_l} = C_\sigma C_l C_\varepsilon \tag{8-15}$$

(5) 时间相似 在动力问题中，要求结构模型和原型的速度、加速度在对应的时刻成比例，与其相对应的时间也应成比例，故有时间相似（time similarity）常数

$$C_t = \frac{t_m}{t_p} \tag{8-16}$$

式中 C_t——时间相似常数。

(6) 边界条件相似 边界条件相似（boundary condition similarity）要求模型和原型在与外界接触的区域内的各种条件保持相似，也即要求支承条件相似、约束情况相似以及边界上受力情况相似。模型的支承和约束条件可以由与原型结构构造相同的条件来满足与保证。

(7) 初始条件相似 对于结构动力问题，为了保证模型与原型的动力反应相似，要求初始时刻运动的参数相似。运动的初始条件（initial condition）包括初始状态下的初始几何位置、质点的位移、速度和加速度。

8.2.2 相似原理和量纲分析

相似原理是研究两个物理现象相似应满足的条件、相似现象具有的性质和怎样把一个现象的研究结果推广到另一个现象中去的方法，它由若干个相似定理组成。下面分别介绍三个

基本的相似定理。

1. 相似定理

(1) 第一相似定理

定义：彼此相似的物理现象，单值条件相同，其相似准数的数值也相同。

单值条件：是指决定于一个现象的特性并使它从一群现象中区分出来的那些条件。它在一定的试验条件下，只有唯一的试验结果。

相似准数：是联系相似系统中各物理量的一个量纲为1组合。对于所有相似的物理现象，相似准数都是相同的。相似准数也称为相似判据。

第一相似定理是牛顿于1786年首先发现的，它揭示了相似现象的性质。下面以牛顿第二定律为例说明这些性质。

对于实际的质量运动系统，则有

$$F_{\mathrm{p}}=m_{\mathrm{p}}a_{\mathrm{p}} \tag{8-17}$$

对于模拟的质量运动系统，有

$$F_{\mathrm{m}}=m_{\mathrm{m}}a_{\mathrm{m}} \tag{8-18}$$

因为这两个运动系统相似，故它们各个对应的物理量成比例

$$F_{\mathrm{m}}=C_F F_{\mathrm{p}} \quad m_{\mathrm{m}}=C_m m_{\mathrm{p}} \quad a_{\mathrm{m}}=C_a a_{\mathrm{p}} \tag{8-19}$$

式中 C_F、C_m和C_a——两个运动系统中对应的物理量力、质量、加速度的相似常数。

将式（8-19）的关系式代入式（8-18）得

$$\frac{C_F}{C_m C_a}F_{\mathrm{p}}=m_{\mathrm{p}}a_{\mathrm{p}} \tag{8-20}$$

比较式（8-17）和式（8-20），显然仅当

$$\frac{C_F}{C_m C_a}=1 \tag{8-21}$$

式（8-20）才能与式（8-17）一致。式（8-21）表明，相似现象中相似常数不都是任意选取的，它们之间存在一定的关系，这是由于物理现象中各物理量之间存在一定关系的缘故，称$\frac{C_F}{C_m C_a}$为相似指标。

将式（8-19）的关系式代入式（8-21），可得

$$\frac{F_{\mathrm{p}}}{m_{\mathrm{p}}a_{\mathrm{p}}}=\frac{F_{\mathrm{m}}}{m_{\mathrm{m}}a_{\mathrm{m}}}=\frac{F}{ma}=\pi \tag{8-22}$$

式中 π——相似准数，也称π数。

相似准数是联系相似系统中各物理量的一个量纲为1组合，它与相似常数的概念是不同的。相似常数是指在两个相似现象中，两个相对应的物理量始终保持的常数，但对于与它们相似的第三个相似现象中，它可具有不同的常数值。相似准数则在所有互相相似的现象中始终保持不变。

(2) 第二相似定理

定义：在一个物理现象中，共有n个物理量x_1，x_2，x_3，…，x_n，其中有k个独立的基本物理量，则该现象的各物理量之间的物理方程式$f(x_1, x_2, x_3, \cdots, x_n)=0$，也可以用这些物理量组合的（$n-k$）个相似准数的函数关系式来表示。写成相似准数方程式的形式

$$f(x_1,x_2,x_3,\cdots,x_n)=g(\pi_1,\pi_2,\pi_3,\cdots,\pi_n)=0 \tag{8-23}$$

第二相似定理是由美国学者 Buckingham（1914）提出的。它描述了现象的物理方程可以转化为相似准数方程。它告诉人们如何处理模型试验的结果，即以相似准数间的关系给定的形式处理试验数据，并将试验结果推广到其他相似现象上去。

（3）第三相似定理

定义：现象相似的充分和必要条件是，现象的单值条件相似，并且由单值条件导出来的相似准数的数值相等。第三相似定理补充了前面两个定理，明确了满足什么条件时现象相似。

此外，相似定理还有相关的推论，这里暂不介绍，有兴趣的读者可以参考相关文献。

2. 相似条件的确定方法

如果模型和原型相似，则它们的相似常数之间必须满足一定的组合关系，这个组合关系称为相似条件。

在进行模型设计时，必须首先根据相似原理确定相似指标或相似条件。确定相似条件的方法有方程式分析法和量纲分析法两种。方程式分析法用于物理现象的规律已知，并可以用明确的数学物理方程表示的情况。量纲分析法则用于物理现象的规律未知，不能用明确的数学物理方程表示的情况。

（1）方程式分析法　方程式分析法是指研究现象中的各种物理量之间的关系可以用方程式表达时，用表达这一物理现象的方程式导出相似的判据。

设简支梁受集中荷载作用（如图8-1所示）。由材料力学可知跨中截面上的正应力为

$$\sigma=\frac{Pl}{3W} \tag{8-24}$$

跨中截面处的挠度为

$$f=\frac{23Pl^3}{648EI} \tag{8-25}$$

将式（8-24）两边同时除以 σ，式（8-25）两边同时除以 f，得到

$$\frac{Pl}{3W\sigma}=1 \qquad \frac{23Pl^3}{648EIf}=1 \tag{8-26}$$

故原型与模型的两个相似准数为

$$\pi_1=\frac{Pl}{W\sigma} \qquad \pi_2=\frac{Pl^3}{EIf} \tag{8-27}$$

根据第三相似定理，模型和原型的相似准数相等，从而有

$$\pi_1=\frac{P_\mathrm{p}l_\mathrm{p}}{W_\mathrm{p}\sigma_\mathrm{p}}=\frac{P_\mathrm{m}l_\mathrm{m}}{W_\mathrm{m}\sigma_\mathrm{m}} \tag{8-28}$$

$$\pi_2=\frac{P_\mathrm{p}l_\mathrm{p}^3}{E_\mathrm{p}I_\mathrm{p}f_\mathrm{p}}=\frac{P_\mathrm{m}l_\mathrm{m}^3}{E_\mathrm{m}I_\mathrm{m}f_\mathrm{m}} \tag{8-29}$$

由式（8-28）和式（8-29）可得

$$\frac{C_PC_l}{C_WC_\sigma}=1 \qquad \frac{C_PC_l^3}{C_EC_IC_f}=1 \tag{8-30}$$

因为 $C_W=C_l^3$，$C_I=C_l^4$，代入式（8-30）得到相似指标

$$\frac{C_P}{C_l^{\ 2}C_\sigma}=1 \qquad \frac{C_P}{C_E C_l C_f}=1 \tag{8-31}$$

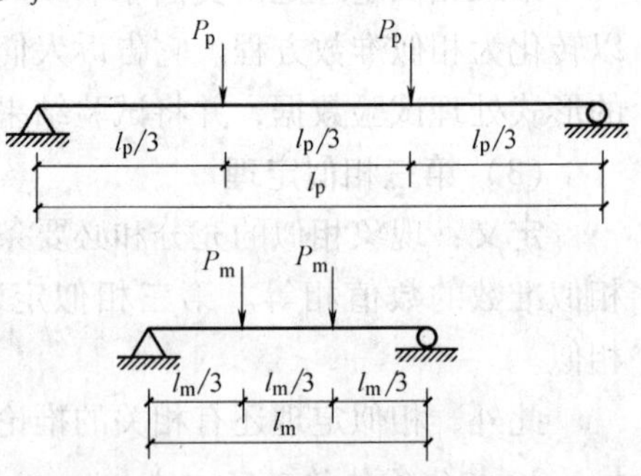

图 8-1 简支梁受集中荷载的相似

式（8-31）就是模型和原型相似应该满足的相似条件。当试验要求模型的应力与原型的应力相等，即 $C_\sigma=1$，选定的模型几何比例尺 $C_l=1/10$，模型材料与原型材料相同，即 $C_E=1$。根据式（8-31）得 $C_P=C_l^2C_\sigma=1/100$，$C_f=\dfrac{C_P}{C_E C_l}=\dfrac{1}{10}$。这说明当制作的模型几何比为 1/10 时，试验要求模型的应力与原型的应力相等，模型上应加的集中力为原型的 1/100，模型梁跨中测得的挠度为原型的 1/10。

（2）量纲分析法

用方程式分析法推导相似准数时，要求现象的规律必须能用明确的数学方程式表示，然而在实践中，许多研究问题的规律事先并不很清楚，在模型设计之前一般不能提出明确的数学方程。这时，可以用量纲分析法求得相似条件。量纲分析法不需要建立现象的方程式，而只要确定研究问题的影响因素和相应的量纲即可。

被测物理量的种类称之为量纲，它实质上是广义的量度单位，同一类型的物理量具有相同的量纲。例如，长度、距离、位移、裂缝宽度、高度等具有相同的量纲 L。

1）量纲系统。在实际工作中，常选择少数几个物理量的量纲作为基本量纲，而其他物理量的量纲可由基本量纲导出，称之为导出量纲。在量纲分析中有两个基本量纲系统：绝对系统和质量系统。绝对系统的基本量纲为长度 L、时间 T 和力 F，而质量系统的基本量纲是长度 L、时间 T 和质量 M。对于量纲为 1 的量，用 1 表示。土木工程中常用物理量的量纲见表 8-1。

表 8-1 土木工程中常用物理量的量纲

物理量	质量系统	绝对系统	物理量	质量系统	绝对系统
长度	[L]	[L]	阻尼	[MT^{-1}]	[$FL^{-1}T$]
时间	[T]	[T]	力矩	[ML^2T^{-2}]	[FL]
质量	[M]	[$FL^{-1}T^2$]	能量	[ML^2T^{-2}]	[FL]
力	[MLT^{-2}]	[F]	温度	[θ]	[θ]
位移	[L]	[L]	功率	[ML^2T^{-3}]	[FLT^{-1}]
速度	[LT^{-1}]	[LT^{-1}]	质量惯性矩	[ML^2]	[FLT^2]
加速度	[LT^{-2}]	[LT^{-2}]	惯性矩	[L^4]	[L^4]
角度	[1]	[1]	相对密度	[$ML^{-2}T^{-2}$]	[FL^{-3}]
角速度	[T^{-1}]	[T^{-1}]	密度	[ML^{-3}]	[$FL^{-4}T^2$]
角加速度	[T^{-2}]	[T^{-2}]	应变	[1]	[1]
应力、压强	[$ML^{-1}T^{-2}$]	[FL^{-2}]	弹性模量	[$ML^{-1}T^{-2}$]	[FL^{-2}]
强度	[$ML^{-1}T^{-2}$]	[FL^{-2}]	剪切模量	[$ML^{-1}T^{-2}$]	[FL^{-2}]
刚度	[MLT^{-2}]	[FL^{-1}]	泊松比	[1]	[1]

2）量纲分析法。量纲分析法建立相似条件的主要过程如下。

①确定研究问题的主要影响因素 x_1，x_2，x_3，…，x_{n-1}，x_n 及相应的量纲、基本量纲个数 k。将这些物理量用函数形式表示

$$f(x_1, x_2, x_3, \cdots, x_{n-1}, x_n) = 0 \tag{8-32}$$

②根据 π 定理，将 $f(x_1,\ x_2,\ x_3,\ \cdots,\ x_{n-1},\ x_n) = 0$ 改写成 π 函数方程

$$g(\pi_1, \pi_2, \pi_3, \cdots, \pi_{n-1}, \pi_n) = 0 \tag{8-33}$$

$$\pi = x_1^{a_1} x_2^{a_2} x_3^{a_3} \cdots x_n^{a_n} \tag{8-34}$$

③写出量纲矩阵。矩阵的列是各物理量的基本量纲的幂次，行是某一基本量纲各个物理量具有的幂次。

④根据量纲和谐原理，写出基本量纲指数关系的联立方程，即量纲矩阵中各个物理量对应于每个基本量纲的幂数之和等于零。

⑤求解基本量纲指数关系的联立方程，用 π 矩阵（πmatrix）表示。

⑥π 矩阵的每一行对应一个 π 数，即相似准数。

⑦根据第三相似定理，相似现象相应的 π 数相等，确定各相似条件。

下面用量纲分析法来，确定集中力作用下简支梁（如图 8-1 所示）的相似条件。

①确定影响因素及量纲系统。根据材料力学知识，受横向荷载作用的梁的正应力 σ 是截面抗弯模量 W、荷载 P、梁跨度 l、弹性模量 E 和截面惯性矩的函数。用函数形式表示

$$F(\sigma, f, P, l, E, W, I) = 0 \tag{8-35}$$

物理量个数 $n=7$，基本量纲个数 $k=2$，故独立的 π 数有 $(n-k)=5$。

②根据 π 定理，式（8-33）可改写为 π 函数方程

$$g(\pi_1, \pi_2, \pi_3, \pi_4, \pi_5) = 0 \tag{8-36}$$

$$\pi = \sigma^{a_1} f^{a_2} P^{a_3} l^{a_4} E^{a_5} W^{a_6} I^{a_7} \tag{8-37}$$

③用绝对系统基本量纲表示这些物理量，$\sigma = \mathrm{FL}^{-2}$，$f = L$，$P = F$，$l = \mathrm{L}$，$E = \mathrm{FL}^{-2}$，$W = \mathrm{L}^3$，$I = \mathrm{L}^4$。

确定量纲矩阵

(8-38)

	a_1	a_2	a_3	a_4	a_5	a_6	a_7
	σ	f	P	l	E	W	I
F	1	0	1	0	1	0	0
L	−2	1	0	1	−2	3	4

④根据量纲和谐，确定 π 数。根据量纲矩阵，可得基本量纲指数关系的联立方程。

对量纲 F

$$a_1 + a_3 + a_5 = 0 \tag{8-39}$$

对量纲 L

$$-2a_1 + a_2 + a_4 - 2a_5 + 3a_6 + 4a_7 = 0 \tag{8-40}$$

显然方程组只有长度量纲的指数方程和力的量纲的指数方程 2 个，而未知量有 7 个，方程数量少于未知量的个数，需在解方程之前根据试验条件、试验目的及试验经验确定其中 5 个变量的值，然后才能求得方程的解。

现假设模型与原型为同一材料，即材料的弹性模量和破坏时截面应力相同，模型的尺寸和形状由试验目的和试验设备的能力已经确定，而一般在做试验分析时往往希望找出模型尺寸在荷载作用下，应力或者挠度的情况，所以这里可以先确定 a_1、a_4、a_5、a_6、a_7。其他两个未知量由式（8-39）和式（8-40）得

$$a_3 = -a_1 - a_5 \tag{8-41}$$

$$a_2 = 2a_1 - a_4 + 2a_5 - 3a_6 - 4a_7 \tag{8-42}$$

上述方程组的解，可用 π 矩阵来表示（矩阵中的每一行组成一个量纲为 1 的组合）

	a_1	a_2	a_5	a_6	a_7	a_3	a_4
	σ	f	E	W	I	P	l
π_1	1	0	0	0	0	-1	2
π_2	0	1	0	0	0	0	-1
π_3	0	0	1	0	0	-1	2
π_4	0	0	0	1	0	0	-3
π_5	0	0	0	0	1	0	-4

(8-43)

由上述矩阵可得 5 个 π 数

$$\pi_1 = \frac{\sigma l^2}{P}, \pi_2 = \frac{f}{l}, \pi_3 = \frac{El^2}{P}, \pi_4 = \frac{W}{l^3}, \pi_5 = \frac{I}{l^4} \tag{8-44}$$

⑤由第三相似定理，确定相似条件

$$\frac{C_\sigma {C_l}^2}{C_P} = 1, \frac{C_f}{C_l} = 1, \frac{C_E {C_l}^2}{C_P} = 1, \frac{C_W}{{C_l}^3} = 1, \frac{C_I}{{C_l}^4} = 1 \tag{8-45}$$

用量纲分析法确定 π 函数时，只要弄清物理现象所包含的物理量所具有的量纲，而不需要知道描述该物理现象的具体公式。因此，寻找复杂现象的相似关系，用量纲分析法是很方便的。要注意的是量纲分析法虽然能确定一组独立的 π 数，但 π 数的取法有着一定的任意性，而且当物理量越多，其任意性越大。所以，量纲分析法中选择物理参数具有决定意义。如果不能正确的选择相关的参数，量纲分析法将无助于模型设计。

8.3 模型设计

1. 结构模型设计的程序

模型设计是模型试验是否成功的关键，因此模型设计不仅仅是确定模型的相似条件，而应综合考虑各种因素，如模型的类型、模型材料、试验条件以及模型制作条件，确定出适当的物理量的相似常数。

模型设计一般按照下列程序进行：

1）根据任务明确试验的具体目的和要求，选择模型制作材料和模型类型。当要验证结构的设计计算方法和测试结构动力特性为目的时，一般选择弹性模型；用以研究结构的极限强度和极限变形性能为目的时，选择强度模型。

2）针对任务所研究的对象，用方程式分析法或量纲分析法确定相似准数和相似条件。

3）根据试验条件、模型类型、模型材料和制作工艺，确定模型的几何尺寸，即几何相

似常数 C_l 的值。小模型所需荷载小，但模型制作较困难，加工精度要求高，对量测也有较高要求；大模型所需荷载较大，要求大吨位的加载设备，但制作容易，对量测仪表也无特殊要求。因此，要综合考虑试验目的、试验条件、模型制作工艺来确定模型的缩尺比例。另外，模型尺寸的选择还应考虑模型试验研究的性质。对于研究结构的弹性问题，模型的缩尺比例可取较小值；对于研究塑性问题，尤其是对钢筋混凝土结构的强度问题研究就要求模型的缩尺比例不能太小，因为模型有截面最小厚度、钢筋间距、保护层厚度等方面的限制要求。常见结构模型的缩尺比例见表 8-2。

表 8-2 常见工程结构试验模型的缩尺比例

结构类型	弹性模型	强度模型
壳体	1/200 ~ 1/50	1/30 ~ 1/10
板结构	1/25	1/10 ~ 1/4
桥梁结构	1/25	1/20 ~ 1/4
大　坝	1/400	1/75
风载作用结构	1/300 ~ 1/20	一般不用强度模型
反应堆容器	1/100 ~ 1/50	1/20 ~ 1/4

4）根据由相似准数导出的相似条件，定出其他相似常数。

5）绘制模型施工图。在绘制模型施工图时，应考虑满足试验安装、加载和量测的需要，模型设计时必须同时考虑必要的构造措施，保证模型与加载器的连接、模型安装固定，防止局部受压破坏和按试验需要的形态破坏。

2. 结构静力相似

在工程实践中，经常遇到的是结构静力相似（static force similarity）问题。所谓静力相似是指模型与原型不但几何相似，而且所有的作用也相似。与结构静力问题有关的主要物理量有：结构的几何尺寸 l；静荷载，如集中力 P、线荷载 w、面荷载 q 以及弯矩 M；结构效应，如线位移 x、转角 θ、应力 σ、应变 ε；材料性能，如弹性模量 E，剪切模量 G，泊松比 v，密度 ρ。

结构静力状态用一般函数形式表示为

$$f(l,P,M,w,q,x,\theta,\sigma,\varepsilon,E,G,\nu,\rho)=0 \tag{8-46}$$

对于一般的静力弹性模型，当以长度及弹性模量的相似常数 C_l、C_E 为设计时的首先确定的条件，其他相似常数可以根据表示为 C_E、C_l 的函数或者是等于 1，表 8-3 列出了常见结构静力试验模型的相似常数和相似关系。

表 8-3 结构静力试验模型的相似常数和相似关系

类　型	物理量	量　纲	相似关系
材料特性	应力 σ	FL^{-2}	$C_\sigma=C_E$
	应变 ε	1	1
	弹性模量 E	FL^{-2}	C_E
	剪切模量 G	FL^{-2}	C_E
	密度 ρ	$FL^{-4}T^2$	C_E/C_l
	泊松比 v	1	1

（续）

类　型	物 理 量	量　纲	相似关系
几何特性	长度 l 线位移 x 角度 θ 面积 A 惯性矩 I	L L 1 L^2 L^4	C_l $C_x = C_l$ 1 $C_A = C_l^2$ $C_I = C_l^4$
荷载特性	集中荷载 P 线荷载 w 面荷载 q 力矩 M	F FL^{-1} FL^{-2} FL	$C_P = C_E C_l^2$ $C_w = C_E C_l$ $C_q = C_E$ $C_M = C_E C_l^3$

3. 动力相似

在进行结构动力模型尤其是结构抗震模型设计时，除了将长度L和力F作为基本物理量外，还要考虑时间T这个基本物理量。由于结构的惯性力常常是作用在结构上的主要荷载，因此必须要考虑模型与原型结构的材料质量密度的相似。在材料力学性能的相似要求方面还应考虑应变速率对材料性能的影响。这就是动力相似（dynamic similarity）问题。

结构动力问题用函数形式可表示为

$$f(l,P,M,w,q,x,\theta,\sigma,\varepsilon,E,G,\nu,\rho)=0 \tag{8-47}$$

根据式（8-47），用量纲分析法可以求得结构动力模型的相似关系，见表8-4。从表8-4可知，结构动力模型的相似常数同样是 C_l 和 C_E 的函数。

表8-4　结构动力模型的相似常数和相似关系

类型	物 理 量	量纲（绝对系统）	相似关系	
			一般模型	忽略重力效应模型
材料特性	应力 σ 应变 ε 弹性模量 E 泊松比 υ 质量密度 ρ	FL^{-2} 1 FL^{-2} 1 $FL^{-4}T^2$	$C_\sigma = C_E$ 1 C_E 1 $C_\rho = C_E/C_l$	$C_\sigma = C_E$ 1 C_E 1 C_ρ
几何特性	长度 l 线位移 x 角度 θ 面积 A	L L 1 L^2	C_l $C_x = C_l$ 1 $C_A = C_l^2$	C_l $C_x = C_l$ 1 $C_A = C_l^2$
荷载特性	集中荷载 P 线荷载 w 面荷载 q 力矩 M	F FL^{-1} FL^{-2} FL	$C_P = C_E C_l^2$ $C_w = C_E C_l$ $C_q = C_E$ $C_M = C_E C_l^3$	$C_P = C_E C_l^2$ $C_w = C_E C_l$ $C_q = C_E$ $C_M = C_E C_l^3$

（续）

类型	物理量	量纲（绝对系统）	相似关系	
			一般模型	忽略重力效应模型
动力性能	质量 m	$FL^{-1}T^2$	$C_m = C_\rho C_l^3 = C_E C_l^2$	$C_m = C_\rho C_l^3$
	刚度 k	FL^{-1}	$C_k = C_E C_l$	$C_k = C_E C_l$
	阻尼 c	$FL^{-1}T$	$C_c = C_m/C_t = C_E C_l^{3/2}$	$C_c = C_m/C_t = C_l^2(C_\rho C_E)^{1/2}$
	时间 t，固有周期 T	T	$C_t = C_T = (C_m/C_k)^{1/2} = C_l^{1/2}$	$C_t = C_T = (C_m/C_k)^{1/2} = C_l(C_\rho/C_E)^{1/2}$
	频率 f	T^{-1}	$C_f = 1/C_T = C_l^{-1/2}$	$C_f = 1/C_T = C_l^{-1}(C_E/C_\rho)^{1/2}$
	速度 $\dot{x}$	LT^{-1}	$C_{\dot{x}} = C_x/C_t = C_l^{1/2}$	$C_{\dot{x}} = C_x/C_t = (C_E/C_\rho)^{1/2}$
	加速度 $\ddot{x}$	LT^{-2}	$C_{\ddot{x}} = C_x/C_t^2 = 1$	$C_{\ddot{x}} = C_x/C_t^2 = C_E/(C_l C_\rho)$

由于动力问题中要模拟惯性力、恢复力和重力三种力，对模型材料的弹性模量和材料密度要求很严格。从表8-4可知，$C_\rho = C_E/C_l$，故在 $C_l<1$ 时，要求模型的弹性模量应比原型的小或材料密度应比原型的大。对于由两种材料组成的钢筋混凝土结构模型，这一条件很难满足。因此，在同样的重力加速度情况下试验时，需要用附加质量来弥补材料体积密度不足所产生的影响。值得注意的是，这种相似也只是近似的。另外，由于目前对阻尼产生的机理认识还是不很清楚，因此，要对结构阻尼的相似模拟是非常困难的。不过，小阻尼对结构的基本特征值和固有频率的影响非常小，故不满足这个相似条件对试验结果不会带来较大的影响。

8.4 模型材料与模型制作

8.4.1 模型材料

相似设计要求模型和原型能描述同一物理现象，所以，要求模型材料和原型材料的物理性能、力学性能相似。建筑结构模型可分为弹性模型和强度模型两大类，因此，模型材料也可分为弹性模型材料和强度模型材料两大类。

1. 弹性模型材料

弹性模型主要用于研究原型在弹性阶段的应力状态和动力特性。因此，模型材料的性能应尽可能满足一般弹性理论的基本假定，即要求模型材料为匀质、各向同性、应力与应变呈线性关系和固定的泊松比。满足上述条件的常用模型材料有：

（1）金属材料　金属材料（metal materials）的力学性能大都符合弹性理论的基本假定。常用的有钢材、铜、铝合金等，其泊松比接近混凝土的泊松比。钢和铜可焊接，易于加工，而铝合金一般采用铆接，连接特性很难满足原型的要求。另外，金属材料的弹性模量比混凝土高，所以，模型的试验荷载大，动力试验时，时间缩比大、加速度大，这时，可用等强度的方法，通过减小模型的断面来减小模型的刚度，从而减小试验荷载或加速度。当进行等强度设计时，应验算构件的局部稳定性能，使其失稳时的荷载与原型相似。

（2）塑料　制作模型的塑料（plastics）种类很多，热固性的有环氧树脂、聚酯树脂，热塑性的有聚氯乙烯、有机玻璃等。塑料作为模型材料的优点是强度高而弹性模量低，容易加工。其缺点是徐变较大，弹性模量受温度变化的影响较大。有机玻璃是各向同性的匀质材料，模型中用得较多。由于徐变较大，试验中应控制试验环境温度和材料的应力。另外，由于模型接头强度较低，模型设计时应注意接头设计。环氧树脂可在半流体状态下浇注成型，然后固化。在环氧树脂中掺入铝粉、水泥、砂等填充料，可改善材料的力学性能。一般情况下，填料增加，可提高材料的弹性模量，但抗拉强度下降。另外，环氧树脂的抗拉强度比抗压强度低，当应力较高时，应力-应变曲线呈现非线性，所以，在弹性模型中，应控制模型应力。

(3) 石膏　用石膏（gypsum）制作模型，其优点是容易加工，成本较低，泊松比与混凝土接近，弹性模量可以改变。其缺点是抗拉强度低，要获得均匀和正确的弹性模量较困难。石膏模型可用石膏浆注入尺寸准确的模具来制作，也可将石膏浇注成整块后进行机械加工。石膏也可用以大致地模拟混凝土的塑性性能，配筋的石膏模型可用来模拟钢筋混凝土的破坏形态。

2. 强度模型材料

强度模型主要用于研究结构的极限承载力和极限变形能力，因此，要求模型材料应与原型材料相似或相同。常用的强度模型材料有以下几种：

(1) 水泥砂浆　水泥砂浆主要用于制作钢筋混凝土板壳等薄壁结构的模型，其力学性能接近混凝土，但由于缺乏级配，应力-应变曲线较难与混凝土相似，所以目前用得较少。

(2) 微粒混凝土　微粒混凝土是按相似比缩小混凝土骨料的粒径进行级配，使模型材料的应力-应变曲线与原型相似。为了满足弹性模量相似，有时可用掺入石灰浆的方法来降低模型材料的弹性模量。它的缺点是抗拉强度一般比要求值高，这将延缓模型的开裂。但是，在不考虑重力效应的模型中，有时能弥补重力失真的不足，使模型开裂荷载接近实际情况。

(3) 环氧微粒混凝土　当模型很小时，用微粒混凝土制作不易浇捣密实，强度不均匀，易破碎，这时，可采用环氧微粒混凝土制作。环氧微粒混凝土是由环氧树脂和按一定级配的骨料拌和而成。骨料可采用水泥、砂等，但必须干燥。环氧微粒混凝土的应力-应变曲线与普通混凝土相似，但抗拉强度偏高。

(4) 钢材　模型中采用的钢材特点是尺寸小，一般采用同种材性的钢材。由于许多小尺寸的型材采用冷拉技术制作，所以在用作模型材料时，应进行退火处理。

(5) 模型钢筋　模型钢筋一般采用盘状细钢筋、镀锌钢丝，使用前，先要拉直，而拉直过程是一次冷加工过程，会改变材料的力学性能，所以，使用前应进行退火处理。另外，目前使用的模型钢筋一般没有螺纹等表面压痕，不能很好地模拟原型结构中钢筋与混凝土的粘结。

(6) 模型砌块　对于砌体结构模型，一般采用按长度相似比缩小的模型砌块。对于混凝土小砌块和粉煤灰砌块，可采用与原型相同的材料，在模型模子中浇筑而成。对于黏土砖，可制成模型砖坯烧结而成，也可用原型砖切割而成。

8.4.2 模型制作

(1) 混凝土结构模型　混凝土结构模型一般采用水泥砂浆、微粒混凝土和环氧微粒混凝土等材料，置模浇筑的方法制作。由于模型一般都是小比例模型，构件的尺寸很小，所以要求模板的尺寸误差小，表面平整，易于观察浇筑过程，易于拆模，因此，一般外模采用有机玻璃（透视平整、易加工），内模采用泡沫塑料（易于切割和拆模）。当无法浇筑时，也可用抹灰的方法制作，但抹灰施工的质量比浇筑的差，其强度一般只有浇筑的50%，且强度不稳定，所以，当有条件浇筑时，尽量采用浇筑的方法施工。

（2）砌体结构模型　砌体结构模型的制作关键是灰缝的砌筑质量，主要包括灰缝的厚度和饱满程度。由于模型缩小后，灰缝的厚度很难按比例缩小，所以，一般要求模型灰缝的厚度在5mm左右，砌筑后模型的砌体强度与原型相似。另外，为了使模型结构能真正反映实际震害，模型灰缝的饱满程度也应与原型保持一致。在制作的过程中，不要片面强调模型的制作质量，把灰缝砌得很饱满，这样会造成模型的砌筑质量与实际工程的砌筑质量不同，从而导致模型的抗震能力很高，与实际震害不符。

（3）金属结构模型　金属结构模型的制作关键是材料的选取和节点的连接。由于模型缩小后，许多钢结构型材已无法找到合适的模型型材，只能用薄钢板或铜皮加工焊接成模型型材。制作加工时，应认真研究模型的制作方案，避免焊接时烧穿钢板和焊接变形。对于焊接困难的铝合金材料模型，一般采用铆钉连接。这种模型不宜用于模拟钢结构的焊接性能。另外，铆钉连接结构的阻尼比焊接结构大，所以，在动力模型中不宜采用。

（4）有机玻璃模型　有机玻璃模型一般采用标准有机玻璃型材切割成需要的形状和尺寸，然后用胶粘结而成。由于接口处强度较低，一般宜采用榫接，并应尽量减小连接间隙。

本章小结

1. 结构试验中采用的试验模型一般可分为相似模型和缩尺模型两种。缩尺模型用以研究结构性能，验证设计假定与计算方法的正确性，并可以将试验结果所证实的一般规律与计算方法推广到原型结构中去。相似模型是用适当的缩尺比例和相似材料制成，在模型上施加相似力系，使模型受力后重演原型结构的实际工作状态，最后根据相似条件，由模型试验的结果推演原型结构的工作性能。

2. 模型试验理论是以相似理论和量纲分析为基础，模型设计中必须遵循相似准则。

3. 模型设计是模型试验成功的关键。工程实践中，经常遇到结构静力相似问题，在结构抗震模型设计时，遇到的是动力相似问题。

4. 建筑结构模型分弹性和强度模型两大类，相应的，材料也分为弹性模型材料和强度模型材料两大类。

思考题

8-1　简述工程结构模型试验的特点。

8-2　简述三大相似定理的定义。

8-3　简述利用量纲分析法建立相似条件的主要过程。

8-4　简述模型设计的一般程序。

附　录

附录1　大学生结构设计竞赛简介

全国大学生结构设计竞赛由国家教育部、住房和城乡建设部、中国土木工程学会联合主办，由高校轮流承办，为教育部确定的全国九大大学生学科竞赛之一。大学生结构设计竞赛的宗旨是：培养大学生的创新意识、合作精神，提高大学生的创新设计能力、动手实践能力和综合素质，加强高校间的交流与合作。2005 年在浙江大学举行第一届全国大学生结构设计大赛，第二届、第三届分别于2008 年、2009 年在大连理工大学、同济大学举行。结构设计竞赛本质上是要求学生利用尽可能少的组委会指定材料设计和制作能够承受尽可能大荷载的模型。参赛的学生需要综合运用材料力学、结构力学、建筑结构设计等理论知识，通过良好的实际动手能力和团队合作精神，才能完成一个优秀的比赛模型。

1. 模型材料物理力学性能

历年来结构设计竞赛的模型材料取材广泛，有白卡纸、黄皮纸、易拉罐、塑料纸、有机玻璃、木材、腊线、铅发丝、乳胶等。材料不同模型制作的难度各异，例如，有机玻璃一般需借助于采用激光雕刻机等专业机械进行加工，而一般的模型材料可以借助小刀、钢尺、砂纸、钢锯、钻头等简单工具手工加工。

模型材料按照用途可以分为主材和辅材。主材用于制作组成模型的基本构件的材料，如各种纸张、木材、易拉罐等，这些材料通过加工制成各种形状的构件（压杆、拉杆、梁、柱、墙等)，是组成结构模型的主要材料。辅材多用于连接主材的材料，如各种乳胶、双面胶、万能胶等。白腊线可以作为主材使用也可以用作辅材使用，作为主材时是用其模拟实际结构中的拉杆、索等构件，作为辅材时是将其用为连接各种构件。

模型的合理设计需要对所用材料充分认识，当白腊线用作索或拉杆使用时需要通过试验确定其抗拉强度，以满足设计的需要。由各种主材加工成的各种构件，需要通过试验确定其各种强度和刚度指标，下面以牛皮纸为例说明其试验过程。

首先根据制作难易情况、承载能力确定构件截面形状，然后按照模型大小确定试件尺寸，最后根据试验设计方法（如均匀设计法、正交设计法等）确定试验模型数量。对于受拉构件和轴心受压构件，主要的性能参数是拉伸或压缩刚度即弹性模量与截面面积的乘积 EA，该参数可以通过万能试验机进行测定。应该注意，对于受压构件一般长度与构件截面尺寸的比值不超过 5，以避免产生失稳破坏而产生误差。图附 1-1 所示为试验试件和试验仪器。

试件安装到试验机之前需要量测其初始长度和截面面积，安装到位后进行加载。图附 1-2为加载试验得到的力-位移曲线，根据该曲线可以得到该构件的弹性模量和压缩刚度 EA。同时可以制作几组不同长细比的杆件，通过压缩试验确定构件长细比和稳定系数关系曲线（$\lambda - \varphi$ 曲线）作为轴压构件设计的依据。

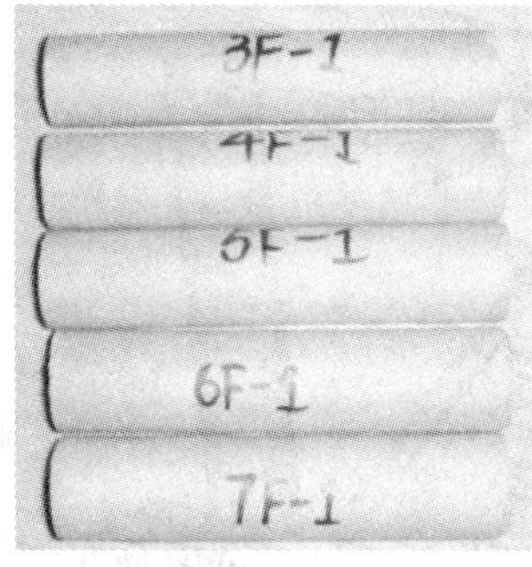

图附 1-1　压缩试验试件和试验仪器

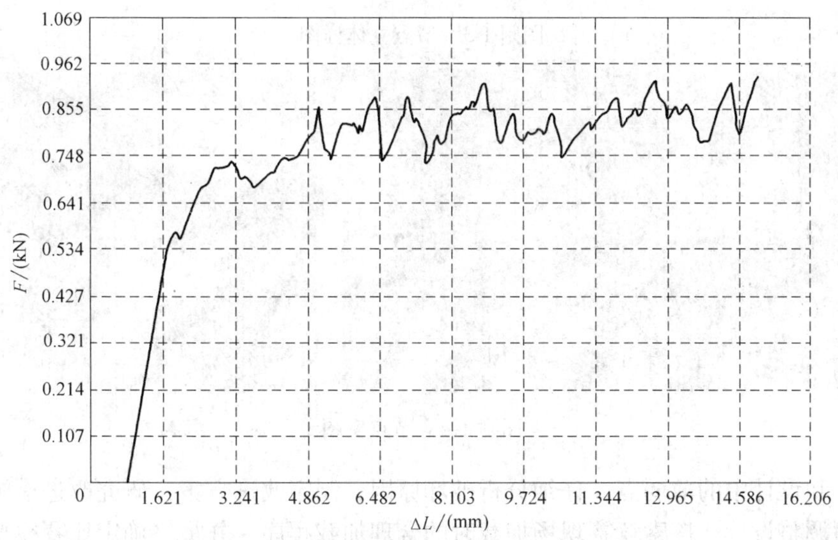

图附 1-2　试件压缩时的 $F-\Delta L$ 曲线

2. 构件制作与连接

模型承载能力的高低与构件的制作水平密切相关，构件制作时要求下料精确、制作细腻，制作的构件沿长度方向无弯曲、翘起、鼓出、凹陷等明显缺陷，必要时可采取一些局部加强的措施（如加劲肋、横隔板等），提高构件的局部稳定性。杆件制作工具多借助钢管、光圆钢筋、方钢管等作为模具，用砂纸、打磨机等工具进行打磨加工，用丁字尺、钢尺、工具刀等工具进行材料切割下料。

模型节点的制作往往关系到模型制作的成败，故应该特别注意。当采用线和杆件缠绕的方式固定杆件时（如图附 1-3、图附 1-4 所示），受力时杆件易产生应力集中，故应相应增大缠绕的面积，同时杆件截面的壁厚不宜过小，必要时需加固处理。当杆件之间主要通过胶水进行粘结时，应选择好合适的粘胶。在连接时施加一定的预应力可消除节点内的间隙。杆件的连接构造可以参考钢结构中的常用构造。当杆件是木条时可在胶水中加入木屑增强粘结效果。

3. 模型加载试验

加载试验是对模型设计与制作成果的完整检验，试验装置一般需按照竞赛组委会的要求制作，应与竞赛现场加载装置一致。在加载试验的过程中，应仔细观察模型的破坏情况，找

图附 1-3　节点立体详图

图附 1-4　节点实图

出模型制作和设计中的薄弱点，仔细分析破坏原因，制定改进方案，研究改进措施，通过反复加载试验调整设计，探索竞赛现场加载时的合理加载程序，并最终确定比赛模型和加载方法。图附 1-5 所示为学生进行现场加载试验的情景。

图附 1-5　学生现场加载试验

附录 2　结构试验研究完整案例

薄壁离心钢管混凝土构件扭转性能试验研究

1. 前言

薄壁离心钢管混凝土管（centrifugal concrete-filled thin-walled steel tube）构件广泛应用于电力系统送变电构架中，它是外套钢管，混凝土浇灌于管内，经高速离心机离心而成的组合构件。有的文献及资料又称之为空心钢管混凝土构件，它具有受压承载力高、自重轻、可以工厂预制等特点，构件的塑性和韧性非常良好。长期以来，很多科研机构和电力系统的使用单位都对该类构件的力学性能进行了广泛的研究，行业标准《薄壁离心钢管混凝土结构技术规程》（DL/T 5030—1996）也已使用多年；但是由于该类构件自身壁薄的特点，使它受弯、剪、扭的力学性能很复杂，须进行大量的试验分析和理论研究。以下主要介绍该类构件的抗扭试验研究以及经分析得出的设计极限承载力的简易计算公式。

2. 试验过程

2.1　试验概况

试验根据不同长细比 λ（管长度管直径之比）、不同含钢率 α（钢管壁厚 t_s与混凝土壁厚 t_c之比）、不同空心率 Ψ（内衬混凝土管外径与内径之比）的试件进行抗扭作用的全过程加载；通过对试验现象的观察和对数据的分析，分析试件受力变形性能，包括裂缝开展情况、钢管与混凝土的粘结情况、试件的破坏或失稳特征、扭角及相对转角情况等，得到试件三阶段的变化特征；同时，据此回归了其剪切变形特征值，以及相应的受扭承载力。试验的内容主要是薄壁离心钢管混凝土试件在受扭作用下的全过程加载以及试件的原材料试验；为了进行对比，还进行了纯钢管、素混凝土管的抗扭试验；同时为了大致了解复杂受力下构件的表现特征，还进行了少量的该类构件在弯扭及扭弯两种加载路径下的全过程加载。

试件共计 34 根，包含了不同的钢管壁厚（3mm 及 5mm）、不同的混凝土壁厚（0，20mm，25mm，30mm）、不同的外直径（600mm，2000mm，3000mm）等各种类型，根据工程应用情况，混凝土强度等级拟定为 C40。

试验时，试件的外观及加载方式如图附 2-1 ~ 图附 2-3 所示。图附 2-1 为离心混凝土圆筒状试块的抗压试验，图附 2-2、图附 2-3 为加载现场全景。在扭转试验中，为便于连接，试件与加载装置之间采用了法兰连接，外套方形夹具；为保证有不变的力臂，试件通过两端扇形状钢板上的钢丝绳受拉以获得扭矩，力传感器串联在钢丝绳中。试件的表面共布设 16 处应变测试点，其中跨中沿环向为 8 处，在 1/4 跨及 3/4 跨处沿环向各为 4 处。

图附 2-1　圆筒的抗压试验

图附 2-2　加载现场全景

图附 2-3　弯、剪、扭联合作用的试验

试件加载采用分级控制：先初始循环加载一次，至预估弹性极限时卸载，然后再逐级加载至破坏，每级约为极限荷载的 10% ~20%。初始循环的目的是可以部分地消除初始的机械咬合等带来的空载变形。

2.2　试验现象

试验历时几个月，前期对原材料纯钢管及素混凝土管进行了试验。钢材用板材拉伸试验得到其板材的平均屈服强度f_s为 306MPa（5mm 厚）和 272MPa（3mm 厚），弹性模量为E_s = 2.1×10^5 MPa，实测得到前几级荷载下的平均泊松比为 0.27，由于离心混凝土的抗压强度测试尚无统一标准，因此进行了两类试验进行对比：一种是按普通混凝土规范进行的标准抗压试验，试验结果表明其抗压强度与预定设计强度等级 C40 很接近且略高于设计强度。另一种是采用有些单位建议的模拟圆筒轴压试验，试验尺寸为 2000×200×20（长度×外径×壁厚），试验结果表明：抗压强度均小于 C40 的标准立方体抗压强度f_{cu} = 40MPa，大致强度与 $0.9f_{cu}$相近。

素混凝土管的扭转试验表明：在很小的荷载下试件即沿 45°方向发生开裂破坏。纯钢管与薄壁离心钢管混凝土试件扭转试验的现象较为接近，破坏的趋势一致：当荷载大致为极限荷载的 0.8 倍以前，扭转变形非常缓慢，而临近极限荷载时扭转变形剧增，然后稍加荷载试件使发生翘曲失稳破坏，该类构件由于加载后期已失去圆周外形，因此其下降段已很难定性，在记录的荷载-变形曲线上呈陡落状，这一点与实心钢管混凝土构件有很大的不一致。

试验后，将试件用气割剥离后发现内壁混凝土表面布满了45°~50°方向的斜裂缝，在相应破坏位置处混凝土均被压碎，而其他部位，钢与混凝土的粘结尚好（见图附2-4）。

图附2-4　试件加载后内部裂缝情况

2.3　试验结果

通过对试验现象的观察与数据的整理，并参考相关钢管混凝土结构的参考文献，发现薄壁离心钢管混凝土管构件的受扭全过程可划分成三个阶段：弹性变形阶段、弹塑性变形阶段、极限破坏阶段。对应各个阶段末的物理量采用下标为："a、b、u"。

从现场观测来看，试件的变化过程一般如下：起先钢管与混凝土一起协同工作（应变保持一致）；然后混凝土受主拉应力作用出现微裂缝，混凝土受拉部位逐步退出工作直至全部退出工作，表明第一阶段结束、第二阶段开始，而受压部位则一直在发挥作用（以斜短棱柱体形式）；然后钢管达到屈服，这时，第二阶段结束、第三阶段开始；最后破坏是由于混凝土达到其抗压强度，压碎的混凝土呈块状掉落，之后钢管将发生表面局部失稳，而导致屈曲，构件宣告失效。薄壁离心钢管混凝土管构件纯扭试验的典型扭矩-应变曲线如图附2-5所示。

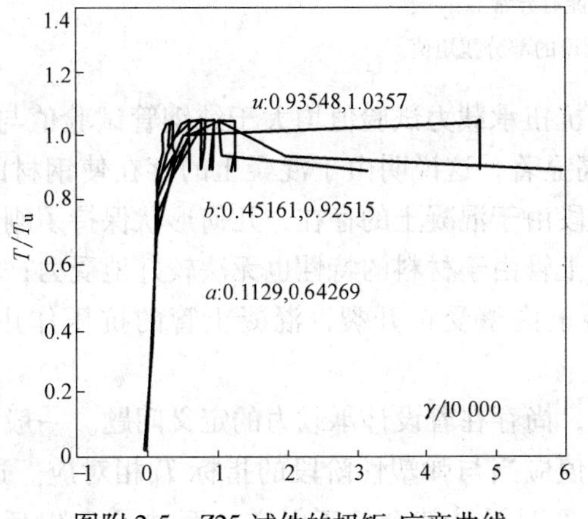

图附2-5　Z25试件的扭矩-应变曲线

（T—扭矩　T_u—极限扭矩　γ—剪应变）

通过回归与总结，各主要构件的抗扭承载力指标汇总如表附2-1所示。

表附2-1 薄壁离心钢管混凝土试件抗扭承载力指标

时间编号	外径/mm	长度/mm	钢管壁厚/mm	混凝土壁厚/mm	T'_{cr}/kN·m	T_a/kN·m	γ_a/$\mu\varepsilon$	T_b/kN·m	γ_b/$\mu\varepsilon$	T_u/kN·m	γ_u/$\mu\varepsilon$
Dd5	200	600	3	30	35	40 *	2166	43.58	4747	44.47	7327
D4	200	600	3	30	39	26.68	1936	38.69	8743	44.47	9912
D8	200	600	3	30	32	23.46	2300	37.54	2465 *	39.10	9883
D27	200	600	3	20	33	25.81	1244	34.02	8711	39.10	9842
D10	200	600	3	20	32	23.43	2804	32.14	5069	39.05	8525
D9	200	600	3	20	—	25.12	1936	33.23	8157	38.64	10438
D6	200	600	5	25	—	30.23	—	43.53	7742	60.46	9006
D3	200	600	5	25	—	30.37	1521	48.14	7650	60.18	9152
D7	200	600	5	25	43	30.27	1521	44.52	7538	59.36	9012
Z22	200	2000	3	20	—	26.18	1429	31.42	3456	34.91	9912
Z25	200	2000	3	20	—	28.17	1936	37.29	4516	39.67	9883
Z26	200	2000	3	20	31	25.62	1555	32.88	7743	42.70	8275
Z23	200	2000	5	25	39	35.43	2120	49.00	9298	54.51	9913
Z21	200	2000	5	25	45	33.14	1060	45.70	7983	57.13	9854
Z24	200	2000	5	25	43	34.08	1843	47.82	3859	54.97	9883
C15	200	3000	3	20	—	31.28	1800	35.2	4039	39.60	6080
C11	200	3000	3	20	—	31.34	1510	32.0	2774	35.61	4161 *
C13	200	3000	3	20	—	22.36 *	1350	29.8	2756	37.26	6604
C17	200	3000	3	20	—	31.30	1613	36.12	4516	40.13	9942
C16	200	3000	5	25	—	37.32	2581	47.99	7000	53.32	10000
C20	200	3000	5	25	—	33.00	783 *	49.40	5346	55.01	10000

注：1. 带“*”点为数据可能有异常。

2. 表中 T'_{cr} 对应开裂时测得的部分扭矩值。

总的来说，各试件的抗扭承载力试验值均大于纯钢管试验值与素混凝土管试验值之和，且3mm厚管的承载力提高显著，这说明由于混凝土的存在使钢材的受拉性能得到了充分的发挥：钢管在屈服受力阶段由于混凝土的存在，几何形状保持了刚周边假定，而薄壁纯钢管却没有这个优势，素混凝土管由于材料的特性也无法较好地受力；钢管与混凝土管粘结在一起，共同变形，即使混凝土内壁受拉开裂，混凝土管的抗压作用却像桁架一样协同钢管受压。

对于实际应用的构件，尚存在着设计承载力的定义问题。一般来说，薄壁离心钢管混凝土构件的纯扭承载力特征值应当与弹塑性阶段的指标 T_b 相对应。这主要考虑到：实际工程中若使用弹性阶段的指标 T_a 时设计就会偏于保守，而过了 T_b 以后构件的剪切变形将骤增，以致过大的变形使构件不适于继续受力，并且承载力值在峰值点 T_u 附近变化很大，无一致的规律性。但是，T_b取值是根据测量曲线上的最大转折点或平均点得出的，并不统一。因此，为得出一个适用于各类试件的 T_b 值，应先求出各种试件的剪应变 γ_b 的大致回归值，以剪应变 γ_b 为指标，然后求出对应的值作为该个试件的试验时的 T_b 值。

通过分析，剪应变 γ_b 与 α、Ψ、λ 有关（实际上 γ_b 还与离心混凝土轴心抗压强度 f'_c、f_s 有关，但根据实际应用的情况，本次试验中这两个参量暂取为常量）。经过统计各个试件 T_b 对应的实测 γ_b 值，对各个参数进行最小二乘拟合，剪应变 γ_b 可得到下列回归公式

$$\gamma_b = (-1400 + 2724\alpha^{1/2})\lambda + 7638 \qquad (附2\text{-}1)$$

为简便起见，假设试件在前阶段为线性变化，在 a－u 段为直线，由于 T_a、T_u 值相对比较稳定，则可插值求得与 γ_b 对应时的 T_b 值。T_b 的线性回归值可见表附 2-2 所示。

表附 2-2 试件的回归抗扭试验指标 T_b

试件编号	钢管壁厚 /mm	混凝土壁厚 /mm	T_a /kN·m	T_u /kN·m	γ_b /με	T_b（回归） /kN·m	试件编号	钢管壁厚 /mm	混凝土壁厚 /mm	T_a /kN·m	T_u /kN·m	γ_b /με	T_b（回归） /kN·m
D27	3	20	40*	44	6808	33	Z22	3	20	26	35	4869	30
D10	3	20	27	44	6808	33	Z25	3	20	28	40	4869	32
D9	3	20	23	39	6808	32	Z26	3	20	26	43	4869	34
Dd5	3	30	26	39	6269	44	Z23	5	25	35	55	6870	47
D4	3	30	23	39	6269	37	Z21	5	25	33	57	6870	49
D8	3	30	25	39	6269	33	Z24	5	25	34	55	6870	47
D6	5	25	30	60	7408	53	C15	3	20	31	40	3485	35
D3	5	25	34	60	7408	52	C11	3	20	31	36	3485	35
D7	5	25	30	59	7408	53	C13	3	20	22*	37	3485	28
							C17	3	20	31	40	3485	33
							C16	5	25	37	53	6488	45
							C20	5	25	33	55	6488	46

注：“*”代表数据可能有异常。

3. 极限平衡状态法分析薄壁离心钢管混凝土构件的受扭承载力

为了了解扭矩 T 与参量 λ、α、Ψ、t_s、t_c 等的函数关系、得出构件的设计受扭承载力，现采用极限平衡状态法分析。极限平衡状态是指：混凝土已被分割成斜柱体受压，钢材达到屈服，然后混凝土压碎。为此，引入下列假定：

1）钢材的本构关系取用理想弹塑性曲线，屈服时钢材服从 Mises 准则，离心混凝土的强度值则采用单轴棱柱体强度 $f_{cc} = \eta_1 f'_c$，其中，η_1 为折减系数，暂取 0.7。

2）每种材料沿各厚度方向应力分布是均匀的。

3）不考虑试件的失稳破坏情况。

基于图附 2-6 所示的单元应力图，根据两个方向的强度平衡条件、变形条件及屈服条件，可列出如下的四个方程

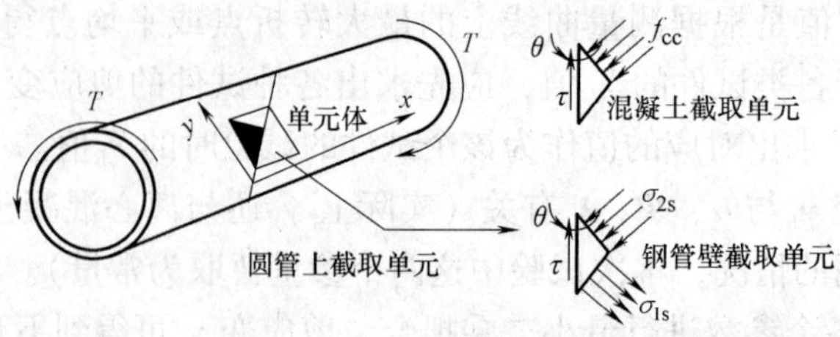

图附 2-6 单元应力图

$$\sum X = 0(\sigma_{1s}t_s\sin\theta)\sin\theta = (\sigma_{2s}t_s\cos\theta)\cos\theta + (f_{cc}t_c\cos\theta)\cos\theta \quad (附 2-2)$$

$$\sum Y = 0 \quad \tau = \frac{T}{2A_0} = (\sigma_{1s}t_s\sin\theta)\cos\theta + (\sigma_{2s}t_s\cos\theta)\sin\theta + (f_{cc}t_c\cos\theta)\sin\theta \quad (附 2-3)$$

根据 mises 屈服条件

$$\sigma_{1s}^2 + \sigma_{1s}\sigma_{2s} + \sigma_{2s}^2 = f_s^2(\sigma_{2s}为负值) \quad (附 2-4)$$

钢与混凝土的剪应变协调

$$\frac{\sigma_{1s} - \sigma_{2s}}{G_s} = \frac{f_{cc}}{G_c} \quad (附 2-5)$$

式中 σ、τ——正应力及剪应力；

θ——主应力与纯剪平面的夹角；

G——剪变模量；

A_0——薄型构件截面圆环中心线所包含面积。

求解上述非线性方程组，可以解得 T_u 值。薄壁离心钢管混凝土构件的抗扭承载力理论解法与实测结果值一起列入表附 2-3，由计算结果可见理论值均接近于试验值。

表附 2-3 承载力汇总与对比

试件编号	长度 /mm	钢管壁厚 /mm	混凝土壁厚 /mm	T_{CAL1} /kN·m	T_{CAL2} /kN·m	T_b（回归）/kN·m	T_u /kN·m	T_{CAL} /kN·m	T_b/T_{CAL1}	T_u/T_{CAL2}
Dd5	600	3.04	30	36	43	44	44		1.22	1.02
D4	600	3.04	30	36	43	37	44	35	1.03	1.02
D8	600	3.04	30	36	43	33	39		0.92	0.91
D27	600	3.04	20	34	40	33	39		0.97	0.98
D10	600	3.04	20	34	40	33	39	37	0.97	0.98
D9	600	3.04	20	34	40	32	39		0.94	0.98
D6	600	4.34	25	45	59	53	60		1.18	1.02
D3	600	4.34	25	45	59	52	60	51	1.16	1.02
D7	600	4.34	25	45	59	53	59		1.18	1.00
Z22	2000	3.04	20	34	40	30	35		0.88	0.88
Z25	2000	3.04	20	34	40	32	40	37	0.94	1.00
Z26	2000	3.04	20	34	40	34	43		1.00	1.08

（续）

试件编号	长度 /mm	钢管壁厚 /mm	混凝土壁厚 /mm	T_{CAL1} /kN·m	T_{CAL2} /kN·m	T_b（回归） /kN·m	T_u /kN·m	T_{CAL} /kN·m	T_b/T_{CAL1}	T_u/T_{CAL2}
Z23	2000	4.34	25	45	59	47	55		1.04	0.93
Z21	2000	4.34	25	45	59	49	57	51	1.09	0.97
Z24	2000	4.34	25	45	59	47	55		1.04	0.93
C15	3000	3.04	20	34	40	35	40		1.03	1.00
C11	3000	3.04	20	34	40	35	36		1.03	0.90
C13	3000	3.04	20	34	40	28	37	37	0.82	0.93
C17	3000	3.04	20	34	40	33	40		0.97	1.00
C16	3000	25	25	45	59	45	53	51	1.00	0.90
C20	3000	25	25	45	59	46	55		1.02	0.93
计算得到：平均值分别为 1.02，0.97，变异系数分别是 0.1，0.05										

注：1. T_b是指回归后的统计平均值

2. T_{CAL1}对应于f_c按混凝土规范强度取值方法，T_{CAL2}对应于f_c离心混凝土圆筒体强度取值及钢材拉伸强度取值（根据试验）。

4. 计算公式简化

通过前述分析，可以得知薄壁离心钢管混凝土构件的受扭特性及设计极限承载力的求法，通过求解一个联立方程式而求出设计扭矩 T，但 T 的求法用手工计算还是比较烦琐。在很多场合下需要了解 T 的显式表达式。例如，在设计方案阶段的估算，了解各个参数与 T 的最优搭配；特别是在根据《建筑结构可靠制度设计统一标准》对该类构件的承载力进行可靠度运算，以获取设计表达式时，极限状态方程的选取与后继的分项系数表达式的建立更与 T 的显式有关。因此，有必要对 T 计算式中的参量进行分析、回归，通过拟合精简出一个实用的计算表达式。

由式（附 2-3）变换得

$$T=2[A_s(\sigma_{1s}+\sigma_{2s})t_s+A_c f_{cc}t_c]\sin\theta\cos\theta \qquad \text{（附 2-6）}$$

式中 A_s——$A_s=\pi(R-t_s/2)^2$；

A_c——$A_c=\pi(R-t_s-t_c/2)^2$。

令

$$\sigma_{1s}+\sigma_{2s}=\zeta_1,\quad \sin\theta\cos\theta=\eta$$

则

$$T=2(A_s t_s\zeta_1+A_c f_{cc}t_c)\eta \qquad \text{（附 2-7）}$$

上式中 A_s、A_c的表达式为显式的，对于常见的工程情况，f_s的变化范围为 235 ~ 306；按混凝土规范取值f'_c的变化范围为 13.5 ~ 27（对应 C20 ~ C40）；t_c的变化范围为 20 ~ 40；t_s的变化范围为 3 ~ 5，而材料的剪变模量变化范围较小设为定值。通过编制了不同参数循环下的承载力值计算程序，并将计算结果和参数关系绘制成图进行观察，可以了解到各参量之间的相互影响关系。由此部分设定上述公式的参量表达式为

$$\zeta=A_1\frac{f_{cc}t_c}{f_s t_s}+A_2\frac{f_{cc}}{f_s}+A_3\frac{t_c}{t_s}+A_4 \qquad \text{（附 2-8）}$$

$$\eta = B_1 \frac{f_{cc} t_c}{f_s t_s} + B_2 \frac{f_{cc}}{f_s} + B_3 \frac{t_c}{t_s} + B_4 \qquad (附2-9)$$

其中，表达式的参数可以通过最小二乘法拟合出来。按上述定义的各物理量变化范围进行计算，最后得出的表达式为

$$\zeta = -0.0681 \frac{f_{cc} t_c}{f_s t_s} + 0.0003 \frac{f_{cc}}{f_s} + 0.0035 \frac{t_c}{t_s} + 1.1332 \qquad (附2-10)$$

$$\eta = -0.0309 \frac{f_{cc} t_c}{f_s t_s} + 0.1889 \frac{f_{cc}}{f_s} + 0.0011 \frac{t_c}{t_s} + 0.4925 \qquad (附2-11)$$

此处，$\frac{f_{cc} t_c}{f_s t_s}$综合反映了两种材料的性能和尺寸，可以称为综合套箍系数。用此精简公式计算得到的 T_{CAL}值也列入了表附 2-3 中。结果表明符合程度也较好。当然由于循环的数据是在工程常用的范围中，因此公式的适用范围也应在此之列（实际应用时可采用构造来保证）。另外，由于公式未经可靠度运算，还不能作为设计公式，但简化公式能大致估算出设计承载力的极限值，对于设计实践还是具有指导意义的。

5. 结论

通过对于薄壁离心钢管混凝土构件的抗扭性能进行了试验研究和分析，得出了抗扭设计承载力的计算公式，并进行了必要的简化。通过试验和分析，可以得出如下结论：

1）薄壁离心钢管混凝土构件具有良好的抗扭承载力，其受扭承载力值大于纯钢管与素混凝土构件承载力之和，主要原因是混凝土的内衬保护作用，使钢材性能充分发挥。

2）构件的受扭变化可以划分成三个阶段，构件的下降段由于几何缺陷的因素，离散较大，构件的破坏是由于某处混凝土强度达到极限压应力，然后钢材失去了稳定，发生屈曲；一般定义构件的弹塑性段的拐点为设计承载力极限点；构件的最终承载力主要依赖于钢材的强度，但混凝土的强度和壁厚是必要的保证。

3）对应于实际工程可采用的设计指标 T_b 可采用上述的简化公式进行计算。

实际工程中构件发生纯扭转是不太可能的，因此在了解构件的受扭性能后，以后的工作是必须解决构件受弯剪扭工况的性能问题，在分析方法上也应采用试验结合极限平衡方法理论分析；为了更全面地了解构件的受力性能，也须采用诸如有限元等计算机数值分析方法进行构件的全过程分析。

参 考 文 献

[1] 宋彧，张贵文．建筑结构试验［M］．2 版．重庆：重庆大学出版社，2001.

[2] 余世策，刘承斌．土木工程结构实验——理论、方法与实践［M］．杭州：浙江大学出版社，2009.

[3] 杨艳敏，王勃，朱坤．建筑结构试验［M］．北京：化学工业出版社，2010.

[4] 熊仲明，王社良．土木工程结构实验［M］．北京：中国建筑工业出版社，2006.

[5] 王天稳．土木工程结构试验［M］．武汉：武汉理工大学出版社，2006.

[6] 周详，刘益虹．工程结构检测［M］．北京：北京大学出版社，2007.

[7] 湖南大学，等．建筑结构试验［M］．2 版．北京：中国建筑工业出版社，1991.

[8] 姚谦峰，陈平．土木工程结构实验［M］．2 版．北京：中国建筑工业出版社，2008.

[9] 马越．结构试验技术的若干实践［D］．杭州：浙江理工大学，2009.

[10] 金伟良．2005 第一届全国大学生结构设计竞赛作品选编［M］．北京：中国建筑工业出版社，2006.

[11] 傅军，薄壁离心钢管混凝土构件抗扭试验研究［D］．杭州：浙江大学，2000.